建筑结构设计实战丛书

混凝土框架结构实战设计
（第二版）

朗筑结构　张　俊　编

中国建筑工业出版社

图书在版编目（CIP）数据

混凝土框架结构实战设计 / 朗筑结构，张俊编.
2 版. -- 北京：中国建筑工业出版社，2025.7.
（建筑结构设计实战丛书）. -- ISBN 978-7-112-31249-8

Ⅰ. TU323.504

中国国家版本馆 CIP 数据核字第 2025NW9963 号

　　本书根据作者多年的实践经验结合国家最新标准规范编写而成，全书共分为 13 章，包括：绪论、建筑识图、结构布置图的确定、荷载及荷载组合、建立模型、参数设置、计算结果判断及调整、模板图及板施工图绘制、梁施工图绘制、柱施工图绘制、基础设计及绘图、楼梯及雨篷详图、施工图审查及设计交底。本书简明实用，可读性和可操作性强，可供混凝土结构设计人员及相关专业在校师生参考使用。

　　责任编辑：徐仲莉　　王砾瑶
　　责任校对：张惠雯

建筑结构设计实战丛书
混凝土框架结构实战设计（第二版）
朗筑结构　张　俊　编
*
中国建筑工业出版社出版、发行（北京海淀三里河路 9 号）
各地新华书店、建筑书店经销
霸州市顺浩图文科技发展有限公司制版
北京君升印刷有限公司印刷
*
开本：787 毫米×1092 毫米　1/16　印张：12¾　字数：307 千字
2025 年 8 月第二版　　2025 年 8 月第一次印刷
定价：**48.00** 元
ISBN 978-7-112-31249-8
（45280）

前　　言

1. 刚入行的"新人"存在的问题

在十几年的面授班教学过程中，接触了太多太多的"新人"，作者也是由"新人"一步一步走过来的，相信每一位一路走来的结构工程师在新手阶段都有如下的痛苦或者困惑：刚进入设计院时，面对专业负责人安排给自己的工作，总感觉无从下手，或者运气好的话，好不容易在师父的指导下，加班加点完成了出图工作，但在事后回想起整个过程，却如同做梦一般，不知道这一切都是怎么完成的，理不清其中的来龙去脉。

出现上述问题的原因很大程度是由于我们的本科教育与实践工作的脱钩造成的，本科教育阶段，涉及的专业知识面很广，但各个方面都不够深入。土木工程专业的毕业生就业方向非常广，不同的就业方向所要求的专业知识又有所不同，这势必会造成在本科教育阶段，所涉及的知识面非常广但又缺少深入的问题。因此，本专业的毕业生，刚走上工作岗位时，往往不能胜任自己的工作，而这种个人能力的不足，又以进入设计院工作的毕业生最为明显。

结构设计是一项严谨的工作，结构工程师必须有扎实的专业理论知识与丰富的实践经验才能做好这项工作。而刚走上工作岗位的"新人"既缺乏扎实的专业理论知识，更谈不上丰富的实践经验，因此有幸进入设计院的"新人"往往看见前辈们在加班加点地赶项目的同时，自己却无所事事，只有坐冷板凳的份，或者更多的是连设计院的门都摸不着。这着实令每一个内心深处装着一个设计梦想的"新人"痛苦。

为了能够进入设计院并尽快胜任这份工作，我们要抓紧时间给自己充电，其中一部分"新人"会选择各种各样的培训班，这当中就有很多人选择了朗筑结构。但由于家庭原因或者工作原因，很多同行并没有机会脱产来参加我们的面授班，同时对网络班的效果又持有怀疑的态度。客观地说，面授班的效果当然会好过网络班。对于这样一批不能来参加面授班同时又对网络班持怀疑态度的人来说，留给他们的学习之路就只剩下拜一个好师父或者是自学了。现代社会的运行节奏越来越快，想找到一个好师父需要极佳的运气，更多的"新人"则是买了一本又一本的参考书去自学。至于这些参考书究竟能帮助到哪种程度，那就是一个仁者见仁、智者见智的问题了。

2. 市面上参考书存在的问题

纵观市面上那多如牛毛的专业书籍，我们可以大致将其分为两派，一派可以称之为理论派，典型的代表就是各种各样的专业教科书了，由于这类书籍的目标是传授理论知识，因此它们也仅限于介绍理论知识，毫无疑问，扎实的理论正是结构工程师们所需要的，但仅有这些理论知识，还不足以胜任结构工程师的工作。因此，很多毕业于名校的毕业生会有这样的感受：自己毕业于名校，在学校里的成绩很优秀，年年都拿奖学金，为什么到了设计院却连一个3层的小框架也搞不定？另一派可以称之为实操派，典型的代表如《××软件入门教程》《××软件30天速成》等，看过这类书籍的读者都应该感受得到，这类书籍往往只介绍软件的操作步骤，更像是软件的应用手册，而结构设计这项工作可不是简单地拿软件搭个架子，计算完直接软件成图这么简单的事情，它需要结构工程师有自己的理解和判断。

这两派书籍都有各自的缺陷，前者仅注重理论知识的传播，而后者又太过于注重软件的操作，忽视了设计工作中的理论知识或者干脆避而不谈。这两派书籍对于想要尽快胜任结构工程师这份工作的"新人"而言，都不太合适。因此我们需要一本既能涵盖设计工作中的理论知识，同时又能指导实践操作的书籍。

3. 怎样去解决上述问题

在弄清楚了自身存在的问题，同时也看到了市面上一般参考书所存在的问题后，就要去着手解决问题。对于那些不能去参加各种培训班同时又不能幸运地找到好师父的"新人"来说，我们希望提供一本这样的书籍：在教大家做结构设计时，不仅要教会大家实践操作，还要把理论知识灌输到这个学习过程中，让大家真正地学会做结构设计。

我们有着十几年的教学经验，在与学生面对面的交流过程中，深刻地认识到"新人"存在的问题，同时也非常理解他们的困惑。通过培训，学员们解决了自己的问题，解开了自己的困惑，顺利地走上了属于自己的结构设计之路。既然我们的教学能达到如此效果，那么我们有理由相信，这本书也可以实现我们的目标。

这本书是我们多年教学经验的总结，在手把手地教大家做结构设计的过程中，既要教会大家常用软件的操作，也要教会大家每一步操作背后的设计原理。这既是我们的目标，也是大家的愿望。

为了实现这个目标，在本书中，我们将以一个完整的案例，从拿到建筑方案开始，一步步进行结构布置、建模计算……直至最终的施工图设计。通过这样一个完整的设计过程，既把实践操作教给了大家，也把设计理论蕴含其中，让大家真正地学会做结构设计。

由于作者理论水平和实践经验有限，书中难免存在不足之处，恳请读者批评指正，作者将不胜感激。对于书中的问题，读者可以关注朗筑结构微信公众号（微信服务号中搜索：朗筑）或者发邮件到 315656817@qq.com 参与讨论。本书配套视频加朗筑客服微信（18971123050）索要。书中问题互动请加朗筑混凝土结构设计交流 QQ 群 463945926 进行实时讨论。更多结构学习视频和工具资料可百度搜索"朗筑"官网进入"教学视频"专区和"资料下载"专区进行下载，关注朗筑抖音（抖音号：26429956928）或视频号（微信视频号中搜索：朗筑）

张 俊

目　　录

1 绪论

1.1 混凝土结构设计的现状及前景

混凝土结构有悠久的历史，早在古罗马时期，人们就懂得把石头、沙子和一种火山灰用水混合在一起，制成混凝土，用于建造宏伟的罗马城。而现代意义的混凝土直到 19 世纪才出现，使用至今已有 160 余年的历史。与钢、木和砌体结构相比，由于它在物理力学性能及材料来源等方面有许多优点，所以其发展速度很快，应用也最广泛。我国是使用混凝土结构最多的国家，在建筑结构中，大多采用混凝土结构。在多层住宅中也广泛采用了混凝土—砌体混合结构。大量的钢筋混凝土建筑物在现代都市中屹立着，犹如一片片钢筋混凝土丛林。

近年来，常有学者拿混凝土结构与钢结构作比较，以体现钢结构的优势所在，不可否认，钢结构比起混凝土结构而言，有许多混凝土结构所不及的优点，但即使是这样，也掩盖不了新建的建筑物中绝大多数依然是混凝土结构这个事实。究其根本原因，还是混凝土结构本身也有很多优点，依然值得在工程结构中大量使用，同时，由于国民经济的发展水平有限，不可能让所有的新建建筑物都采用钢为主材。设计经验表明，同样的建筑方案，如果以钢为主材，单位面积的用钢量为混凝土结构的 2～3 倍，这势必会大大提高工程造价。同时，由于混凝土结构相比钢结构有更好的耐久性和耐火性，在地下结构中，几乎全都采用混凝土为主材。随着高强度钢筋、高强度混凝土以及高性能外加剂和混合材料的研制和使用，高强材料的应用范围不断扩大，使混凝土结构的应用范围也不断扩大，工业与民用建筑、交通设施、水利水电和基础工程中都大量使用了钢筋混凝土结构。因此可以说，混凝土结构还很"年轻"，未来依然会新建大量的钢筋混凝土结构，在设计院里大家仍然会有做不完的混凝土结构项目。在大家掌握了混凝土结构设计这门技能之后，大可不必担心就业到设计院后就马上面临着失业的问题。

1.2 设计院的工作模式介绍

在 20 世纪 80 年代以前，设计院大多是国企，有着令人羡慕的事业编制，以至于直到现在，人们称呼设计单位时，一般还用××设计院，而较少会用到××设计公司。当然，国企改革已经过去了多年，现在设计院早已不再是事业单位，早已失去了往日那令人羡慕的编制，但对于土木工程的学子而言，能够去设计院工作，依然是他们当中很多人的目标。

现在的设计院不仅在体制上与过去大为不同，而且在工作模式上也与过去有较大的差别。改制以前，设计院属于事业单位，作为事业单位的设计院的地位比现在作为企业单位的设计院要高得多，因此那个年代的设计人员的地位也不是现在的"画图匠"能比的。那个年代由于设计市场不能充分竞争，一般都是建设单位"求着"设计单位做项目，而如今却恰恰相反，往往都是设计院"低三下四"地求着甲方，向甲方讨要项目。由于当时还没有普及应用像现在这么多的高效的办公软件，那个年代的项目的设计周期也是相当长。而现在，项目的设计周期可以说是一个比一个短，在变态般的设计周期的压力下，对设计院的工作效率提出了更高的要求，这促使设计院的工作模式产生了一个极大的变革。

在这里，可以简要地介绍一下设计院工作模式的变革过程。早期的设计院的工作模式，为了方便表述，可以称之为"个人负责制"，也就是说，一个设计项目拿下来后，首先拆分成多个子项目，再把这些子项目逐一分配给各个设计人员，每个设计人员只需要负责自己名下的那一部分设计任务，通常在个人能力足够的情况下，是全权负责，从基础到上部直至最后的现场验收都由同一个设计人员负责。现在这种"个人负责制"的工作模式在一些中小型设计院中依然存在，对于一些中小体量的设计项目也是合适的，但对于一些复杂项目，这种工作模式对设计人员的专业技能水平要求相当高，且对于大体量的项目，这种工作模式是无法适应现在的设计周期的。为了满足现在的设计周期要求，在设计院里面产生了一种与"个人负责制"截然不同的工作模式，为了方便表述，在这里我们称之为"团队负责制"，另一种广为人知的称呼是"流水线模式"。在这种工作模式下，一个项目拿下来后，首先也是进行拆分，但拆分的方式不再是拆分成一个个的子项目，而是按工作内容去拆分。比如一个团队里有专门负责建模计算的，则只负责建模计算，有专门负责画模板图和板图的，则只负责模板图和板图，以此类推，还有专门负责梁图的、柱图的、基础及地下室的等，最后将所有的图纸整合起来，则成为完整的设计图纸。在这种工作模式下，设计周期将不再受到单体体量的限制，对于大体量的单体而言，一旦进入施工图阶段，则各部位的施工图在定下模板图后几乎可以齐头并进。对于这类大体量的单体，如果像过去一样全部设计任务都由一个人负责，势必会大大拖长设计周期。现如今这种工作模式，大大提高了设计院的工作效率，越是大型设计院，越倾向于采取这种工作模式，既然这种工作模式提高了工作效率，自然也提高了设计人员的产值，一般情况下，在这种工作模式下的设计院里工作的设计人员，年产值 25 万 m^2 只能算是入门级水平。这在过去，是不可想象的事情。当然，也要认识到，年产值的大大提升，并不全归功于高效工具的使用、工作模式的变革，很大程度上也是因为设计人员的辛勤付出，当在 IT 行业工作的职场人士还在抱怨着"996"的时候，我们却在期盼着"907"，对于在设计院工作的同行而言，"996"真的算是一个"福报"。

1.3 结构工程师对自身的要求

在设计院里工作早已不再令人羡慕，但这份工作对结构工程师的要求却丝毫没有降低，甚至有些方面还提出了更高的要求。现如今要想在设计院里设计出坚固的房子，首先得有强健的体魄，强健的体魄已不再是在施工单位工作的同志的专利了，对于在设计院工作的同行而言一样也很重要。刚进入设计院工作时，往往面临着大量的加班加点地画图和学习，若没有强健的体魄，很难顺利地熬过在大型设计院工作的初期阶段。不过，若是选择一些中小型规模的设计院，那里的工作强度往往还是低很多的，对个人的体质要求不必那么苛刻。

对于有着强健体魄的工程师们来说，从来没有哪一个只满足于做一个疲于奔命的"画图匠"，内心深处，总有一个结构工程师的梦想在那里闪闪发光。但从进入设计院工作的那一刻起，梦想散发出的无比耀眼的光芒就开始变得越来越暗淡，终于有一天，被那一连串的冰冷的现实彻底浇灭。朋友，在这里我要发出内心最撕心裂肺的呐喊："请不忘初心，坚持努力，实现属于自己的梦想。"不论工作、生活在怎样地压迫你，也不要忘了学习，提升自己。只有让自己足够强大，才能打破这残酷的现实，翻身做生活的主人。在这里，跟大家分享一段俞敏洪的演讲："每条河流都有自己不同的生命曲线，但每条河流都有它们共同的梦想，那就是奔向大海。我们的生命有时候会是泥沙，慢慢地，我们会像泥沙一样沉淀下去，一旦你沉淀下去了，也许你就不用再为了前景而努力了，但是你却永远见不到阳光了。因此我建议大家，不论你现在的处境是怎样的，一定要有水的精神，像水一样不断地冲破障碍，当时机未到时，积累自己的厚度，当有一天时机终于来临的时候，你就可以奔腾入海，成就自己的生命。"

因此，对于一个结构工程师而言，不论生活的现实多么残酷，永远不要停止学习，在学习的过程中不断地积累自己的厚度，一旦时机来临，果断地抓住机会，自信地展示自己。让我们一起努力吧！在后面的章节中，我将带领大家一起学习，带领大家一步一步地走进混凝土结构设计的殿堂。

2 建筑识图

随着社会经济水平的发展，人们对现代建筑物的功能提出了越来越高的要求，为了满足这些错综复杂的要求，任何一个项目，单单是在设计过程中，就需要多专业的协调。对于一般的项目而言，至少集合着方案、建筑、结构、水、电等专业，有时还需要暖通专业，结构设计只不过是整个设计项目中的一环而已，当然也是非常重要的一环。对于结构工程师而言，重点需要完成的就是结构设计这一环。为了完成结构设计这一环，有必要了解一下设计过程中的其他环节，其中最重要的莫过于了解建筑设计这一环节。建筑师们在图纸上展示了他们的构想，而这个构想的实现有赖于其他专业的工程师们的帮助，因此其他各个专业都需要具备读懂建筑图的能力，不过各个专业在理解建筑图时，各有各的侧重点。建筑师们在意的是功能布局的合理性，而结构工程师们则更侧重于主体结构的安全性，在实际项目中，这两个方面的要求往往存在着一些矛盾，这就有赖于建筑师与结构师的沟通与协调，相互磋商，共同探讨出一个最合理的方案。

在本章中，我们将从一个简单的案例出发，让大家培养出从结构专业的角度出发，读懂建筑图的能力，在拿到建筑方案时，虽然眼前看到的是一个建筑方案，但脑海里要想象出一个结构的架子来。

一套完整的建筑施工图包括以下几个组成部分：建筑设计总说明、各层平面图、各个立面图、剖面图以及楼梯及其他细部详图。从建筑设计总说明中可以看到案例的工程概况：本案例是一栋5层办公楼，建设地点位于湖北省武汉市。

2.1 建筑平面图

从工程概况中，得知建筑功能是办公楼，联想一下生活中常见的办公楼平面布局，大多数都比较方正，建筑平面图也印证了我们的这个想法（图2-1）。

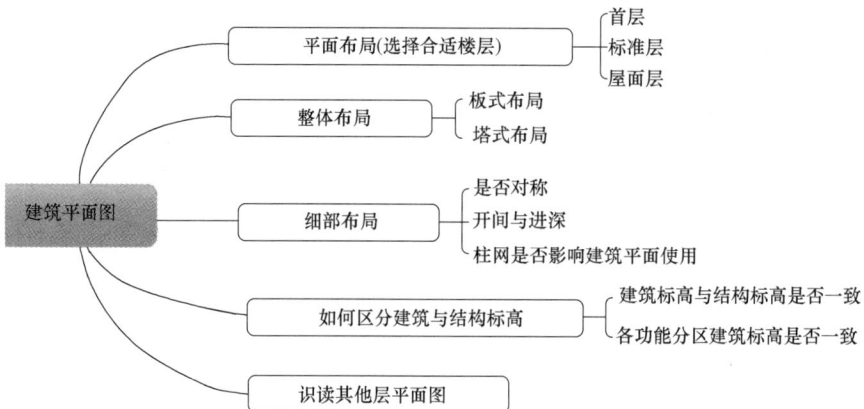

图 2-1 建筑平面图分析

2.1.1　平面布局

识读建筑平面图，需要重点注意的是平面布局，为了方便后面的讨论，我们截取标准层的平面，如图 2-2 所示。

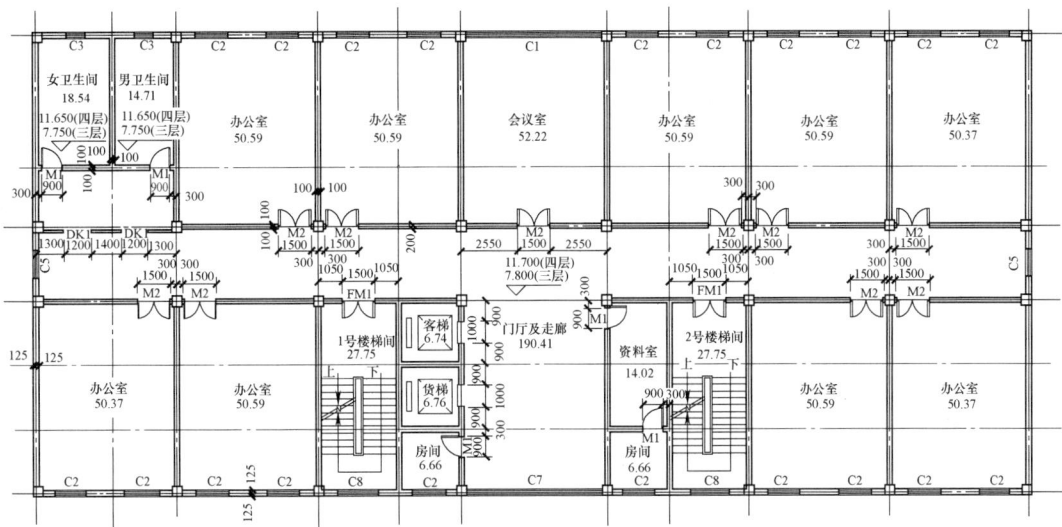

图 2-2　标准层平面图

首先看的是标准层的平面布局，首先去看标准层而不是去看首层，这一点对于高层建筑结构尤为重要，因为高层建筑结构中，标准层的数量在楼层总数中要占绝大多数，而首层可能与标准层还存在着比较大的差异，最初的结构布置应该依据标准层的格局去进行，一个结构布置只有很好地实现了绝大多数楼层的功能才有可能是实用的。

2.1.2　整体布局

从图 2-2 中可以很明显地看出平面整体布局呈现出一个长矩形（即板式），对于这种有明显纵、横轴的办公楼而言（房屋建筑学中，将长轴方向即图中的 X 向称为纵轴或纵向，将短轴方向即图中的 Y 向称为横轴或横向），往往会做成内廊式的，即中间为一个长条形走廊，两边为办公区域，垂直交通则均匀分布于平面若干区域处。

对于另一种平面接近方形（即筒式），没有明显纵、横轴的布局而言，往往会做成核心筒式，即中间为一个核心筒，周边为办公区域，垂直交通集中布置于核心筒中。

对于这两种典型的平面布局，实际工程中都有广泛的应用，各有长短，在这里暂不作深入的讨论，这个问题通常由方案专业根据建筑的功能要求去选择。如果大家留心观察一下身边的住宅类建筑，会发现近些年新建的住宅类建筑，几乎全部都是一排排的，即板式布局，这是因为住宅类建筑有南北通透的需求，而塔式布局是难以很好地实现这一点的。

2.1.3　细部布局

在初看了整体布局之后，接下来就要看细部布局了。从细部布局可以看到，办公区和一些附属功能区对称地分布于走道两侧，这个特点，前面已有过讨论。各个办公房间大小

5

均相同，开间 6.4m，进深 8.4m，对于这种房间尺寸所要求的柱距和梁的跨度来说，一般的钢筋混凝土结构是比较容易实现的，至于楼板平面尺寸太大，这点在后面可以通过布置一些次梁将一个个大板块划分为若干个小板块来解决。

在主要轴网的交点处，可以看到建筑专业已布置了初步的柱位，这些柱位是建筑意向的柱位，至于是否合理，则需要根据结构专业知识去作判断。最终结构专业确定的柱位，通常不应有太大的变动，否则可能会严重影响到建筑的使用，如果有个别位置让我们感到不是很满意，可以与建筑专业商量着做一些局部调整，以期达到双方均满意的结果。

2.1.4 如何区分建筑与结构标高

在门厅附近，可以看到楼面标高标注，此处标高为一般房间的建筑标高，即建筑装修完成面的标高，通常比结构板面标高高 30~50mm，这里高出的 30~50mm 即建筑面层装修做法厚度。

记住这里所标注的楼面标高后，再注意卫生间处所标的标高，卫生间的标高比一般房间楼面标高低 50mm，这是因为卫生间属于潮湿有水的房间，为了防止水外流，像卫生间、厨房、阳台这类房间的标高通常都比楼层标高低 30~50mm，这一点在识读建筑平面图时需要留心，对于这类房间相对其他房间的建筑降标高，后面也需要将这类房间的结构标高相对其他房间降下去。

对于更复杂的建筑平面图而言，在识读标准层时，读图方法也是类似的，在读图时，首先看整体布局，对平面形状做到心中有数，接着再看细部房间的布局、尺寸，建筑的竖向构件定位意向，平面上各个房间标高的分布等。

2.1.5 识读首层平面图

对于这个案例而言，标准层与其他楼层其实并无太大区别，但对于首层平面图，有必要单独拿出来再作讨论。首层平面图如图 2-3 所示。

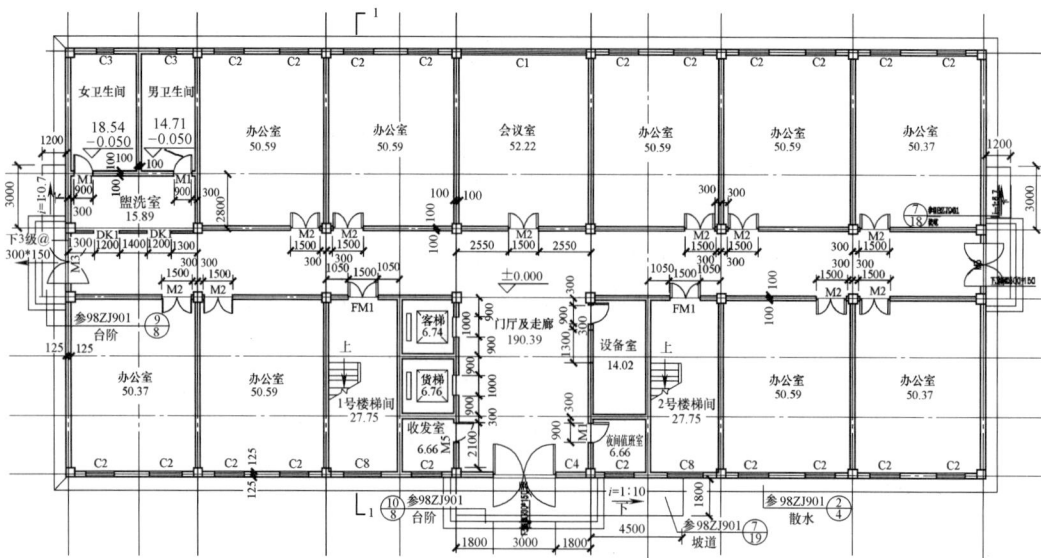

图 2-3 首层平面图

6

首层平面图相对于标准层平面图而言，虽然布局是一样的，但多了一些细节。首先建筑物周边多了一圈散水，这个细节与结构专业倒是没有太大关系。

另一个细节，首层一般都是布置出入口的楼层，生活经验提醒了我们在这些出入口所在位置的上面可能会有雨篷，这个细节大家可以自己去二层平面图上找到。通常有出入口的位置，都需要去留意是否存在雨篷，而雨篷往往是需要结构专业去处理的，尤其是一些次要出入口处的小雨篷，很容易被初学者漏掉。

在首层平面图上一般还标注着剖面图的剖视符号，当在后面看到剖面图时，如果想要知道剖面图所剖切的位置和视线方向，那就到首层平面图上来找剖视符号，剖视符号所在的位置即为剖切位置，剖视符号文字所在的方向即为视线方向。

2.1.6 识读屋面层平面图

屋面层平面图也有一些与其他楼层不同的细节需要注意。屋面层平面图如图 2-4 所示。

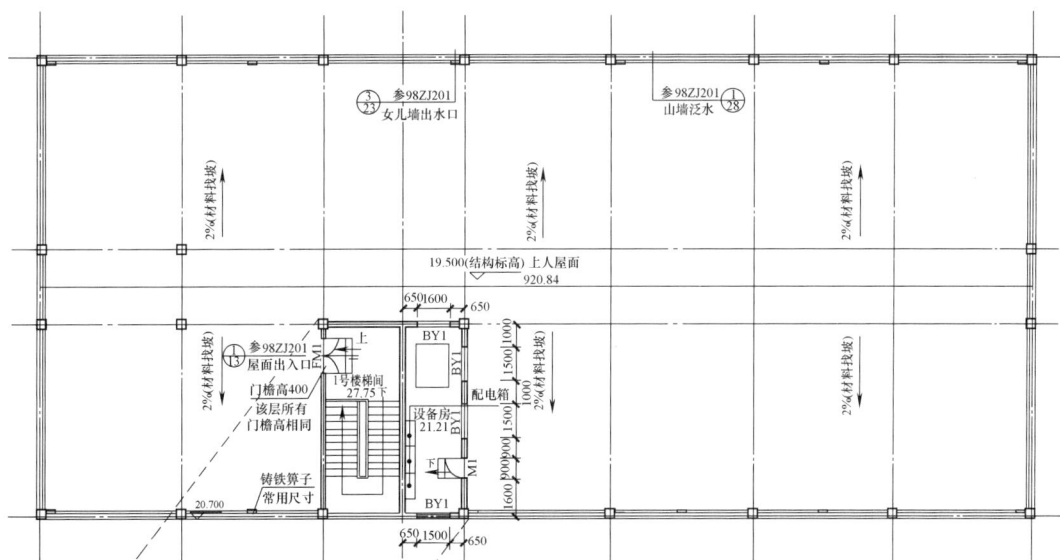

图 2-4 屋面层平面图

虽然屋面层平面图相对其他楼层而言，少了很多细节，但仍有那么一些细节需要提醒初学者们注意。

首先，屋面分为上人屋面与非上人屋面，有楼梯直接上去的，即为上人屋面，如图 2-4 所示屋面，如果没有楼梯直接上去，即为非上人屋面，如楼梯间屋面（图 2-4 并未显示，大家可以自己去更完整的屋面图上找到），需要注意非上人屋面并不意味着任何时候人都不能上去，只是通常不考虑人上去而已。对于上人屋面和非上人屋面，建筑图上通常都会有明确的标示，即使没有，也可以根据前述原则自行判断。区分上人屋面与非上人屋面，对于结构专业的影响体现在屋面活荷载的不同上，这一点后面讨论荷载时再详细叙述。

再者，需要注意到屋面标高的标注，不像其他楼面标高标注的是建筑标高，屋面标高通常会明确注明所标注的是结构标高，也就是说在屋面层，结构板面的标高即为建筑图上所示的标高，而在其他楼层，我们已经知道，结构板面标高通常比建筑图上所标示的标高低 30~50mm，标高上的这点差异，最终会体现在结构施工图上。为什么屋面标高不像其他楼面标高一样，也标注建筑标高呢？这是由屋面层建筑面层做法与一般楼层建筑面层做法的巨大差异造成的，对于一般的楼层，建筑面层做法相对较薄且厚度固定，找平层、结合层加面砖或木地板即可，一般即 50mm 左右。有了建筑标高，减去这个固定厚度的面层，就可以得到结构标高。而屋面层的建筑面层做法相对较厚且厚度可变，屋面层建筑面层做法从下至上至少有找坡层、保温层、找平层、防水层、硬化面层等，由于屋面有保温的要求，所以往往会设置很厚的保温层，同时还有防水要求。为了方便排水，建筑面层还会找坡，这样的话，其实屋面层建筑面层的标高并不是一个统一的标高，而是有坡度的，从屋面图中也可以看到排水坡脊线。因此，为了实际工程的方便，屋面层通常都是标注结构标高。

屋面层上另一个需要注意的细节即是女儿墙，上人屋面都会有女儿墙，只是具体做法各有差异，而女儿墙往往是需要结构专业画详图的，这一点在后面绘制详图时再讨论。

至于更多其他楼层平面图的识图，这里不再一一论述，大家可以按照上述思路去识图。在这里，可以总结一下识读建筑平面图的一般流程和注意要点。一般流程：读图顺序优先从标准层平面图再到其他楼层平面图，识读内容时从整体布局到细部布局。注意要点：平面图上主要看布局，包括整体的布局，房间的布局、尺寸、标高，建筑的柱定位意向等。最后也要注意一些细节，比如楼面降标高、出入口雨篷以及其他一些建筑详图做法等。

2.2 建筑立面图、剖面图

建筑立面图、剖面图分析见图 2-5。

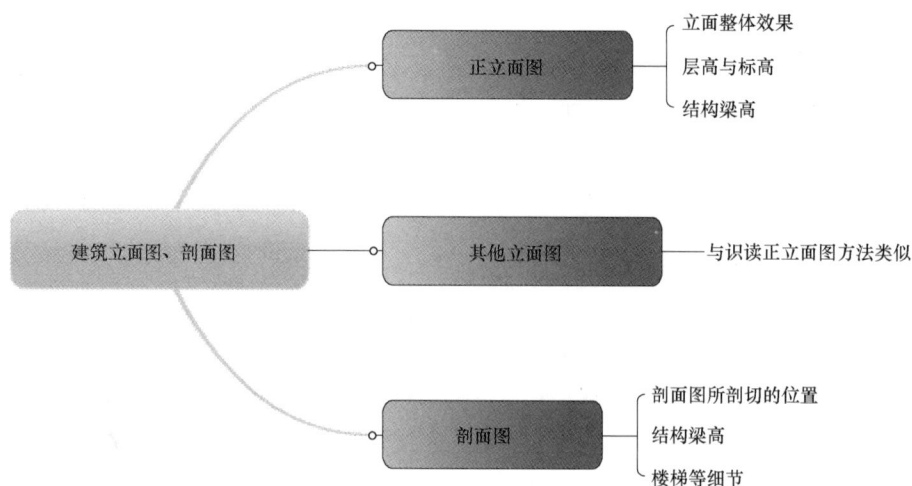

图 2-5　建筑立面图、剖面图分析

2.2.1 识读正立面图

从平面图上，已经看清楚了建筑的平面布局，那么接下来，将结合立面图，构建出整个建筑物的三维整体布局。首先从正立面图开始，为了方便后面的讨论，将正立面图截取如图 2-6 所示。

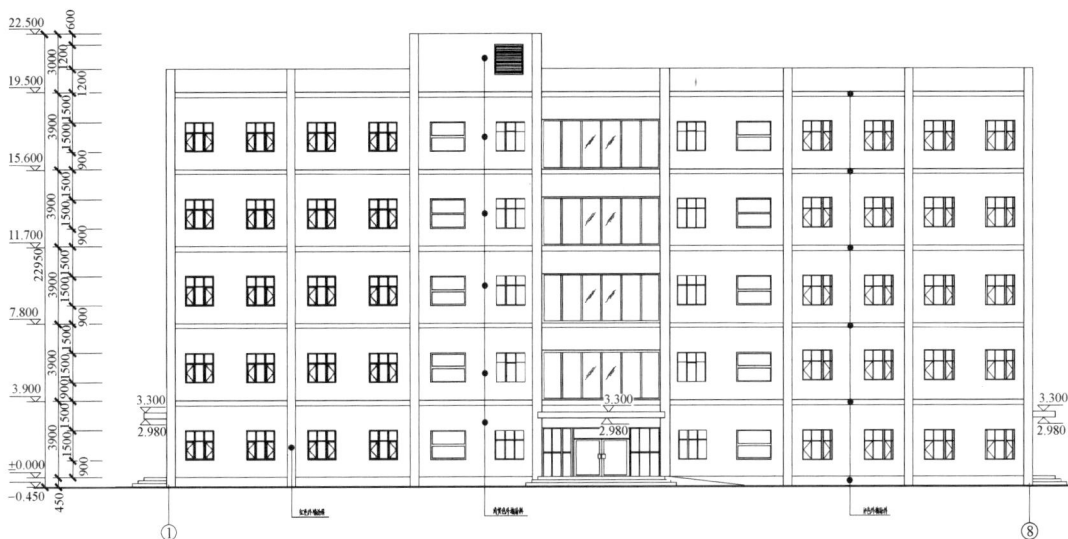

图 2-6　①～⑧轴立面图 1：100

从正立面图上，可以很清楚地看到建筑物的整体立面效果、各层的层高与标高，大屋面上也有一圈女儿墙，中部区域突出的一小块即是出屋面的楼、电梯间了，入口门厅的大雨篷以及两侧的小出入口的雨篷也醒目地显示在立面图上。整个立面上还均匀地分布着横、竖向装饰线条，有时这些线条只需要用不同颜色的涂料涂刷出来即可，此时并不需要结构专业处理，但有的时候，这些线条可能是凸出墙面的，这时这些装饰性线条需要结合结构构件来处理，比如：图中的竖向线条可以结合凸出墙面的柱子来表现，而水平线条则可以结合凸出墙面的楼板来表现等。

一般情况下，看立面图的时候，除了看各层的层高与标高、立面效果，最注重的就是立面所容许的梁高了，也就是从窗户顶计算到楼面标高的这段高度，一般情况下，结构梁高不应该超过建筑所预留的这段高度，如果可能的话，结构梁高最好与建筑所预留的高度保持一致或比建筑所预留的高度小 50mm，小的这 50mm 便是考虑到建筑面层与结构板面的高差。从上面的立面图中，可以看到，建筑专业从窗顶到楼面预留了 1500mm 的高度，这个高度相对于结构专业所需要的梁高而言，显得太高了，那么在后面确定梁高时，将只考虑结构自身的需求，至于窗顶到梁底的这段墙体，将采用窗顶设窗过梁，然后在过梁上砌筑墙体的做法来处理。

在上面的讨论中，发现立面图并没有限制住结构的梁高，那是因为本案例是一栋办公楼，办公楼层高普遍比较高，本案例的层高为 3.9m，如果换作一般的住宅楼，住宅楼层高通常为 3m，在保持窗台高度与窗高不变的情况下，会发现窗顶到楼面所预留的高度由

9

1500mm 变成了 600mm，此时就要注意这个 600mm 对结构梁高的限制了。

2.2.2 其他立面图

由于本案例的立面比较简单，至于背立面所需看的细节以及所需要注意的问题，与正立面并没有什么差别，在这里便不再进一步讨论，同样的原因，两侧立面也不作进一步讨论，均由读者自行识图即可。

2.2.3 识读剖面图

剖面图上，有一些立面图上所看不到的东西，这里需要作一些讨论。截取剖面图如图 2-7 所示。

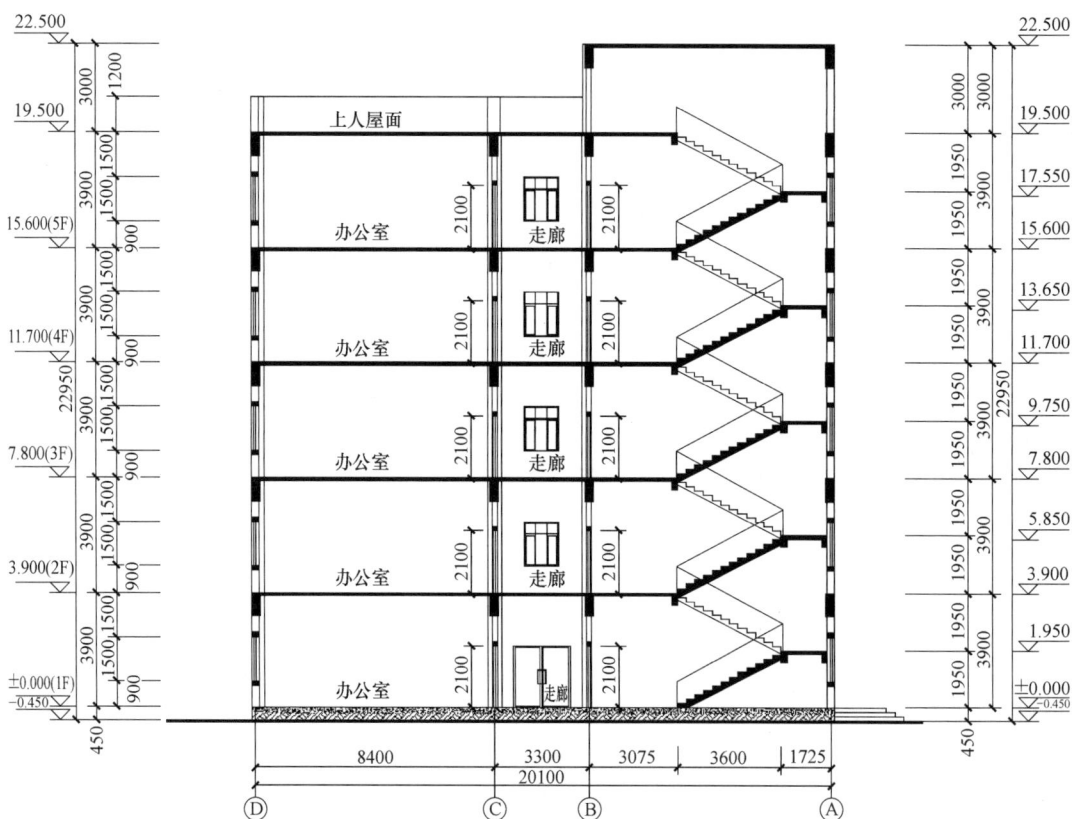

图 2-7 1-1 剖面图 1：100

首先要知道剖面图的剖切位置在哪里，这一点可以在首层平面图上找到相应的剖切符号，一般情况下，建筑师选择的剖切位置是相对比较复杂同时也需要重点表达的位置，本剖面图剖的是楼梯所在的位置，楼梯间是需要重点表达的位置，后面也会有楼梯详图作进一步的表达。

在 1-1 剖面图的 A 轴、D 轴上，可以很明显地看出结构梁高与窗顶标高以及楼面标高的关系，这与在立面图上所看到的细节是一致的。但内部 B 轴、C 轴处结构梁高与建筑构件的关系，却是立面图上看不到的。在剖面图上，可以看出，内部的梁高并没有受到建筑的限制，B 轴、C 轴处的门顶标高与楼面标高之间的距离还很大，而结构梁高根本就不需要那么高，与 A 轴、D 轴处的做法类似，门顶到梁底的这段墙体采用门顶设过梁，在过梁上砌筑墙体的做法来处理。通常情况下，门高为 2000～2200mm，而楼层高度即使是住宅也会有 3000mm 或者更高，这样的话，门顶标高到楼面标高也会有 800～1000mm，这样的高度对于一般的结构梁高而言，是足够了的，所以我们会有这样的经验：内墙上的门洞口，通常不会影响结构的梁高，但外墙上的窗洞口，则需要多加留意，很可能会影响到结构的梁高，虽然窗户本身并没有门高，但它有 900～1100mm 的窗台，这样算的话，窗顶标高往往是比门顶标高高的。

由于内墙上通常没有窗户，而门洞口往往又并不限制梁高，所以在内墙顶上设梁时，往往只用考虑结构专业自身的需求去确定梁高。但有那么一种情况需要重点注意：在一些教学楼或者是类似功能的建筑物中，走廊两侧的墙体上会设置窗台非常高的条形窗，这类窗户本身并不高，但窗台很高，高达 1800mm，这么高的窗台是为了避免走廊的行人影响到房间内部人员的工作与学习，这种情况下窗顶标高到楼面标高所预留的高度往往成为限制结构梁高的一个重要因素，这一点只能从剖面图上看出来。

在 1-1 剖面图上，A 轴处还有一个关于楼梯的细节，这一点我们放到楼梯详图中再来讨论。

从上述讨论中，可以总结出，在立面图和剖面图上，重点关注的是建筑与结构的竖向关系、各层的层高与标高、建筑对结构梁高的限制等。

2.3 建筑详图

在实际项目中，建筑专业在第一次给结构专业提交资料时，是不包含详图的，甚至可能只有一张标准层的平面图和一张立面图，而结构专业则需要在所提供的这些资料的基础上，做出结构布置，建立结构模型，等后面建筑专业的提资越来越详细的时候，结构专业也会对结构专业的结构模型作进一步的细化。

作为一个学习案例，一开始就将完整的建筑施工图提交给了大家，为了让大家更直观地感受到详图对结构专业的影响，这里也对建筑详图作一些讨论。

楼梯作为一栋建筑的垂直运输通道，是整个建筑物的一个重要的组成部位，也是新手们比较棘手的问题。从平面图上可以看到本案例有两个楼梯，但只有 1 号楼梯出屋面，这里来讨论一下 1 号楼梯详图。详图截取如图 2-8 所示。

在一个完整的楼梯详图中，包括楼梯的各层平面图以及一张楼梯剖面图。在楼梯的各层平面图中，主要表达的是楼梯各跑的方向以及各种平面尺寸（包括平台宽、梯跑长和宽、梯井宽、踏步宽等），当然平台处也标注了各平台的标高，其中标高与楼面标高相同的平台称之为楼层平台，而位于半层高附近的称之为中间平台，这一点在剖面图上反映得更为直观。

在楼梯剖面图上，能更直观地反映出各跑楼梯的方向，至于剖切位置，可以在楼梯详图的一层平面图中找到相应的剖切符号。在剖面图上，可以看出各踏步的高度，这一点是平面图上无法表达的内容。现在重点注意一下楼梯剖面图中的 A 轴，A 轴处的平台都是

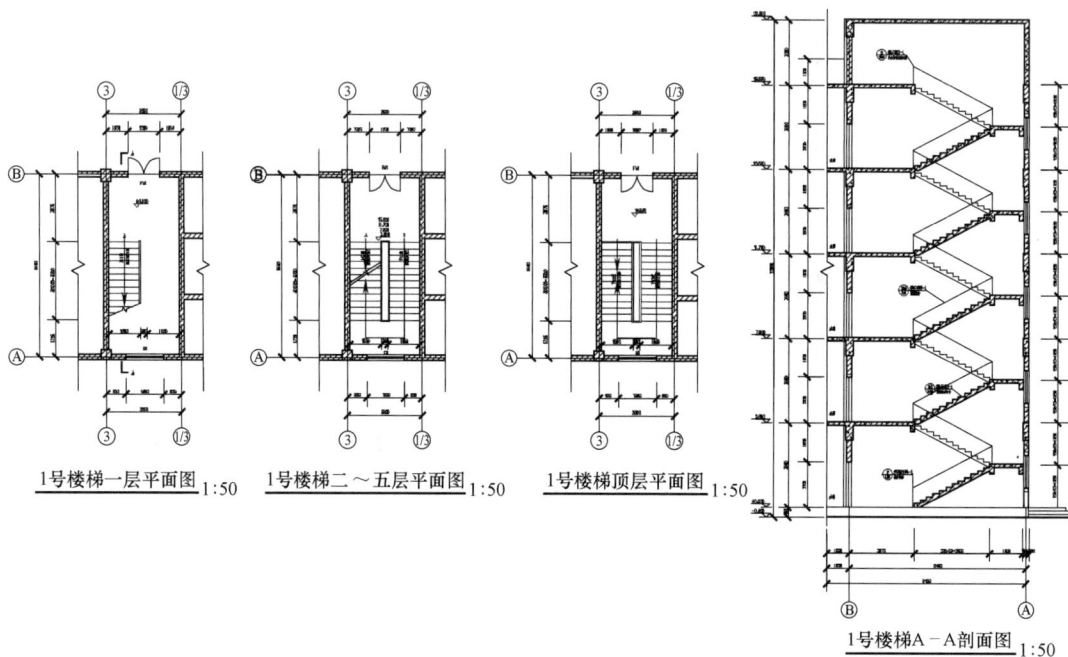

1号楼梯一层平面图 1:50　　1号楼梯二～五层平面图 1:50　　1号楼梯顶层平面图 1:50

1号楼梯A-A剖面图 1:50

图 2-8　1 号楼梯详图

楼梯的中间休息平台，可以很明显地看到，平台边是贴着墙边的，平台梁并没有与 A 轴处的墙体重合，而是内移了。该处的平台梁为什么要内移呢？这还需要从立面图上说起，在前面的正立面图上，可以看明显地看到立面上的窗户布置都是比较整齐的，所有的窗户包括楼梯间处的窗户的窗台高、窗顶高都是对齐的。现在再回到楼梯剖面图的 A 轴处，由立面图上的窗户反映到 A 轴墙体上的也就是详图上所表达的样子，在这种情况下，如果要将 A 轴处的平台梁藏到 A 轴处的墙体里面，则必然会打断 A 轴处的窗户，因此 A 轴处的平台梁需要内移，至于内移后的平台梁将搭在何处，这个问题是很容易解决的，这一点留在后面的楼梯详图中再来跟大家作更详细的解释。

如果大家留意观察生活，会发现生活中有些楼梯就是上面详图中的做法，在这种楼梯中行走时，走到中间休息平台处，会发现窗户的中间跑到了脚下，这种情况下，外立面的窗户都会显得比较整齐，但对楼梯间内部的采光有点影响。还有一种情况，当大家走到楼梯的中间休息平台时，会发现平台处窗台的标高相对平台的标高是正常的窗台高，那么这种情况下，外立面楼梯处的窗户相对其他部位的窗户必然是错位的，外立面会稍显零乱，此时中间平台的平台梁则可以藏入墙中，不必再像图 2-8 所示那样内移了。这里讨论了楼梯处中间平台的两种典型做法，在实际工程中都有体现，由于现在的人们普遍都更讲究面子，建筑的外立面好看显得更重要，所以在新建建筑物中，采用第一种做法的反而更加普遍。我们的案例也选择了主流做法。

详图当然不止只包含楼梯详图，还有更多其他的详图，但在这里就不再作进一步讨论了，通常那些细节并不会对前期工作有太大的影响，实际工作中，也需要等到施工图的收尾阶段才能处理那些细节，毕竟只有等到了这一步，建筑提资才会到位。

2.4 建筑识图要点总结

在识读建筑图时，一般的顺序是先平面图再立面图、剖面图，最后是详图。识读平面图时，重点是看布局，包括整体布局和细部布局，还需留意一些房间的标高差异；识读立面图、剖面图时，重点是看清建筑与结构的竖向关系、各层的层高与标高、建筑对结构梁高的限制；识读详图时，重点是看清细节以及这些细节对主体结构的影响。

3 结构布置图的确定

在读懂建筑图之后，接下来要做的事情便是从结构工程师的角度出发去实现它。那么接下来将重点讨论在给定建筑方案的情况下，怎样去寻找一个最合适的"结构骨架"去实现建筑师的意图。

3.1 结构方案的选择

对于任何一个建筑方案，都有多种"结构骨架"或者用更为专业的术语"结构型式"去实现它，在众多的结构型式中，需要工程师选择出一个最为合适的，这便是结构选型的工作内容。

为了能够做好结构选型这项工作，首先要知道都存在着哪些常用的结构型式。对于钢筋混凝土结构而言，《建筑抗震设计标准》GB/T 50011—2010（2024 年版）（以下简称《抗规》）6.1.1 条列出了常用的钢筋混凝土结构体系及其对应的适用的最大高度。

6.1.1 本章适用的现浇钢筋混凝土房屋的结构类型和最大高度应符合表 6.1.1 的要求。平面和竖向均不规则的结构，适用的最大高度宜适当降低。

注：本章"抗震墙"指结构抗侧力体系中的钢筋混凝土剪力墙，不包括只承担重力荷载的混凝土墙。

表 6.1.1 现浇钢筋混凝土房屋适用的最大高度（m）

结构类型		烈度				
		6	7	8(0.2g)	8(0.3g)	9
框架		60	50	40	35	24
框架-抗震墙		130	120	100	80	50
抗震墙		140	120	100	80	60
部分框支抗震墙		120	100	80	50	不应采用
筒体	框架-核心筒	150	130	100	90	70
	筒中筒	180	150	120	100	80
板柱-抗震墙		80	70	55	40	不应采用

注：1 房屋高度指室外地面到主要屋面板板顶的高度（不包括局部突出屋顶部分）；
2 框架-核心筒结构指周边稀柱框架与核心筒组成的结构；
3 部分框支抗震墙结构指首层或底部两层为框支层的结构，不包括仅个别框支墙的情况；
4 表中框架，不包括异形柱框架；
5 板柱-抗震墙结构指板柱、框架和抗震墙组成抗侧力体系的结构；
6 乙类建筑可按本地区抗震设防烈度确定其适用的最大高度；
7 超过表内高度的房屋，应进行专门研究和论证，采取有效的加强措施。

从《抗规》表 6.1-1 可以看出，不同的结构型式在不同的烈度下，有着不同的适用的最大高度。一般情况下，建筑高度不要超过所选择的结构型式所对应的适用的最大高度，一是超过表中所对应的最大高度后，会被定义为超限高层，超限高层是需要增加一系列特殊的加强措施的，而且还需要进行专门的超限审查，这些要求都会大大提高项目的造价以及整个设计周期；二是超过表中所对应的最大高度后，结构的抗侧力能力会显得尤为不足，也就是刚度不足，为了满足标准中关于刚度的要求，将会采取很多的加强措施，同样地，这也会大大提高项目的造价。

本案例的建筑高度（从室外地面到主要屋面板板面的高度）为 19.95m，建设地点位于武汉市，设防烈度为 6 度（0.05g）（这一点可以从《抗规》的附录 A 中查到），那么从满足适用的最大高度的角度出发，表中所有的结构型式都是可以选择的。

结构选型除了满足所选结构型式适用的最大高度，还应该满足建筑的使用功能要求。拿最常用的框架结构和剪力墙结构（即上表中的抗震墙结构）来作对比说明，框架结构的竖向承重构件为一个个的框架柱，而剪力墙结构的竖向承重构件为一片片的墙。通常墙的长度在 2m 左右甚至更长，那么对于需要开敞大空间的建筑而言，比如说商场、办公楼、教学楼、停车库等，框架结构就比较合适。对于高度较高的住宅、旅馆而言，由于本身存在着大量的隔墙，可以很方便地将剪力墙隐藏到隔墙中，此时，剪力墙结构就比较合适，而且剪力墙结构有着更高的适用高度，也更适合高层住宅、旅馆。

本案例的建筑功能为办公楼，虽然也存在着大量的隔墙，但由于高度不高，完全没有必要布置承重的结构墙，竖向承重构件完全可以由框架柱承担，因此，选择框架结构是合适的。

结构选型另一个需要考虑的因素即经济性因素，这一点往往是新手们不好把握的，不同的结构型式有着不同的经济指标（如每平方米的用钢量、每平方米的混凝土用量等），如何在所有可选择的结构型式中选择最经济的结构型式，需要积累大量的经验。这里可以举个简单的例子来作说明：两栋相同的 8 层住宅楼，高度均为 24m 左右，一栋位于 6 度区，一栋位于 8 度区，从适用的最大高度角度出发，结构型式选择框架结构是没有问题的，但经过实际计算后，会发现建在 6 度区的选择框架结构是合适的，但建在 8 度区的选择框架—剪力墙结构会更好。因为 8 度区地震作用太大，对结构的刚度需求更高，为了提高结构的抗侧刚度，布置剪力墙比增加框架梁、柱的截面尺寸要有效得多。因此在原本的框架体系中选择合适的位置布置若干剪力墙，设计成框架—剪力墙结构会更经济、更合理。

综上所述，结构选型可以按以下步骤进行：

（1）看结构型式适用的最大高度；

（2）看建筑的使用功能；

（3）看经济性指标。

对于本案例，最终确定的结构型式为框架结构。

3.2 结构布置

在确定结构型式为框架结构后，接下来的工作便是进行结构布置了。结构布置的工作内容简单说就是确定竖向构件的位置，确定框架梁、次梁的位置，即确定各种结构构件的位置这样一项工作。

首先应该进行柱网的布置，柱网布置的原则：

平面方向：均匀、对称、规则、周边；

竖直方向：连续。

平面方向上均匀布置的柱网可以使各个中柱的受荷面面积大致相等，各个梁的跨度也接近，这样可以使各个构件的受力比较均匀。对称、规则的柱网可以让结构的质量中心与刚度中心尽可能地重合，减小结构的扭转效应，而在周边设柱也能最大限度地增加结构的抗扭刚度，扭转对结构是很不利的，一方面应尽可能地减小结构的扭转效应，另一方面也应尽可能地增大结构的抗扭能力，从而提高结构的安全储备。

竖直方向上要求柱子连续，希望柱子能够从基础一直延伸到屋面，如果存在不能落地的柱子，则意味着需要作转换，用转换梁或其他转换构件将不能落地的柱子抬起来，同时柱子不能落地也会造成下部楼层刚度偏小，这一点对结构是不利的。对于过早中断而不能延伸至屋面的柱子，对结构也存在着不利的影响，柱子不能延伸上去，可能会造成上部楼层的刚度突然变小，在地震作用下可能会引起强烈的"鞭梢效应"，造成上部楼层的显著破坏（图3-1）。

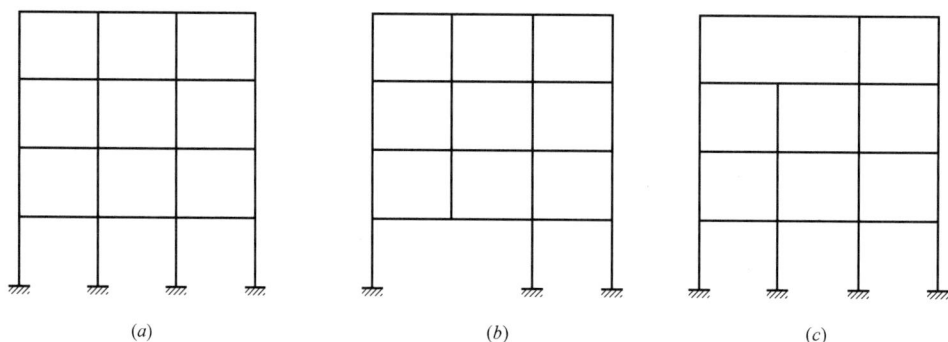

(a)   (b)   (c)

图 3-1　结构布置

(a) 规则框架；(b) 柱子不落地；(c) 柱子不到屋面

一般在建筑资料图中，建筑师已经根据房间的布局要求，初步拟定了柱子的位置，结构师需要做的工作是从技术、经济的角度校核它的合适性。为满足建筑功能要求、实现建筑设计效果，对于建筑专业提供的主柱网一般很少作大规模的调整，但是对于局部柱网，常常会根据结构专业的需要、在满足建筑功能要求的前提下作适当调整。以下部位通常是调整的重点：

（1）在建筑物周边的主轴线上，尽可能设柱，避免有较大跨度的悬挑结构；

（2）在结构缝的两侧，尽可能设柱，使相邻部分建筑物分开；

（3）在主轴线的纵横两个方向，交点处尽可能对应设柱，满足双向支承要求，增加结构的抗侧能力；

（4）在楼梯间、电梯间附近，尽可能设柱，一方面可以加强楼层平面位置由于楼梯间、电梯间的开洞引起的较大刚度削弱，另一方面设柱以后楼梯间、电梯间周边梁可以直接支承在框架柱上，可以简化周边梁的设计。

根据以上原则，可以作出如图3-2所示的柱网布置图（其中柱子的大小仅为示意）。

一般情况下，比较经济的柱距是6～8m，图3-2的柱网布置除中间走廊两侧柱子的柱距外，其他部位基本符合经济柱距的要求。

在按标准层初步确定了柱网以后，将整个柱网做成一个块，再粘贴到其他楼层的平面

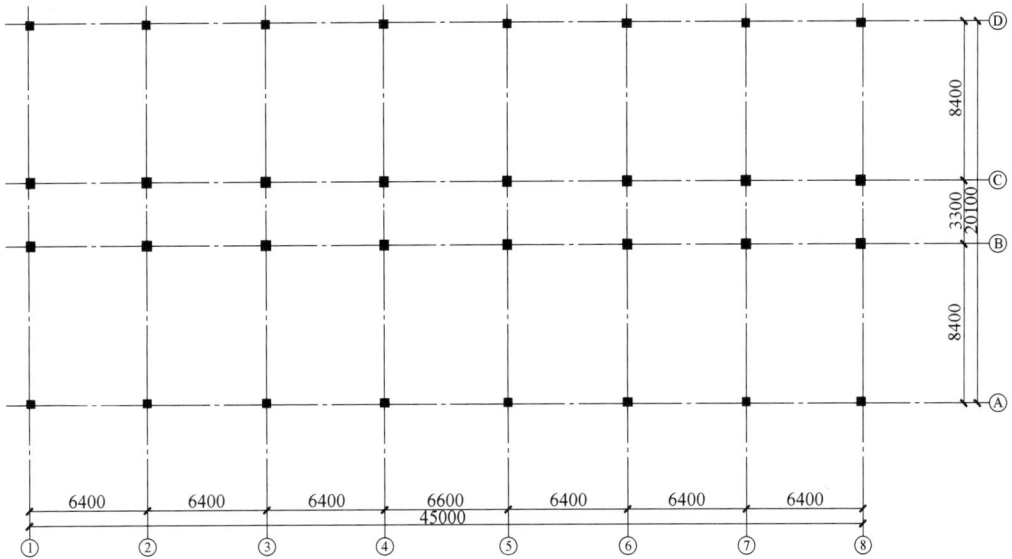

图 3-2 柱网布置图

图上——核对，看是否影响到其他楼层的使用功能，如果存在着个别柱子影响到其他楼层，还需要进一步调整柱位，如不存在影响，则此柱网可以作为初步确定的柱网。

在初步确定了柱网的布置之后，接下来需要确定的便是框架梁的布置了。通常要求柱子在两向都有框架梁与之相连，最好是两向正交相连，两个方向都有框架梁与柱子相连，使得柱子在两个方向都有梁约束，对柱子的稳定性更好。柱子两向有梁相交与单向有梁相交情况如图 3-3 所示。

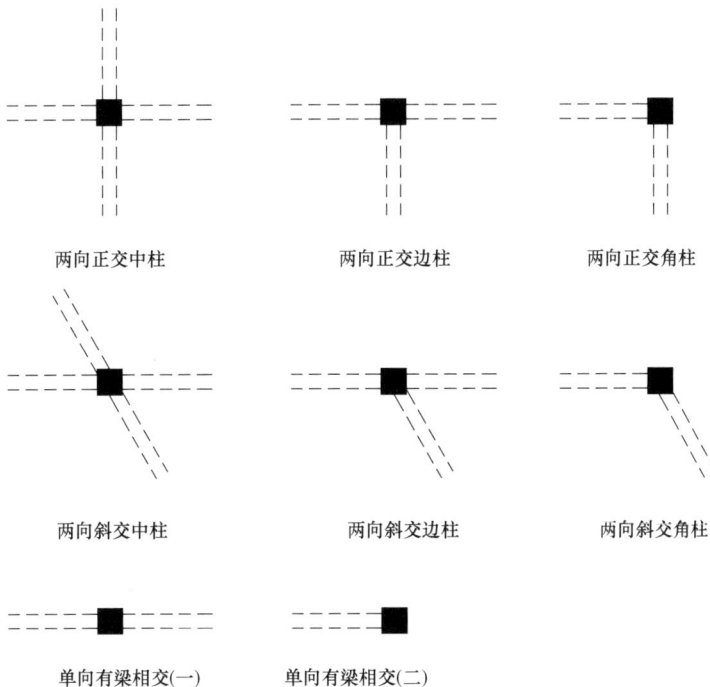

两向正交中柱　　　　两向正交边柱　　　　两向正交角柱

两向斜交中柱　　　　两向斜交边柱　　　　两向斜交角柱

单向有梁相交(一)　　　单向有梁相交(二)

图 3-3 柱子与梁相交情况示意

根据以上原则可知，在柱网确定以后，框架梁的布置就随之确定了，布置框架梁时，将柱子在纵横方向拉通，框架梁的布置如图 3-4 所示（其中梁宽仅为示意）。

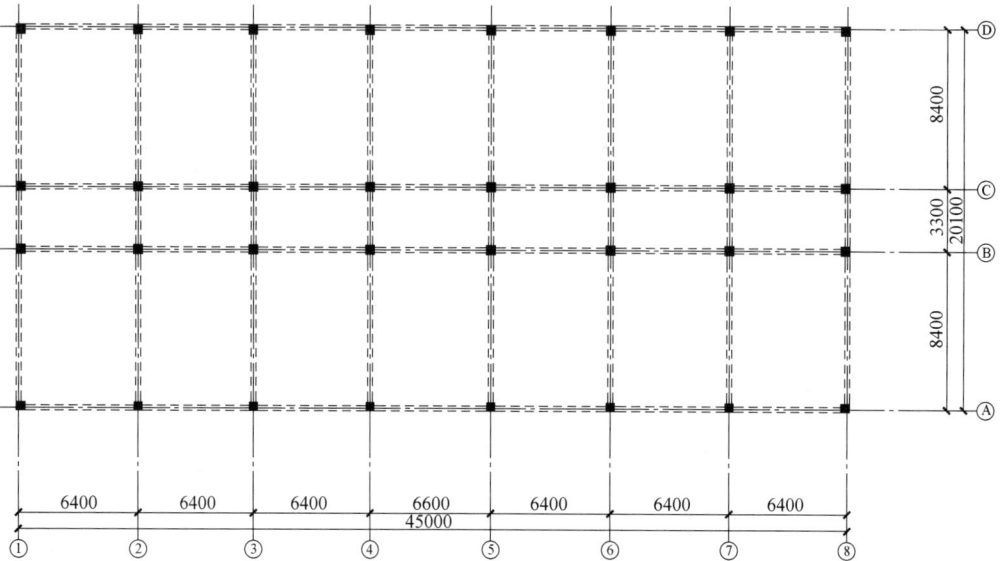

图 3-4 框架梁的布置

注意：在绘制布置图阶段，可以不必注意梁虚、实线等细节，需要的只是一个结构构件的大致位置而已。

在确定了柱网和主梁的布置以后，接下来需要确定的便是次梁的布置了。布置次梁主要有两种目的：一是传递隔墙荷载，二是将较大的楼板划分为较小的板块方便楼板设计。

一般在需要传递墙体荷载、板面荷载或其他设备荷载的地方，布置楼面或屋面次梁。以下位置是布置次梁时重点考虑的位置：

（1）在建筑物的周边，尽可能布置次梁，避免出现较大跨度的悬臂板；

（2）在建筑设置隔墙处，尽可能布置次梁，实现墙体荷载的直接传递；

（3）在设备荷载支承处，尽可能布置次梁，实现设备荷载的直接传递；

（4）在板面有高差处，尽可能布置次梁，方便楼板设计；

（5）在开洞较大的洞口周边，尽可能布置次梁，减少悬臂结构、增加楼板刚度；

（6）在楼面板（屋面板）跨度较大（比如跨度≥4500mm）时，可以考虑布置次梁，把大跨度板分隔成单向板楼盖、双向板楼盖或井字楼盖（图 3-5），方便楼板设计。

对于本案例，首先考虑在隔墙下无梁的位置布置次梁，洞口周边无梁时布置次梁，这样卫生间、楼、电梯间处的次梁就已布置完毕，剩下的需要考虑布置次梁的房间则是典型的办公室等房间，房间尺寸为 6.4m×8.4m。走道处由于短跨跨度（由轴线到轴线距离计算）为 3300mm，完全可以不必设置次梁。

对于 6.4m×8.4m 的房间，是需要布置次梁的，否则后面楼板设计时板厚将会取得非常厚，浪费材料的同时也增加了结构的自重。那么考虑什么样的次梁方案呢？先来考察十字次梁方案，如果布置十字次梁方案，一个 6.4m×8.4m 的大板块将会被分割成 4 个3.2m×4.2m 的小板块，这种尺寸的板块对于楼板设计来说，已经小得可以接受了，甚至

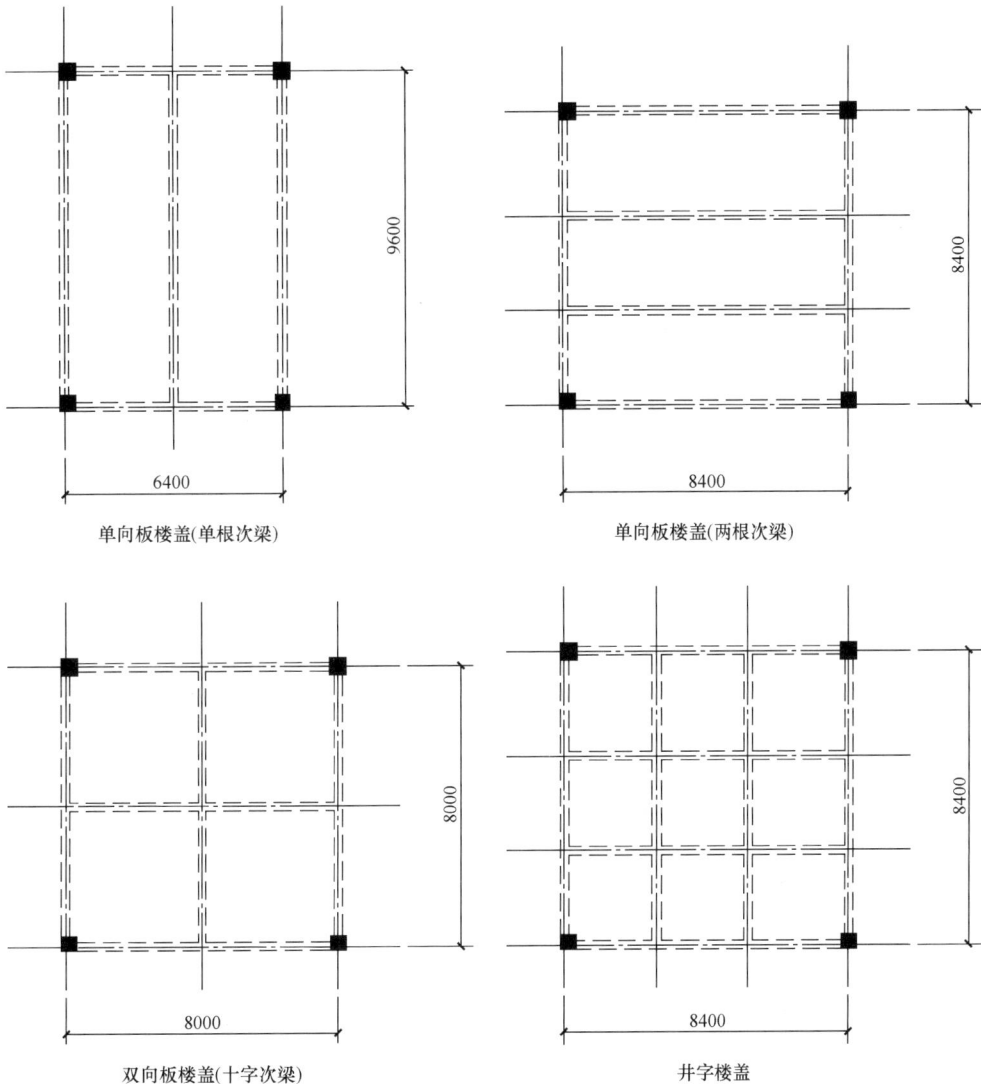

单向板楼盖(单根次梁)

单向板楼盖(两根次梁)

双向板楼盖(十字次梁)

井字楼盖

图 3-5　楼盖布置示意图

还有点显小，也可勉强接受，但是如果布置井字梁的话，则划分的 9 个小板块，每个板块尺寸太小而不能接受，因此可以考虑接受十字次梁方案，但排除井字次梁方案。

那么单向次梁方案怎么样呢？单向次梁方案可以有两种布置方式，一种沿横向（Y向）布置次梁，此时是纵向（X 向）框架承重，另一种沿纵向布置次梁，此时是横向框架承重，如图 3-6 所示。

这里引出了一个结构布置过程中常见的问题，即到底是选择横向框架承重还是选择纵向框架承重？又或者是选择纵横向框架混合承重？不同的承重方案有不同的优缺点，具体到实际项目中如何选择，是一个仁者见仁、智者见智的问题（图 3-7）。

对于纵向框架承重体系，楼面荷载主要传至纵向框架梁，此时纵向布置的框架梁为主要承重梁，而横向框架梁为次要承重梁，此时横向框架梁高度可以做得较小，因而可获得较高的室内净高，利于管线的穿行，这是该方案的优点。该方案的缺点是横向抗侧刚度较

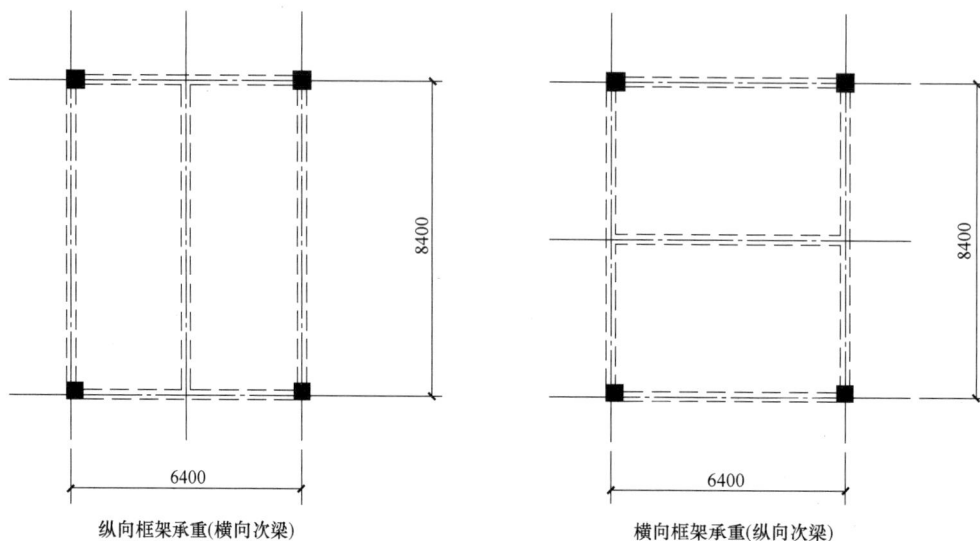

纵向框架承重(横向次梁)　　　　　横向框架承重(纵向次梁)

图 3-6　单向次梁方案的两种布置方式

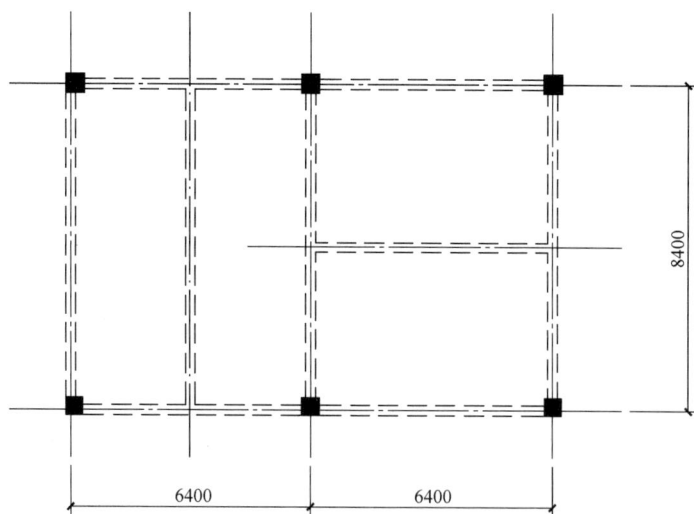

图 3-7　纵横向框架混合承重

差，同时由于纵向框架梁为主要承重梁，纵向框架梁高度可能会比较高，因而影响立面上开设大的窗洞口。

对于横向框架承重体系，楼面荷载主要传至横向框架梁，此时横向布置的框架梁为主要承重梁，而纵向框架梁为次要承重梁，此时纵向框架梁高度可以做得较小，也有利于立面开洞，同时较高的横向框架梁也有利于提高结构的横向刚度，这是该方案的优点。该方案的缺点是较高的横向框架梁下面如果没有隔墙的话，将会影响室内净高。

至于纵横向框架混合承重体系，则兼有上述二者的优缺点，实际工程中是否选择，还需看实际的次梁布置情况。

本案例由于立面并没有限制纵向框架梁的梁高，同时为了简化横向框架的受荷，将

选择纵向框架承重体系。布置好次梁后，最终的标准层的初步结构布置图如图 3-8
所示。

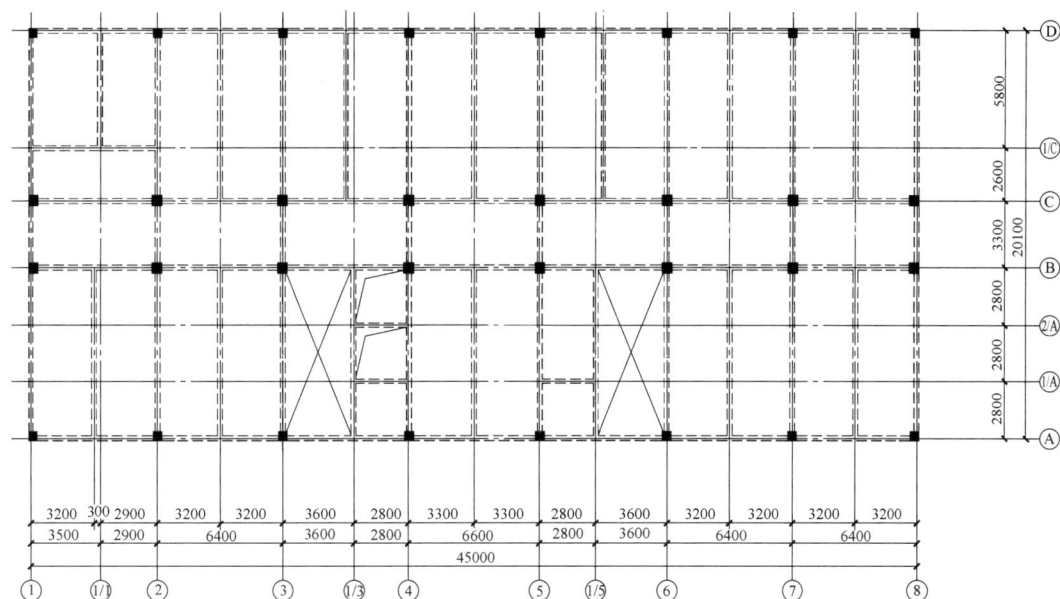

图 3-8 最终的标准层的初步结构布置图

最后由梁围合而成的一个个区格便是一块块的楼板或者洞口。读者也可以自行尝试横
向框架承重体系的结构布置。

至于其他楼层的初步结构布置图确定方法，与上述过程一致，这里就不再作进一步的
讨论，读者可以自行练习。

3.3 构件截面尺寸估算

在初步确定了各种结构构件的位置之后，接下来便要估算各种结构构件的尺寸了，毕
竟建到软件中的模型除了需要有构件的位置信息，还需要构件的截面信息。

3.3.1 柱截面尺寸估算

柱子作为框架结构中的竖向构件，是最为重要的构件，也是估算截面尺寸时，最为繁
琐的构件。首先来看一看《混凝土结构设计标准》GB/T 50010—2010（2024 年版）（以
下简称《混规》）中对柱子最小截面尺寸的规定。

《混规》11.4.11 框架柱的截面尺寸应符合下列要求：

1 矩形截面柱，抗震等级为四级或层数不超过 2 层时，其最小截面尺寸不宜小于
300mm，一、二、三级抗震等级且层数超过 2 层时不宜小于 400mm；圆柱的截面直径，
抗震等级为四级或层数不超过 2 层时不宜小于 350mm，一、二、三级抗震等级且层数超
过 2 层时不宜小于 450mm。

2 柱的剪跨比宜大于 2。

3 柱截面长边与短边的边长比不宜大于 3。

本条第 1 款规定了柱子的最小截面尺寸要求，与层数和抗震等级有关。

本条第 2 款要求柱子的剪跨比宜大于 2，即要求柱子尽可能不要是短柱，短柱较难实现"强剪弱弯"的延性设计，更容易产生脆性的剪切破坏。对于框架结构，当框架柱的反弯点在柱子层高范围内时，可取剪跨比 λ 等于 $H_n/(2h_0)$，此处 H_n 为柱子净高，h_0 为柱子有效高度，即 $h-a_s$。

本条第 3 款规定了柱子截面长边与短边之比不要过大，柱子作为一个双向压弯构件，会受到两个方向的弯矩作用，因此两个方向的抵抗矩不宜相差太大，通常更倾向于做成方形或接近方形的矩形。这一点与作为单向受弯构件的梁不同，梁通常会做成高而窄的矩形。

在确定柱子截面尺寸时需要考虑的另一个重要因素便是轴压比的要求，《混规》11.4.16 条对此作了专门的规定：

11.4.16 一、二、三、四级抗震等级的各类结构的框架柱、框支柱，其轴压比不宜大于表 11.4.16 规定的限值。对Ⅳ类场地上较高的高层建筑，柱轴压比限值应适当减小。

表 11.4.16 柱轴压比限值

结构体系	抗震等级			
	一级	二级	三级	四级
框架结构	0.65	0.75	0.85	0.90
框架-剪力墙结构、筒体结构	0.75	0.85	0.90	0.95
部分框支剪力墙结构	0.60	0.70	—	

注：1 轴压比指柱地震作用组合的轴向压力设计值与柱的全截面面积和混凝土轴心抗压强度设计值乘积之比值；

2 当混凝土强度等级为 C65、C70 时，轴压比限值宜按表中数值减小 0.05；混凝土强度等级为 C75、C80 时，轴压比限值宜按表中数值减小 0.10；

3 表内限值适用于剪跨比大于 2、混凝土强度等级不高于 C60 的柱；剪跨比不大于 2 的柱轴压比限值应降低 0.05；剪跨比小于 1.5 的柱，轴压比限值应专门研究并采取特殊构造措施；

4 沿柱全高采用井字复合箍，且箍筋间距不大于 100mm、肢距不大于 200mm、直径不小于 12mm，或沿柱全高采用复合螺旋箍，且螺距不大于 100mm、肢距不大于 200mm、直径不小于 12mm，或沿柱全高采用连续复合矩形螺旋箍，且螺旋净距不大于 80mm、肢距不大于 200mm、直径不小于 10mm 时，轴压比限值均可按表中数值增加 0.10；

5 当柱截面中部设置由附加纵向钢筋形成的芯柱，且附加纵向钢筋的总截面面积不少于柱截面面积的 0.8% 时，轴压比限值可按表中数值增加 0.05；此项措施与注 4 的措施同时采用时，轴压比限值可按表中数值增加 0.15，但箍筋的配箍特征值 λ_V 仍应按轴压比增加 0.10 的要求确定；

6 调整后的柱轴压比限值不应大于 1.05。

从上述规定可以看出，柱轴压比限值与结构体系和抗震等级有关，结构体系已经确定为框架结构，为了确定柱子的轴压比限值，还要确定框架的抗震等级。

《建筑与市政工程抗震通用规范》GB 55002—2021（以下简称《市政通规》）5.2.1 条：房屋建筑混凝土结构构件的抗震设计，应根据设防类别、烈度、结构类型和房屋高度采用不同的抗震等级，并应符合相应的计算和构造措施要求。丙类建筑的抗震等级应按表 5.2.1 确定。

表 5.2.1 丙类混凝土结构房屋的抗震等级

结构类型		设防烈度						
		6 度		7 度		8 度		9 度
框架	高度(m)	≤24	25～60	≤24	25～50	≤24	25～40	≤24
	框架	四	三	三	二	二	一	一
	跨度不小于18m的框架	三		二		一		一

本案例的建筑使用功能为办公楼，设防类别为标准设防类即丙类，建设地点武汉市设防烈度为 6 度，结构类型为框架结构，房屋高度≤24m，因此查《市政通规》表 5.2.1 确定抗震等级为四级，进一步查《抗规》表 6.3.6 确定轴压比限值为 0.90。

根据轴压比的定义 $\mu=\dfrac{N}{f_c A_c}$，在给定混凝土强度等级为 C30（$f_c=14.3\text{N}/\text{mm}^2$）的情况下，为了确定柱子的截面面积 A，还需要先估算出柱子的轴力 N。

在这里估算底层中柱的轴力 N，N 与楼层总数 n 有关，与单层的受荷面积 A_e 有关，与单位面积的重量 G_e 有关，可以总结为如下一个简单的式子：

$$N=nA_eG_e$$

其中，取 $n=5$（注意：底层并没有现浇楼板，底层地面的恒、活荷载并没有传递给柱子，因此这里取层数 $n=5$）。

A_e 按柱网中到中的原则确定为 6.4m×5.85m，如图 3-9 所示。

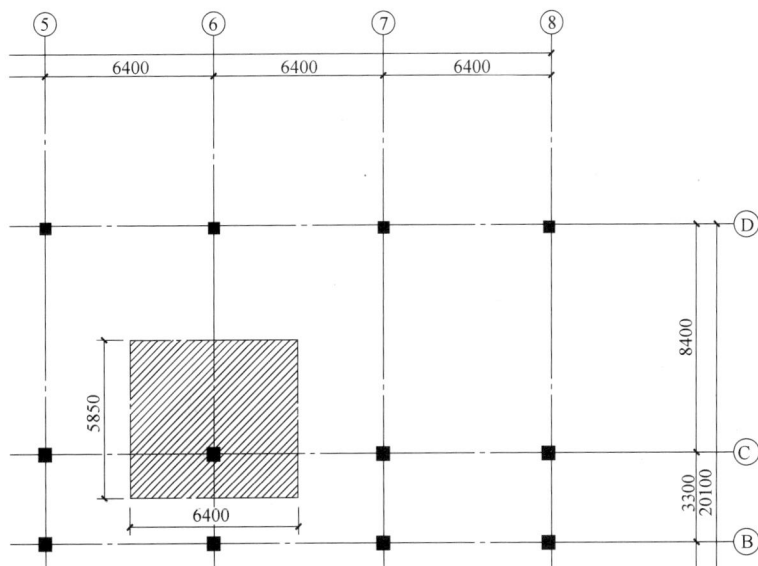

图 3-9 柱子受荷面积示意图

G_e 是一个与结构类型有关的数值，不同的结构类型将整栋楼的重量按总建筑面积分摊之后的单位面积的重量是有一个范围的，《高层建筑混凝土结构技术规程》JGJ 3—2010

（以下简称《高规》）5.1.8条条文说明：目前国内钢筋混凝土结构高层建筑由恒载和活载引起的单位面积重力，框架与框架—剪力墙结构为12～14kN/m²，剪力墙和筒体结构为13～16kN/m²，而其中活荷载部分为2～3kN/m²，只占全部重力的15％～20％……条文说明中的这个数值与实际的工程经验是相符的。在这里，请大家先记住这些数值，后面还会再一次用到，这些数值以后将成为大家的经验。

本案例为框架结构，考虑到楼层高度较高，取$G_e = 13\text{kN/m}^2$，注意这个值是标准值，考虑到计算轴压比时用到的是轴力设计值，可以在此值的基础上乘以1.3～1.4的放大系数。

因此

$$N = nA_e G_e = 1.3 \times 5 \times 6.4 \times 5.85 \times 13 = 3164\text{kN}$$

根据轴压比的定义 $\mu = \dfrac{N}{f_c A_c}$ 有

$$A_c \geqslant \frac{N}{\mu f_c} = \frac{3164 \times 10^3}{0.9 \times 14.3} = 245843\text{mm}^2$$

$$\sqrt{A_c} \geqslant \sqrt{245843} = 496\text{mm}$$

因此，最终估算的中柱截面尺寸为500mm×500mm，至于边柱、角柱的截面尺寸，也可以按上述方法进行估算。一方面，由于边柱、角柱的受荷面积比中柱更小，因此按轴压比的限值要求估算的截面尺寸也会更小；另一方面，水平力对边柱、角柱的影响比起中柱来说更大，同时为了提高结构抗扭能力，边柱、角柱也不宜过小，因此在初步估算阶段，边柱、角柱的截面尺寸可以适当取小一点，但不宜过小，在这里初步按450mm×450mm来确定。

综上所述，估算柱截面尺寸的一般流程是：先根据柱子的受荷载面积估算出柱子的轴力设计值，再根据柱子的轴压比限值估算截面尺寸，在估算柱子轴力时，需要用到单位面积的重力，框架与框架—剪力墙结构为12～14kN/m²。

在这里，还有必要对材料的选择作一个说明，在前面估算柱子截面尺寸时，所选取的混凝土强度等级为C30，选择的这个强度等级是否满足规范的要求或者是否合理呢？

《混规》规定：

4.1.2 素混凝土结构的混凝土强度等级不应低于C20；钢筋混凝土结构的混凝土强度等级不应低于C25。

预应力混凝土楼板结构的混凝土强度等级不应低于C30，其他预应力混凝土结构构件的混凝土强度等级不应低于C40。

采用强度等级500MPa及以上的钢筋时，混凝土强度等级不应低于C30。

承受重复荷载的钢筋混凝土构件，混凝土强度等级不应低于C30。

11.2.1 混凝土结构的混凝土强度等级应符合下列规定：

1 剪力墙不宜超过C60；其他构件，9度时不宜超过C60，8度时不宜超过C70。

2 框支梁、框支柱以及抗震等级不低于二级的钢筋混凝土结构构件及节点，不应低于C30。

从上述规定可以看出，混凝土强度等级选择C30是满足规范要求的，同时由于本案例的高度并不高，柱子的轴力也不大，选择 C30 也是合适的。当结构高度进一步增高，比如超过 24m 之后，底部若干层竖向构件的混凝土强度等级可以选择 C35 或者更高，从底部往上走，竖向构件的混凝土强度等级还可以逐步降低，这些都可以通过后面的建模试算过程来确定。

为了方便后面建模填写材料强度等级，在这里除了确定混凝土的强度等级之外，也确定一下钢筋的级别。

《混规》规定：

4.2.1　混凝土结构的钢筋应按下列规定选用：

1　纵向受力普通钢筋可采用 HRB400、HRB500、HRBF400、HRBF500、RRB400、HPB300 钢筋；梁、柱和斜撑构件的纵向受力普通钢筋宜采用 HRB400、HRB500、HRBF400、HRBF500 钢筋。

2　箍筋宜采用 HRB400、HRBF400、HPB300、HRB500、HRBF500 钢筋。

3　预应力筋宜采用预应力钢丝、钢绞线和预应力螺纹钢筋。

《抗规》规定：

3.9.3　结构材料性能指标，尚宜符合下列要求：

1　普通钢筋宜优先采用延性、韧性和焊接性较好的钢筋；普通钢筋的强度等级，纵向受力钢筋宜选用符合抗震性能指标的不低于 HRB400 级的热轧钢筋，也可采用符合抗震性能指标的 HRB335 级热轧钢筋；箍筋宜选用符合抗震性能指标的不低于 HRB335 级的热轧钢筋，也可选用 HPB300 级热轧钢筋。

综合以上两本规范的规定，梁、柱的纵向受力钢筋优先选择 HRB400，箍筋可以选择 HRB400 和 HPB300，为了发挥高强度材料的作用，节省钢材，在这里纵筋的箍筋都选用 HRB400。

3.3.2　梁截面尺寸估算

柱子的截面尺寸受总层数的影响很大，在这一点上，梁与之非常不同，因此会发现，3 层的房子与 30 层的房子相比，柱子截面尺寸会相差很多，而跨度接近的梁的截面尺寸似乎并没有那么大的差异。梁作为一种水平构件，其截面尺寸更多的是与跨度相关。

先来看看规范中对梁截面尺寸的构造规定：

《混规》规定：

11.3.5　框架梁截面尺寸应符合下列要求：

1　截面宽度不宜小于 200mm；

2　截面高度与宽度的比值不宜大于 4；

3　净跨与截面高度的比值不宜小于 4。

虽然规范明确规定了这是针对框架梁的要求，但在实际工程中，即使是次梁，有条件的情况下，也应遵守上述要求。

本条第 1 款要求梁截面宽度不宜小于 200mm，主要是为了施工中方便摆放钢筋，过

25

窄的梁不论是框架梁还是次梁都是不利于钢筋的摆放的。

本条第 2 款要求梁截面高宽比不宜大于 4，梁作为一种单向受弯构件，为了增大弯矩作用方向的截面抵抗矩，截面形状一般都为高而窄的矩形，但过分地高而窄，可能引起梁腹板的稳定性问题，因此有必要限制住梁截面的高宽比。

本条第 3 款要求梁净跨与截面高度的比值不宜小于 4，即要求梁不能过分地"短而胖"，"短而胖"的框架梁线刚度很大，在水平力作用下会产生很大的内力，同时"短而胖"的框架梁也很难实现"强剪弱弯"的延性设计，这些特点都会加重这类框架梁在地震作用下的破坏，不利于抗震设计，因此要尽可能避免布置一些"短而胖"的框架梁。若是不可避免，则一定要注意这类框架的延性设计要求。

《高规》对梁截面尺寸也有类似的规定：

6.3.1　框架结构的主梁截面高度可按计算跨度的 1/10～1/18 确定；梁净跨与截面高度之比不宜小于 4。梁的截面宽度不宜小于梁截面高度的 1/4，也不宜小于 200mm。

这里不再作重复解释。

实际工作中，梁的截面尺寸可按下述原则估算：先根据跨度估算梁高，再根据梁高估算梁宽，梁与墙重合时，估算梁宽时还有必要考虑墙厚的影响。

框架梁截面的估算：

梁高：如果有次梁搭过来，主梁梁高按 $L/12$ 左右取值，L 为梁的跨度，如 $L =$ 7000mm，则梁高取为 600mm；如果没有次梁过来，则按 $L/14$ 左右取值，如 $L =$ 7000mm，则梁高取为 550～500mm。

梁宽：一般取 $h/3$～$h/2$，住宅、公寓等尽量取同墙厚。如 250mm 厚墙，一般取梁宽 250mm。

次梁截面的估算：

梁高：

井字梁，梁高一般比主梁少 200～300mm。

十字梁，梁高一般比主梁少 100～200mm。

单根梁，梁高一般比主梁少 50～100mm。

梁宽的估算原则同主梁。

最终估算的梁截面尺寸如图 3-10 所示（局部示意图）。

注意：中间走道处的截面为 250mm×500mm 框架梁，虽然按照跨度的 1/14 去估计可以得到一个更小的梁高，但不宜做得太矮，因为两边跨的框架梁承受了较大的内力，高度为 700mm；中间跨框架梁适当做高，可以帮助平衡两侧边跨框架梁内支座（即 B、C 轴处的支座）的负弯矩。同时，位于一个轴线上的梁，为了实现角部面筋的拉通要求，梁宽也不宜改变，因此中间跨框架梁截面尺寸最终确定为 250mm×500mm。

3.3.3　板厚度的估算

板厚度的估算是最为简单的，与梁截面高度一样，板厚度与楼层总数并没有太大关系，与跨度直接相关，而且板只有厚度这样一个参数需要估算。

先来看一看规范中关于板的一些规定。

首先，根据受力特点板有单向板与双向板之分。

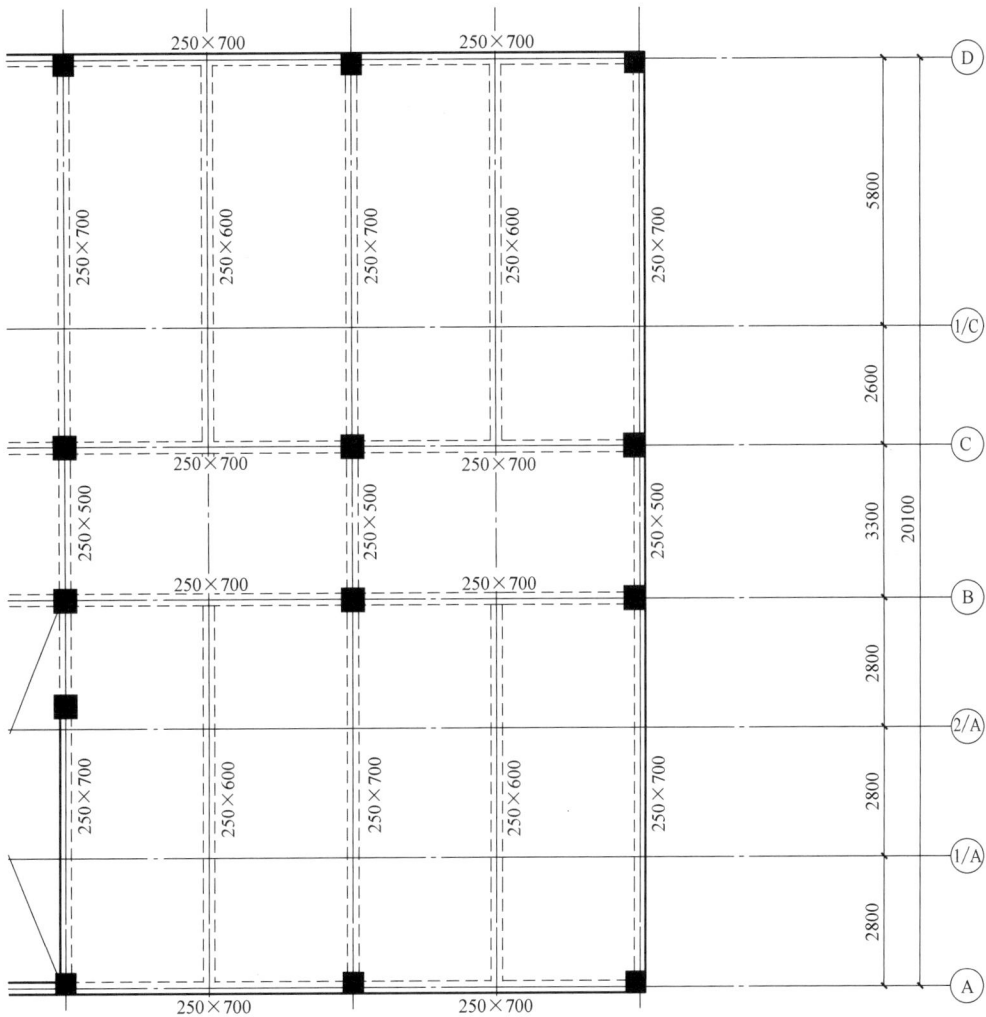

图 3-10 最终估算的梁截面尺寸

《混规》

9.1.1 规定：

混凝土板按下列原则进行计算：

1 两对边支承的板应按单向板计算；

2 四边支承的板应按下列规定计算：

1）当长边与短边长度之比不大于 2.0 时，应按双向板计算；

2）当长边与短边长度之比大于 2.0，但小于 3.0 时，宜按双向板计算；

3）当长边与短边长度之比不小于 3.0 时，宜按沿短边方向受力的单向板计算，并应沿长边方向布置构造钢筋。

同时，《混规》还规定了板的最小厚度要求。

9.1.2 现浇混凝土板的尺寸宜符合下列规定：

1 板的跨厚比：钢筋混凝土单向板不大于 30，双向板不大于 40；无梁支承的有柱帽板不大于 35，无梁支承的无柱帽板不大于 30。预应力板可适当增加；当板的荷载、跨度

27

较大时宜适当减小。

　　2　现浇钢筋混凝土板的厚度不应小于表9.1.2规定的数值。

表9.1.2　现浇钢筋混凝土板的最小厚度（mm）

板的类别		最小厚度
实心楼板		80
实心屋面板		100
密肋楼盖	面板	50
	肋高	250
悬臂板(根部)	悬臂长度不大于500mm	80
	悬壁长度500mm～1000mm	100
无梁楼板		150
现浇空心楼盖		200

　　当现浇板内需要预埋管道（如电线套管等）时，在不显著有损板的强度和无其他不利影响的前提下，可允许在板内预埋管道，此时板的最小厚度应大于3倍预埋管道的外径，当有交叉管道预埋在板内时，板的最小厚度还需适当增加。一般情况下的现浇楼板，当预埋单根电线套管（直径25mm）时，板的最小厚度通常不小于100mm；当板中有交叉套管时，板的最小厚度通常不小于120mm。在高层建筑中，一般都设置有专门的水电间，其他各个房间的水电管道均由水电间开始铺设出去，因此水电间附近的公共走道等房间的板厚一般不宜小于120mm，以方便日后施工过程中铺设电线管。

　　对于直接暴露在外的屋面板，由于长期受到日晒雨淋的影响，受温度变化的影响较大，且有严格的裂缝控制要求，因此板厚一般也会取得稍厚一些，且配筋也会有所加强。

　　《高规》3.6.3条规定：……一般楼层现浇楼板厚度不应小于80mm，当板内预埋暗管时不宜小于100mm；顶层楼板厚度不宜小于120mm，宜双层双向配筋……

　　综上所述，在实际工作中，板厚的取值原则如下：

　　（1）按跨度的1/38～1/36先估算一个厚度。满足这种厚跨比的板厚通常能够满足挠度的验算要求，且不至于太厚而显得浪费。

　　（2）对于一般楼层现浇楼板厚度不应小于80mm，当板内预埋暗管时不宜小于100mm。实际项目中，由于大部分楼板内都预埋有暗管，因此最小板厚通常即是100mm。

　　（3）对于屋面板厚度取不小于120mm。

　　根据以上原则，可以初步确定出本案例的所有楼面板厚均可取100mm，而屋面板厚则取为120mm。

3.4　绘制结构布置图

　　在初步确定了各种结构构件位置的同时也估算出了各种结构构件的截面尺寸以后，便可以做出初步的结构平面布置图，这是为后面的建模工作所做的前期准备之一。在这里推荐大家使用探索者结构CAD软件绘制结构平面布置图。

标准层的结构平面布置图如图 3-11 所示。

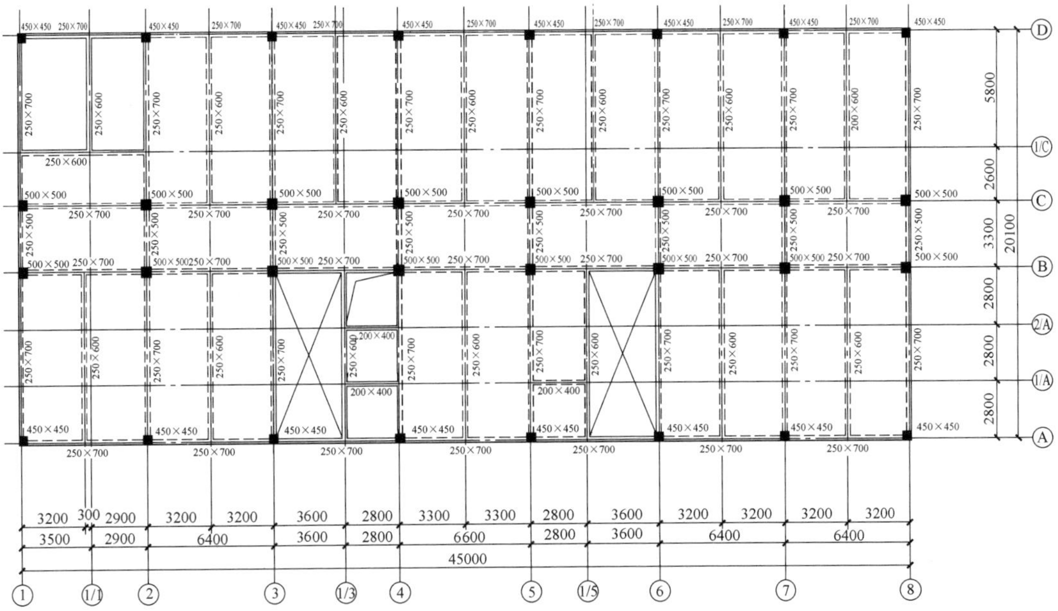

图 3-11 标准层的结构平面布置图

注：除开洞房间之外，所有房间楼板厚度均取为 100mm。

其他楼层的结构平面布置图读者可以自行确定。

这里再来思考一个问题：如果要建立全楼模型，至少需要几个标准层？这个问题也就是如果要作出全楼的结构布置图，需要画几张平面布置图的问题。

对照着建筑平面图和剖面图来回答这个问题。首先，±0.000 需要一个标准层，这个标准层有楼层梁，但没有楼面板，设置楼层梁是为了支承砌体墙，地面采用素混凝土地坪的做法即可；二层需要一个标准层，本层与上面楼层相比，出入口处多了雨篷，雨篷会带来额外的荷载；三、四、五这 3 层对于结构可以作为一个标准层，建筑上将三、四层与五层区分开来，是因为五层靠右边的楼梯间与三、四层的有点差别，建筑平面图上五层靠右边的楼梯间只下不上，这点差别对结构建模来说没有影响，因此三、四、五这 3 层结构建模可以合并为一个标准层；大屋面层和小屋面层各需要一个单独的标准层。因此，建立完整的模型一共需要 5 个标准层。

3.5 规范条文链接

《混规》关于框架柱截面尺寸的规定：

11.4.11 框架柱的截面尺寸应符合下列要求：

1 矩形截面柱，抗震等级为四级或层数不超过 2 层时，其最小截面尺寸不宜小于 300mm，一、二、三级抗震等级且层数超过 2 层时不宜小于 400mm；圆柱的截面直径，抗震等级为四级或层数不超过 2 层时不宜小于 350mm，一、二、三级抗震等级且层数超过 2 层时不宜小于 450mm；

2 柱的剪跨比宜大于2；

3 柱截面长边与短边的边长比不宜大于3。

《混规》关于框架梁截面尺寸的规定：

11.3.5 框架梁截面尺寸应符合下列要求：

1 截面宽度不宜小于200mm；

2 截面高度与宽度的比值不宜大于4；

3 净跨与截面高度的比值不宜小于4。

《高规》关于框架梁截面尺寸的规定：

6.3.1 框架结构的主梁截面高度可按计算跨度的1/10～1/18确定；梁净跨与截面高度之比不宜小于4。梁的截面宽度不宜小于梁截面高度的1/4，也不宜小于200mm。

《混规》关于楼板厚度的规定：

9.1.2 现浇混凝土板的尺寸宜符合下列规定：

1 板的跨厚比：钢筋混凝土单向板不大于30，双向板不大于40；无梁支承的有柱帽板不大于35，无梁支承的无柱帽板不大于30。预应力板可适当增加；当板的荷载、跨度较大时宜适当减小。

2 现浇钢筋混凝土板的厚度不应小于表9.1.2规定的数值。

表9.1.2 现浇钢筋混凝土板的最小厚度 (mm)

板的类别		最小厚度
实心楼板		80
实心屋面板		100
密肋楼盖	面板	50
	肋高	250
悬臂板(根部)	悬臂长度不大于500mm	80
	悬壁长度500mm～1000mm	100
无梁楼板		150
现浇空心楼盖		200

《高规》关于楼板厚度的规定：

3.6.3 ……一般楼层现浇楼板厚度不应小于80mm，当板内预埋暗管时不宜小于100mm；顶层楼板厚度不宜小于120mm，宜双层双向配筋……

3.6 结构布置要点总结

框架柱截面尺寸的估算：

先根据柱子的受荷载面积估算出柱子的轴力设计值，再根据柱子的轴压比限值估算截面尺寸，在估算柱子轴力时，需要用到单位面积的重力，框架与框架—剪力墙结构为12～14kN/m²。

框架梁截面的估算：

（1）梁高：如果有次梁搭过来，主梁梁高按$L/12$左右取值，L为梁的跨度，如$L=$

7000mm，则梁高取为 600mm；如果没有次梁过来，则按 $L/14$ 左右取值，如 $L =$ 7000mm，则梁高取为 550～500mm。

（2）梁宽：一般取 $h/3 \sim h/2$，住宅、公寓等尽量取同墙厚。如 250mm 厚墙，一般取梁宽 250mm。

次梁截面的估算：

（1）梁高：

井字梁，梁高一般比主梁少 200～300mm。

十字梁，梁高一般比主梁少 100～200mm。

单根梁，梁高一般比主梁少 50～100mm。

（2）梁宽的估算原则同主梁。

楼板厚度的估算：

（1）按跨度的 1/38～1/36 先估算一个厚度。满足这种厚跨比的板厚通常能够满足挠度的验算要求，且不至于太厚而显得浪费。

（2）对于一般楼层现浇楼板厚度不应小于 80mm，当板内预埋暗管时不宜小于 100mm。实际项目中，由于大部分楼板内都预埋有暗管，因此最小板厚通常即为 100mm。

（3）对于屋面板厚度，不小于 120mm。

4 荷载及荷载组合

在第 3 章中，讨论了如何根据建筑图初步做出需要的结构平面布置图，这样就初步确定了输入模型中的几何信息，但这还只是组成模型信息中的一个部分，另一个部分是荷载信息，在结构设计软件中，只有搭出结构的架子来，同时给这个架子施加上荷载，软件才能进行正确的分析。在本章中，将重点讨论荷载这个问题。

4.1 荷载的分类

通常将直接作用在结构上的称之为荷载，比如楼面的恒、活荷载、屋面积灰荷载、雪荷载、风荷载等；而将间接作用在结构上的称之为作用，比如地震作用，作用在结构上的"地震力"是由于地面运动加速度产生的一种惯性力，可以看作是间接作用在结构上的。现在先来讨论直接作用在结构上的荷载。

作用在结构上的荷载多种多样，不同种类的荷载有着不同的属性，为了能够更好地把握这些不同种类荷载的共性和特性，有必要将荷载进行一个分类。

《建筑结构荷载规范》GB 50009—2012（以下简称《荷载规范》）规定：

3.1.1 建筑结构的荷载可分为下列三类：

1 永久荷载，包括结构自重、土压力、预应力等。

2 可变荷载，包括楼面活荷载、屋面活荷载和积灰荷载、吊车荷载、风荷载、雪荷载、温度作用等。

3 偶然荷载，包括爆炸力、撞击力等。

在《荷载规范》术语这一章中，对上述三类荷载还作了如下定义：

2.1.1 永久荷载 permanent load

在结构使用期间，其值不随时间变化，或其变化与平均值相比可以忽略不计，或其变化是单调的并能趋于限值的荷载。

2.1.2 可变荷载 variable load

在结构使用期间，其值随时间变化，且其变化与平均值相比不可以忽略不计的荷载。

2.1.3 偶然荷载 accidental load

在结构设计使用年限内不一定出现，而一旦出现其量值很大，且持续时间很短的荷载。

从上述分类及定义可以看出，对于大多数不带地下室的普通钢筋混凝土结构而言，永久荷载可以认为只有一种，即自重，包括结构构件和非结构构件的自重，因此有时也不加区分地将永久荷载称之为恒载，通常恒载就是指的自重。而可变荷载则不止一种，对于本案例而言，作用在结构上的可变荷载就有楼面活荷载、屋面活荷载、雪荷载、风荷载。在这里提醒大家在日常用语中要注意区分可变荷载与活荷载。由于本案例并非有积灰的工业厂房，且不考虑临近有积灰的工业厂房，因此不必考虑积灰荷载；又由于本案例体量较小，远达不到考虑温度作用的条件，因此也不必考虑温度作用。

4.2 竖向荷载

在建模过程中，输入荷载工作量最大的就是输入竖向恒、活荷载，对于风荷载和地震作用通常只需要设置好相应的参数由软件自动计算即可，这里先来好好讨论一下竖向荷载的问题。

4.2.1 恒荷载

如前所述，作用在结构上的永久荷载对于大部分钢筋混凝土结构而言就是自重，即恒载。其中结构构件，比如柱、梁、板的自重通常由软件自动计算，只需在建模过程中定义好构件截面尺寸、材料重度即可。最开始建模时，只需按初步估算的构件截面尺寸建立相应的模型即可，构件截面尺寸的估算在上一章中已作了详细讨论，此处不再赘述。钢筋混凝土的重度通常在 $25\sim26kN/m^3$，考虑到梁、柱构件表面的抹灰层影响，对于框架结构或框架—剪力墙结构，在计算结构构件自重时，可以按重度 $26kN/m^3$ 计算；对于剪力墙结构，由于墙表面的抹灰面积更大些，抹灰的重量也会更大，因此在计算结构构件自重时，重度可按 $26\sim27kN/m^3$ 考虑。对于楼板板面装修、板底抹灰的重量、梁上隔墙的重量等恒荷载，则根据具体装修做法去计算，人为地输入软件中。

在软件中输入的恒荷载有两种量纲，一种为面荷载，量纲为 kN/m^2，比如输在楼面板、屋面板上的恒载，另一种为线荷载，量纲为 kN/m，比如输在梁上的隔墙重量。下面先来介绍输在楼面板、屋面板上的面荷载。

楼面板附加恒载：楼面板附加恒载主要由板底抹灰、板面装修面层构成，一般应该根据建筑设计总说明中的建筑装修做法来计算，但在实际工作中，由于建筑专业的建筑设计总说明是最后才完善的，因此在最初的建模过程中，只能根据以往的经验来确定板面附加恒载值，一般情况下，最初估计的值不能与最终建施总说明中所计算的实际值有太大的差异，否则需要修改结构模型中的荷载。这里将常见的楼面装修做法重量列举于表 4-1～表 4-3。

一般楼面做法（铺地砖楼面） 表 4-1

楼面做法	厚度（mm）	重度（kN/m³）	荷载值（kN/m²）
铺地砖面层	15	20	0.3
1:4 水泥砂浆结合层	20	20	0.4
1:3 水泥砂浆找平层	20	20	0.4
钢筋混凝土楼板	100	25	2.5
板底 20mm 厚粉刷抹平	20	20	0.4
楼面恒载标准值			4.0
楼面附加恒载标准值（即扣除楼板自重后的恒载）			1.5

注：由于钢筋混凝土楼板的自重可以由软件自动计算，因此对于一般楼面做法（铺地砖楼面），板面附加恒载可近似取为 $1.5kN/m^2$。

高级楼面做法（铺石材楼面） 表 4-2

楼面做法	厚度（mm）	重度（kN/m³）	荷载值（kN/m²）
铺石材面层	20	25	0.5
1：4 水泥砂浆结合层	30	20	0.6
1：3 水泥砂浆找平层	25	20	0.5
钢筋混凝土楼板	100	25	2.5
板底 20mm 厚粉刷抹平	20	20	0.4
楼面恒载标准值			4.5
楼面附加恒载标准值			2.0

注：由于钢筋混凝土楼板的自重可以由软件自动计算，因此对于高级楼面做法（铺石材楼面），板面附加恒载可近似取为 2.0kN/m²。

简易楼面做法（水泥砂浆面层楼面） 表 4-3

楼面做法	厚度（mm）	重度（kN/m³）	荷载值（kN/m²）
1：1.5 水泥砂浆面层	20	20	0.4
1：2.5 水泥砂浆底层	10	20	0.2
钢筋混凝土楼板	100	25	2.5
板底 20mm 厚粉刷抹平	20	20	0.4
楼面恒载标准值			3.5
楼面附加恒载标准值			1.0

注：由于钢筋混凝土楼板的自重可以由软件自动计算，因此对于简易楼面做法（水泥砂浆面层楼面）或者铺木地板的楼面，板面附加恒载可近似取为 1.0～1.2kN/m²。

以上是常见楼面做法的附加恒载值，在实际工作中可以这样选用，对于一般的住宅类建筑、普通的办公楼等，由于楼面大多是铺地砖的做法，因此最初建模时，楼面附加恒载可以按照 1.5kN/m² 输入；对于豪华商铺、大型场馆类建筑等，由于楼面装修做法一般比较豪华，最初建模时，楼面附加恒载可以按 2.0kN/m² 输入；对于平常不怎么使用的消防疏散楼梯间、住宅里铺木地板的卧室等，最初建模时，楼面附加恒载可以按 1.0～1.2kN/m² 输入。这里需要提醒大家注意的是，以上荷载值只是常用的荷载值，由于实际项目的复杂性，对于任何一个具体项目，当最终的建筑装修做法确定以后，都有必要去核实一下最初的估算值是否准确，如果存在较大偏差，需要修改模型中的荷载输入信息。

屋面板附加恒载：最顶层的屋面板，由于直接暴露在外，有防水、保温的要求，因此做法更为复杂，这里将常见的屋面做法列举于表 4-4、表 4-5。

上人屋面 表 4-4

屋面做法	厚度（mm）	重度（kN/m³）	荷载值（kN/m²）
地砖硬化层	10	25	0.25
1：4 水泥砂浆结合层	25	20	0.5
高分子防水卷材	4	12	0.05
1：3 水泥砂浆找平层	25	20	0.5
聚苯保温板	100	4	0.4

屋面做法	厚度（mm）	重度（kN/m³）	荷载值（kN/m²）
1:3水泥砂浆找平层	20	20	0.4
1:6水泥焦渣找坡层	80（最薄处厚度）	15	1.2
钢筋混凝土屋面板	120	25	3.0
板底20mm厚粉刷抹平	20	20	0.4
屋面恒载标准值			6.7
屋面附加恒载标准值			3.7

注：由于钢筋混凝土屋面板的自重可以由软件自动计算，因此对于上人屋面做法，板面附加恒载可近似取为 3.7～4.0kN/m²，通常取为4.0kN/m²。

非上人屋面 表4-5

屋面做法	厚度（mm）	重度（kN/m³）	荷载值（kN/m²）
1:4水泥砂浆面层	20	20	0.4
高分子防水卷材	4	12	0.05
1:3水泥砂浆找平层	25	20	0.5
聚苯保温板	100	4	0.4
1:3水泥砂浆找平层	20	20	0.4
1:6水泥焦渣找坡层	80（最薄处厚度）	15	1.2
钢筋混凝土屋面板	120	25	3.0
板底20mm厚粉刷抹平	20	20	0.4
屋面恒载标准值			6.35
屋面附加恒载标准值			3.35

注：由于钢筋混凝土屋面板的自重可以由软件自动计算，因此对于非上人屋面做法，板面附加恒载可近似取为 3.3～3.5kN/m²，通常取为3.5kN/m²。

以上列举的是上人屋面与非上人屋面的附加恒载计算过程，在实际工作中，可以根据屋面的类型来输入附加恒载值。注意：对于有些屋顶花园、屋顶运动场地等上人屋面，则应根据屋顶花园花圃土石的重量、运动场地做法重量来输入附加恒载值。

在讨论完输在楼面板、屋面板上的面荷载后，接下来就需要讨论输在梁上的线荷载了。输在梁上的线荷载通常就是隔墙的重量了，对于隔墙的重量，则需要根据墙厚、墙高、墙表面抹灰做法、墙上是否开有门窗洞口等情况来计算梁上隔墙的线荷载值，每个具体项目都需要根据实际情况去计算。

现在根据本案例的实际情况来计算一下梁上的隔墙线荷载值：

根据案例建筑图，标准层层高为3.9m，减去预估的700mm高的梁，则隔墙高度为3.2m，外墙250mm厚，内墙200mm厚，均采用加气混凝土砌块砌筑，根据《荷载规范》附录A第6项查得加气混凝土的重度为5.5～7.5kN/m³，一般各个设计院都有自己的取值，此处取7.0kN/m³去计算，同时考虑墙两侧各有20mm厚的抹灰，抹灰重度取为20kN/m³，不开洞外墙的线荷载标准值为：

$$(0.25×7.0+0.02×20×2)×3.2=8.2kN/m$$

不开洞内墙的线荷载标准值为：

$$(0.20×7.0＋0.02×20×2)×3.2＝7.0kN/m$$

对于开洞墙体的线荷载，简单估算时可以将不开洞墙体的线荷载乘以 0.7～0.8 进行折减，开洞比较大时，可以折减多一点，开洞比较小时，可以少折减一点或者不折减。

对于其他墙体线荷载，也可按上述原理去计算，此处不再赘述。

4.2.2 活荷载

作用在结构上的活荷载主要包括人员活动、家具设备的活荷载等，通常需要输入软件中的活荷载就是楼面活荷载或者屋面活荷载，各类房间的活荷载取值在《荷载规范》中均有详细的规定。

对于楼面活荷载，《荷载规范》规定：

5.1.1 民用建筑楼面均布活荷载的标准值及其组合值系数、频遇值系数和准永久值系数的取值，不应小于表 5.1.1 的规定。

表 5.1.1 民用建筑楼面均布活荷载标准值及其组合值、频遇值和准永久值系数

项次	类 别			标准值(kN/m^2)	组合值系数 ψ_c	频遇值系数 ψ_f	准永久值系数 ψ_q
1	(1)住宅、宿舍、旅馆、办公楼、医院病房、托儿所、幼儿园			2.0	0.7	0.5	0.4
	(2)实验室、阅览室、会议室、医院门诊室			2.0	0.7	0.6	0.5
2	教室、食堂、餐厅、一般资料档案室			2.5	0.7	0.6	0.5
3	(1)礼堂、剧场、影院、有固定座位的看台			3.0	0.7	0.5	0.3
	(2)公共洗衣房			3.0	0.7	0.6	0.5
4	(1)商店、展览厅、车站、港口、机场大厅及其旅客等候室			3.5	0.7	0.6	0.5
	(2)无固定座位的看台			3.5	0.7	0.5	0.3
5	(1)健身房、演出舞台			4.0	0.7	0.6	0.5
	(2)运动场、舞厅			4.0	0.7	0.6	0.3
6	(1)书库、档案库、贮藏室			5.0	0.9	0.9	0.8
	(2)密集柜书库			12.0	0.9	0.9	0.8
7	通风机房、电梯机房			7.0	0.9	0.9	0.8
8	汽车通道及客车停车库	(1)单向板楼盖(板跨不小于2m)和双向板楼盖(板跨不小于3m×3m)	客车	4.0	0.7	0.7	0.6
			消防车	35.0	0.7	0.5	0.0
		(2)双向板楼盖(板跨不小于6m×6m)和无梁楼盖(柱网不小于6m×6m)	客车	2.5	0.7	0.7	0.6
			消防车	20.0	0.7	0.5	0.0
9	厨房	(1)餐厅		4.0	0.7	0.7	0.7
		(2)其他		2.0	0.7	0.6	0.5
10	浴室、卫生间、盥洗室			2.5	0.7	0.6	0.5

项次	类　别		标准值 (kN/m²)	组合值 系数 ψ_c	频遇值 系数 ψ_f	准永久值 系数 ψ_q
11	走廊、 门厅	(1)宿舍、旅馆、医院病房、托儿所、幼儿园、住宅	2.0	0.7	0.5	0.4
		(2)办公楼、餐厅、医院门诊部	2.5	0.7	0.6	0.5
		(3)教学楼及其他可能出现人员密集的情况	3.5	0.7	0.5	0.3
12	楼梯	(1)多层住宅	2.0	0.7	0.5	0.4
		(2)其他	3.5	0.7	0.5	0.3
13	阳台	(1)可能出现人员密集的情况	3.5	0.7	0.6	0.5
		(2)其他	2.5	0.7	0.6	0.5

注：1　本表所给各项活荷载适用于一般使用条件，当使用荷载较大、情况特殊或有专门要求时，应按实际情况采用；

2　第6项书库活荷载当书架高度大于2m时，书库活荷载尚应按每米书架高度不小于2.5kN/m²确定；

3　第8项中的客车活荷载仅适用于停放载人少于9人的客车；消防车活荷载适用于满载总重为300kN的大型车辆；当不符合本表的要求时，应将车轮的局部荷载按结构效应的等效原则，换算为等效均布荷载；

4　第8项消防车活荷载，当双向板楼盖盖板跨介于3m×3m～6m×6m之间时，应按跨度线性插值确定；

5　第12项楼梯活荷载，对预制楼梯踏步平板，尚应按1.5kN集中荷载验算；

6　本表各项荷载不包括隔墙自重和二次装修荷载；对固定隔墙的自重应按永久荷载考虑，当隔墙位置可灵活自由布置时，非固定隔墙的自重应取不小于1/3的每延米长墙重（kN/m）作为楼面活荷载的附加值（kN/m²）计入，且附加值不应小于1.0kN/m²。

根据《荷载规范》的规定，办公楼的楼面活荷载标准值为 2.0kN/m²，但对于办公楼中的楼梯间、走廊、门厅、卫生间等则需要根据相应的房间功能查表确定楼面活荷载标准值。因此，楼梯间活荷载标准值为 3.5kN/m²，走廊、门厅为 2.5kN/m²，卫生间为 2.5kN/m²。

对于屋面活荷载，《荷载规范》规定：

5.3.1　房屋建筑的屋面，其水平投影面上的屋面均布活荷载的标准值及其组合值系数、频遇值系数和准永久值系数的取值，不应小于表5.3.1的规定。

表 5.3.1　屋面均布活荷载标准值及其组合值系数、频遇值系数和准永久值系数

项次	类别	标准值 (kN/m²)	组合值系数 ψ_c	频遇值系数 ψ_f	准永久值系数 ψ_q
1	不上人的屋面	0.5	0.7	0.5	0.0
2	上人的屋面	2.0	0.7	0.5	0.4
3	屋顶花园	3.0	0.7	0.6	0.5
4	屋顶运动场地	3.0	0.7	0.6	0.4

注：1　不上人的屋面，当施工或维修荷载较大时，应按实际情况采用；对不同类型的结构应按有关设计规范的规定采用，但不得低于0.3kN/m²；

2　当上人的屋面兼作其他用途时，应按相应楼面活荷载采用；

3　对于因屋面排水不畅、堵塞等引起的积水荷载，应采取构造措施加以防止；必要时，应按积水的可能深度确定屋面活荷载；

4　屋顶花园活荷载不应包括花圃土石等材料自重。

因此，对于上人屋面，屋面活荷载标准值取为 $2.0kN/m^2$，对于非上人屋面，按规范规定取 $0.50kN/m^2$，但还需要与雪荷载相比较，取较不利值。

《荷载规范》5.3.3 条规定：不上人的屋面均布活荷载，可不与雪荷载和风荷载同时组合。

4.2.3 雪荷载

根据前述规定：不上人的屋面均布活荷载，可不与雪荷载和风荷载同时组合。对于不上人屋面，如果雪荷载没有超过非上人屋面的活荷载，则不需要考虑雪荷载。而对于上人屋面，活荷载标准值为 $2.0kN/m^2$，通常是超过雪荷载的，因此上人屋面活荷载通常都按 $2.0kN/m^2$ 考虑，且不考虑下雪天有很多人上屋面，也就不必考虑上人屋面的活荷载与雪荷载的组合。

《荷载规范》7.1.1 条规定：屋面水平投影面上的雪荷载标准值应按下式计算：

$$s_k = \mu_r s_0 \tag{7.1.1}$$

式中：s_k——雪荷载标准值（kN/m^2）；

$\quad\quad \mu_r$——屋面积雪分布系数；

$\quad\quad s_0$——基本雪压（kN/m^2）。

7.1.2 条规定：基本雪压应采用按本规范规定的方法确定的 50 年重现期的雪压；对雪荷载敏感的结构，应采用 100 年重现期的雪压。

对于平屋面，$\mu_r = 1.0$，查《荷载规范》附录 E，武汉地区 50 年一遇的基本雪压为 $0.50kN/m^2$，并没有超过非上人屋面的活荷载值，因此最终非上人屋面的活荷载值可取为 $0.50kN/m^2$。

4.3 风荷载

风荷载在建模过程中，通常并不需要人为输入，只需要在软件中填写好相应的参数就可以让软件自己计算风荷载了。

风荷载有如下特点：

（1）风力作用与建筑物外形有直接关系；体现在风荷载体型系数上。

（2）风力作用与高度影响较大；体现在风压高度变化系数上。

（3）风力受到建筑物周围环境影响较大；体现在地面粗糙度类别上。

（4）风力作用具有静力、动力两重性质；体现在风振系数上。

（5）风力在建筑物表面的分布很不均匀，在角区和建筑物内收的局部区域，会产生较大的风力。

《荷载规范》8.1.1 条规定：垂直于建筑物表面上的风荷载标准值，应按下列规定确定：

1　计算主要受力结构时，应按下式计算：

$$w_k = \beta_z \mu_s \mu_z w_0 \tag{8.1.1-1}$$

式中：w_k——风荷载标准值（kN/m^2）；

β_z——高度 z 处的风振系数；

μ_s——风荷载体型系数；

μ_z——风压高度变化系数；

w_0——基本风压（kN/m²）。

其中，β_z 由软件自动计算，μ_s 需要由用户填写，对于矩形平面的建筑物而言，查《荷载规范》表 8.3.1 第 30 项（如下图所示），可知风荷载体型系数由迎风面压力＋背风面吸力确定，总体型系数为 1.3。

| 30 | 封闭式房屋和构筑物 | (a)正多边形(包括矩形)平面 | — |

μ_z 由地面粗糙度类别和高度所决定，《荷载规范》8.2.1 条规定：对于平坦或稍有起伏的地形，风压高度变化系数应根据地面粗糙度类别按表 8.2.1 确定。地面粗糙度可分为 A、B、C、D 四类：A 类指近海海面和海岛、海岸、湖岸及沙漠地区；B 类指田野、乡村、丛林、丘陵以及房屋比较稀疏的乡镇；C 类指有密集建筑群的城市市区；D 类指有密集建筑群且房屋较高的城市市区。

表 8.2.1　风压高度变化系数 μ_z

离地面或海平面高度 （m）	地面粗糙度类别			
	A	B	C	D
5	1.09	1.00	0.65	0.51
10	1.28	1.00	0.65	0.51
15	1.42	1.13	0.65	0.51
20	1.52	1.23	0.74	0.51
30	1.67	1.39	0.88	0.51
40	1.79	1.52	1.00	0.60
50	1.89	1.62	1.10	0.69
60	1.97	1.71	1.20	0.77
70	2.05	1.79	1.28	0.84
80	2.12	1.87	1.36	0.91
90	2.18	1.93	1.43	0.98
100	2.23	2.00	1.50	1.04

本案例场地类别可以选为 B 类，在软件中填写好场地类别后，软件便可自动计算出风压高度变化系数。

《荷载规范》8.1.2 条规定：基本风压应采用按本规范规定的方法确定的 50 年重现期的风压，但不得小于 0.3kN/m²。对于高层建筑、高耸结构以及对风荷载比较敏感的其他结构，基本风压的取值应适当提高，并应符合有关结构设计规范的规定。

查《荷载规范》附录 E，武汉地区 50 年一遇的基本风压为 $0.35\mathrm{kN/m^2}$。

在后面的建模过程中，会将上面查到的参数填入软件中。

4.4 地震作用

地震作用与风荷载类似，也是在软件中填写相关的参数，由软件自动计算。查《抗规》附录 A（节选，如下图所示）得，武汉市除新洲区外，抗震设防烈度均为 6 度（$0.05g$），分组为第一组。在后面的建模过程中，将按照设防烈度均为 6 度（$0.05g$），分组为第一组来填写相应的参数。

A.0.17 湖北省

省份	烈度	加速度	分组	县级及县级以上城镇
武汉市	7 度	0.10g	第一组	新洲区
	6 度	0.05g	第一组	江岸区、江汉区、硚口区、汉阳区、武昌区、青山区、洪山区、东西湖区、汉南区、蔡甸区、江夏区、黄陂区
黄石市	6 度	0.05g	第一组	黄石港区、西塞山区、下陆区、铁山区、阳新县、大冶市
十堰市	7 度	0.15g	第一组	竹山县、竹溪县
	7 度	0.10g	第一组	郧阳区、房县
	6 度	0.05g	第一组	茅箭区、张湾区、郧西县、丹江口市

4.5 荷载组合

同时作用在结构上的荷载可能不止一种，这些不同种类的荷载同时出现最大值的可能性也比较小，因此这些有可能同时作用在结构上的不同种类的荷载需要按一定的规则组合在一起，这便是荷载组合的内容。软件可以自动生成所有的组合，通常并不需要人为干涉，但作为软件的使用者还是应当了解荷载组合的规则的。

4.5.1 无震组合

《建筑结构可靠性设计统一标准》GB 50068—2018（以下简称《可靠性标准》）对无震组合作了专门的规定。《可靠性标准》8.2.4 条规定：对持久设计状况和短暂设计状况，应采用作用的基本组合，并应符合下列规定：

2 当作用与作用效应按线性关系考虑时，基本组合的效应设计值按下式中最不利值计算：

$$S_\mathrm{d} = \sum_{i \geqslant 1} \gamma_{\mathrm{G}_i} S_{\mathrm{G}_{ik}} + \gamma_\mathrm{P} S_\mathrm{P} + \gamma_{\mathrm{Q}1} \gamma_{\mathrm{L}1} S_{\mathrm{Q}_{1k}} + \sum_{j>1} \gamma_{\mathrm{Q}_j} \psi_{cj} \gamma_{\mathrm{L}j} S_{\mathrm{Q}_{jk}} \tag{8.2.4-2}$$

式中：$S_{\mathrm{G}_{ik}}$——第 i 个永久作用标准值的效应；

$\quad S_{\mathrm{Q}_{1k}}$——第 1 个可变作用标准值的效应；

$\quad S_{\mathrm{Q}_{jk}}$——第 j 个可变作用标准值的效应；

按本标准第 8.2.4 条第 1 项的规定采用以下系数：

S_P：预应力作用有关代表值的效应；

γ_{G_i}——第 i 个永久作用的分项系数，应按本标准第8.2.9条的有关规定采用；

γ_P——预应力作用的分项系数，应按本标准第8.2.9条的有关规定采用；

γ_{Q_1}——第1个可变作用的分项系数，应按本标准第8.2.9条的有关规定采用；

γ_{Q_j}——第 j 个可变作用的分项系数，应按本标准第8.2.9条的有关规定采用；

γ_{L_1}、γ_{L_j}——第1个和第 j 个考虑结构设计使用年限的荷载调整系数，应按本标准第8.2.10条的有关规定采用；

ψ_{cj}——第 j 个可变作用的组合值系数，应按现行有关标准的规定采用。

8.2.9条规定：建筑结构的作用分项系数，应按表8.2.9采用。

表8.2.9　建筑结构的作用分项系数

作用分项系数	适用情况	
	当作用效应对承载力不利时	当作用效应对承载力有利时
γ_G	1.3	≤1.0
γ_P	1.3	≤1.0
γ_Q	1.5	0

8.2.10条规定：建筑结构考虑结构设计使用年限的荷载调整系数，应按表8.2.10采用。

表8.2.10　建筑结构考虑结构设计使用年限的荷载调整系数 γ_L

结构的设计使用年限(年)	γ_L
5	0.9
50	1.0
100	1.1

注：对设计使用年限为25年的结构构件，γ_L 应按各种材料结构设计标准的规定采用。

根据上述规定，本案例结构设计使用年限50年，则设计使用年限的荷载调整系数取为1.0。作用在结构上的永久荷载有恒载（用 D 表示），可变荷载有活荷载（用 L 表示）和风荷载（用 W 表示），不考虑雪荷载。地震作用（用 E 表示）作为一类特殊的荷载，仅在有震组合中参与组合。那么对于无震组合，根据上述的组合规则：

当仅考虑 D 和 L 时，组合的表达式为：$1.3D+1.5L$

考虑恒载有利时，组合的表达式为：$1.0D+1.5L$

当考虑 D、L、W 的组合时，组合的表达式有：

$1.3D+1.5L+1.5\times0.6W$（其中，0.6的风荷载的组合值系数，可由《荷载规范》查得）

$1.3D+1.5\times0.7L+1.5W$（其中，0.7的活荷载的组合值系数，可由《荷载规范》查得）

考虑恒载有利时，组合的表达式为：

$$1.0D+1.5L+1.5\times0.6W$$
$$1.0D+1.5\times0.7L+1.5W$$

对于任意一个有 W 参与的组合，软件会分别考虑 X 向风和 Y 向风这两种情况。

4.5.2 有震组合

对于有地震作用参与的组合，《抗规》作了明确规定。《抗规》5.4.1 条规定：结构构件的地震作用效应和其他荷载效应的基本组合，应按下式计算：

$$S = \gamma_G S_{GE} + \gamma_{Eh} S_{Ehk} + \gamma_{Ev} S_{Evk} + \psi_w \gamma_w S_{wk} \tag{5.4.1}$$

式中　S——结构构件内力组合的设计值，包括组合的弯矩、轴向力和剪力设计值等；

γ_G——重力荷载分项系数，一般情况应采用 1.3，当重力荷载效应对构件承载能力有利时，不应大于 1.0；

γ_{Eh}、γ_{Ev}——分别为水平、竖向地震作用分项系数，应按表 5.4.1 采用；

γ_w——风荷载分项系数，应采用 1.5；

S_{GE}——重力荷载代表值的效应，可按本标准第 5.1.3 条采用，但有吊车时，尚应包括悬吊物重力标准值的效应；

S_{Ehk}——水平地震作用标准值的效应，尚应乘以相应的增大系数或调整系数；

S_{Evk}——竖向地震作用标准值的效应，尚应乘以相应的增大系数或调整系数；

S_{wk}——风荷载标准值的效应；

ψ_w——风荷载组合值系数，一般结构取 0.0，风荷载起控制作用的建筑应采用 0.2。

注：本标准一般略去表示水平方向的下标。

表 5.4.1　地震作用分项系数

地震作用	γ_{Eh}	γ_{Ev}
仅计算水平地震作用	1.4	0.0
仅计算竖向地震作用	0.0	1.4
同时计算水平与竖向地震作用（水平地震为主）	1.4	0.5
同时计算水平与竖向地震作用（竖向地震为主）	0.5	1.4

由于本案例结构高度不超过 60m，因此不属于风荷载起控制作用的建筑，有震组合中不考虑风荷载。

根据《高规》4.3.2 条第 3 款的规定：高层建筑中的大跨度、长悬臂结构、7 度（0.15g）、8 度抗震设计时应计入竖向地震作用。

本案例不属于高层建筑，因此不需要考虑竖向地震作用。

对于结构的重力荷载代表值，《市政通规》4.1.3 条规定：计算地震作用时，建筑与市政工程结构的重力荷载代表值应取结构和构配件自重标准值和各可变荷载组合值之和。各可变荷载的组合值系数，应按表 4.1.3 采用。

表 4.1.3　组合值系数

可变荷载种类	组合值系数
雪荷载	0.5
屋面积灰荷载	0.5

可变荷载种类		组合值系数
屋面活荷载		不计入
按实际情况计算的楼面活荷载		1.0
按等效均布荷载计算的楼面活荷载	藏书库、档案库	0.8
	其他民用建筑、城镇给水排水和燃气热力工程	0.5
起重机悬吊物重力	硬钩吊车	0.3
	软钩吊车	不计入

本案例的可变荷载种类属于按等效均布荷载计算的楼面活荷载,且不属于藏书库、档案库一项,属于其他民用建筑一项,因此活荷载的组合值系数取为 0.5,重力荷载代表值为 $1.0D+0.5L$,有震组合的表达式为:$1.3\times(1.0D+0.5L)+1.4E$。

在软件中常常表达为:$1.3D+0.65L+1.4E$

当重力荷载有利时,组合的表达式为:$1.0D+0.5L+1.4E$

对于任意一个有 E 参与的组合,软件会分别考虑 X 向地震和 Y 向地震这两种情况,同时由于还需要考虑偶然偏心的影响,有震组合数会大大增加,这里暂不细述。后面参数设置中,从软件自动生成的荷载组合会看出这一点。

4.6 荷载及荷载组合要点总结

本章主要讲述了各种荷载的取值及荷载组合。楼面附加恒载、屋面附加恒载的取值我们总结出了相应的经验值,梁上隔墙线荷载的取值则需要根据实际项目隔墙的情况具体计算,楼面活载、屋面活载的取值根据《荷载规范》的表格查表确定,风荷载和地震作用则是在软件中输入相应的参数,由软件自动计算。软件可以自动根据规范的要求生成各种荷载组合。

5 建立模型

在准备好了初步的结构布置图，同时也考虑清楚各种荷载之后，便可以进入软件中建立模型了。建模工作的一般顺序是首先建立一个标准层的几何信息，然后输入该标准层的荷载信息。第一个标准层建好之后，再复制添加其他的标准层，在此基础上进行修改得到新的标准层。以此类推，建立出所有标准层来，最后进行组装形成全楼模型。在这里，采用 PKPM 软件作为示例。如果读者想采用 YJK 软件建模，其流程也是一样的，只是个别操作步骤有些细微的差别。

5.1 建立模型几何信息

双击打开 PKPM 软件，选择"结构"选项卡下的"SATWE 核心的集成设计"，点击"新建/打开"按钮，在目标文件夹中新建一个工程目录（图 5-1）。

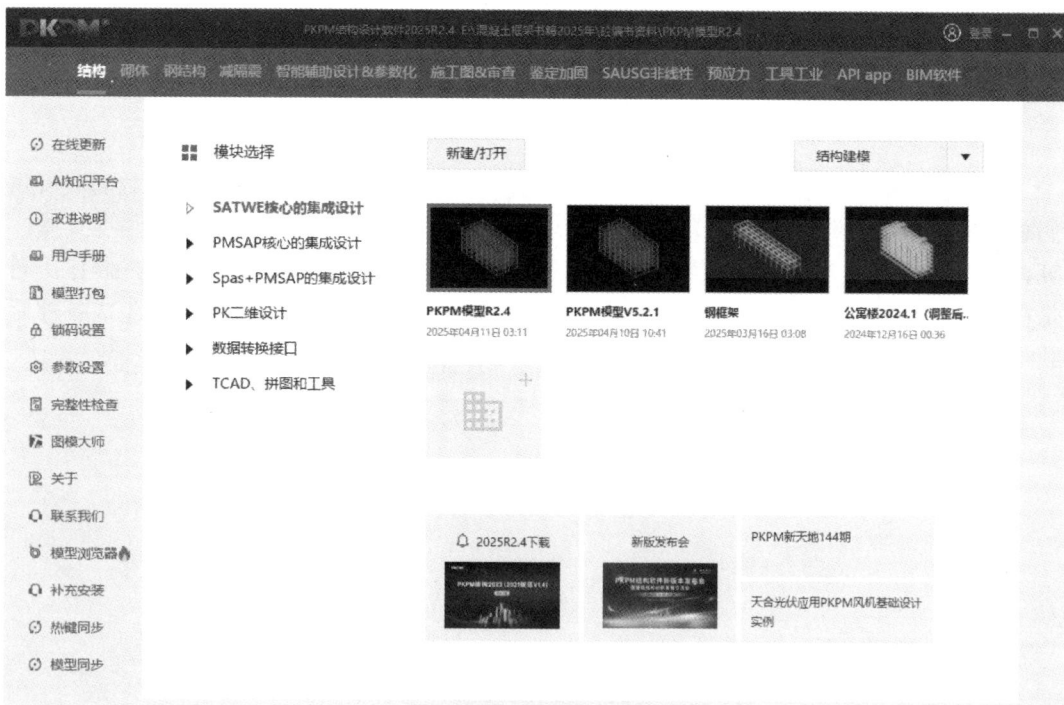

图 5-1　新建一个工程目录

由于本案例的轴网规则，建模时可以选择直接在软件中绘制轴网，通过"轴网"选项卡下的"正交轴网""两点直线""平行直线"等按钮，根据建筑图的轴网数据，建立好轴网，如图 5-2 所示。

在建立好轴网后，接下来切换到"构件"选项卡，点击"梁"按钮，在弹出的"梁布

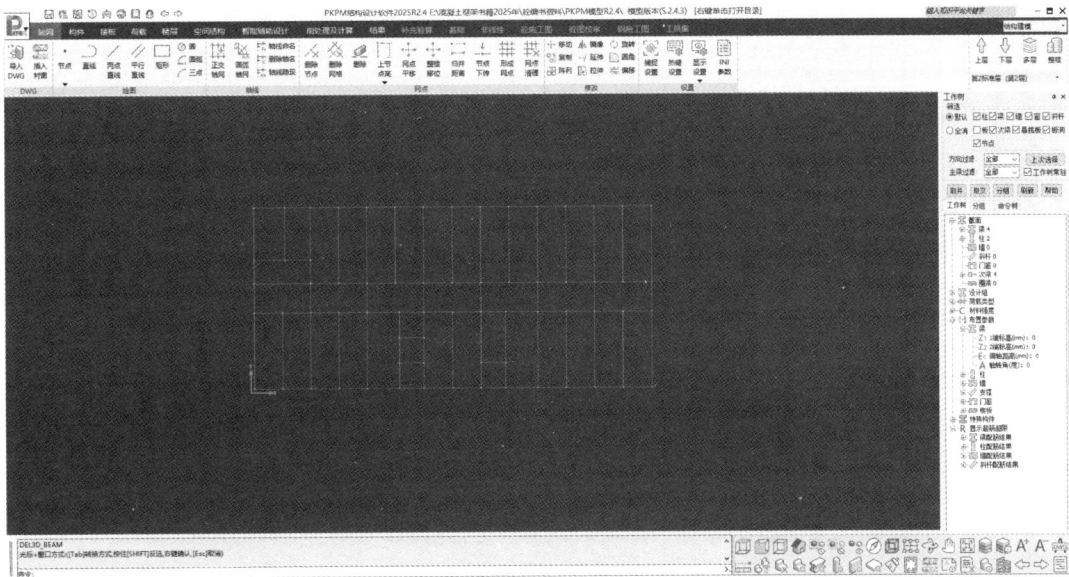

图 5-2 建立轴网

置"对话框中点击"增加"新增梁截面，并按前面步骤初步确定的结构平面布置图布置好梁（图 5-3）。

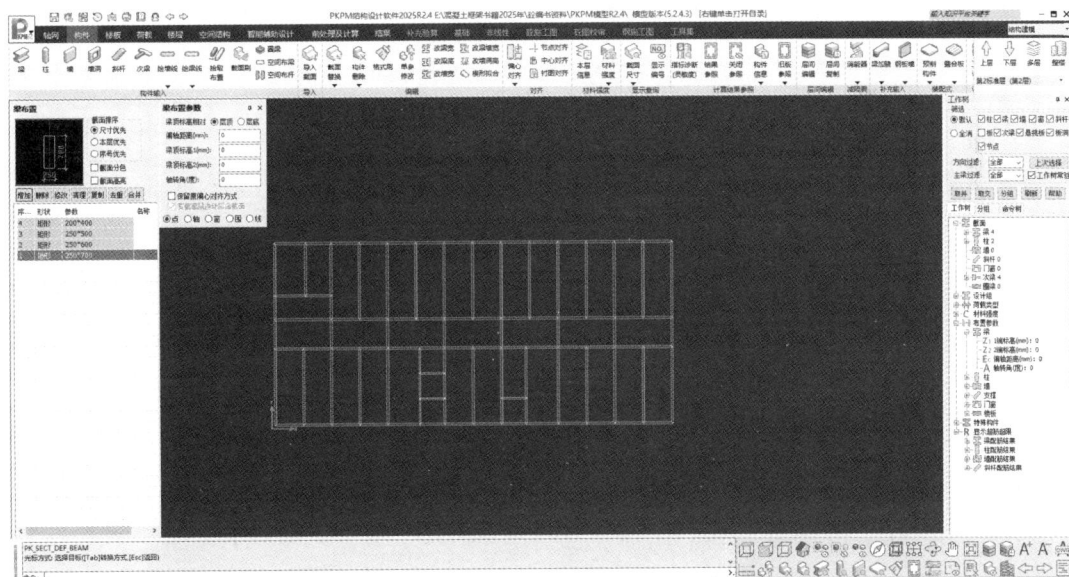

图 5-3 梁布置

布置好梁之后，接下来就是布置柱子，点击"构件"选项卡下的"柱"按钮，在弹出的"柱布置"对话框中点击"增加"新增柱截面，并按前面步骤初步确定的结构平面布置图布置好柱子。布置好柱子之后，还可以进一步利用"偏心对齐"工具将边柱柱边与梁边对齐（图 5-4）。

45

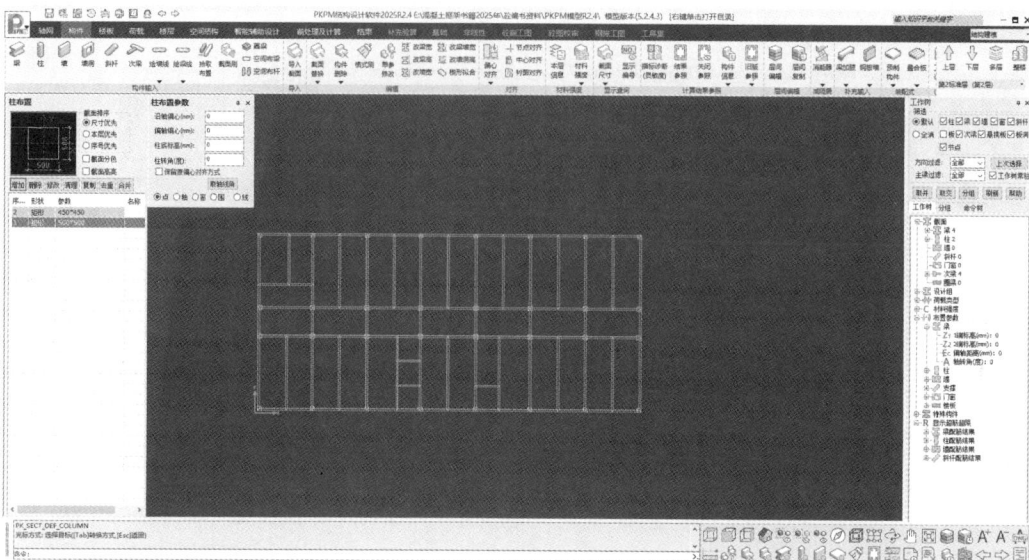

图 5-4　布置柱子

经过上面三步，已经布置好了梁和柱，在进入"楼板"选项卡之前，先设置好本层信息，点击"构件"选项卡下的"本层信息"按钮，在弹出的本标准层信息对话框中，填写好本标准层信息，如图 5-5 所示。

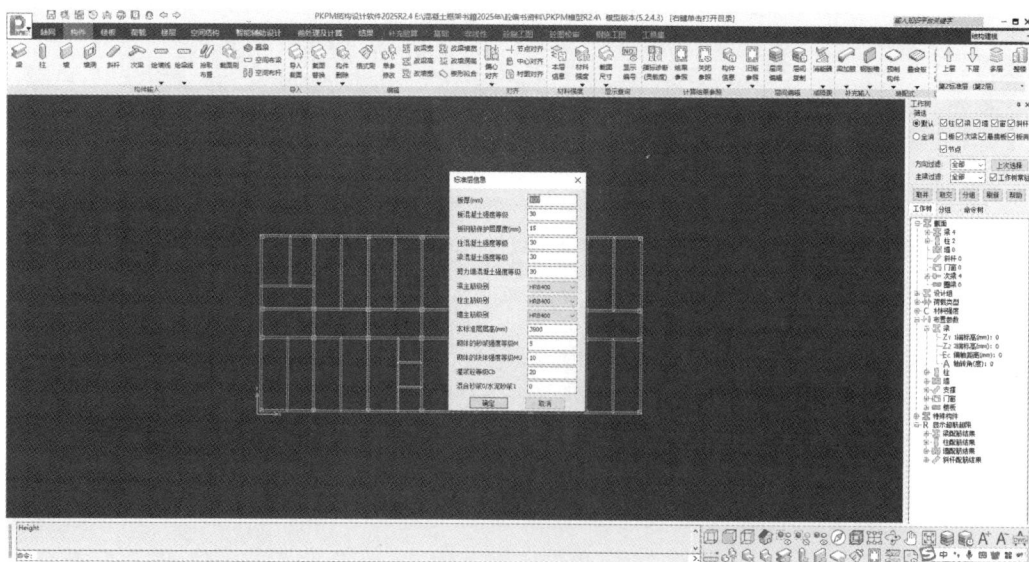

图 5-5　标准层信息

其中，板厚在截面估算的时候确定过了，材料强度的确定在前面估算柱子截面的时候已讨论过了，这里不再作进一步的论述。本标准层层高可以按建筑图的来。

"板钢筋保护层厚度（mm）"根据《混规》的规定来填写。《混规》规定：

8.2.1　构件中普通钢筋及预应力筋的混凝土保护层厚度应满足下列要求。

1　构件中受力钢筋的保护层厚度不应小于钢筋的公称直径 d；

2　设计使用年限为 50 年的混凝土结构，最外层钢筋的保护层厚度应符合表 8.2.1 的规定；设计使用年限为 100 年的混凝土结构，最外层钢筋的保护层厚度不应小于表 8.2.1 中数值的 1.4 倍。

表 8.2.1　混凝土保护层的最小厚度 c（mm）

环境类别	板、墙、壳	梁、柱、杆
一	15	20
二 a	20	25
二 b	25	35
三 a	30	40
三 b	40	50

注：1　混凝土强度等级不大于 C25 时，表中保护层厚度数值应增加 5mm；
　　2　钢筋混凝土基础宜设置混凝土垫层，基础中钢筋的混凝土保护层厚度应从垫层顶面算起，且不应小于 40mm。

梁、柱、板属于室内正常使用环境，环境类别为一类，因此板钢筋保护层厚度填为 15mm。接下来切换到"楼板"选项卡，点击"生成楼板"按钮，生成全楼楼板，再点击"修改板厚"按钮，将两个楼梯间处的板厚修改为 0，如图 5-6 所示。

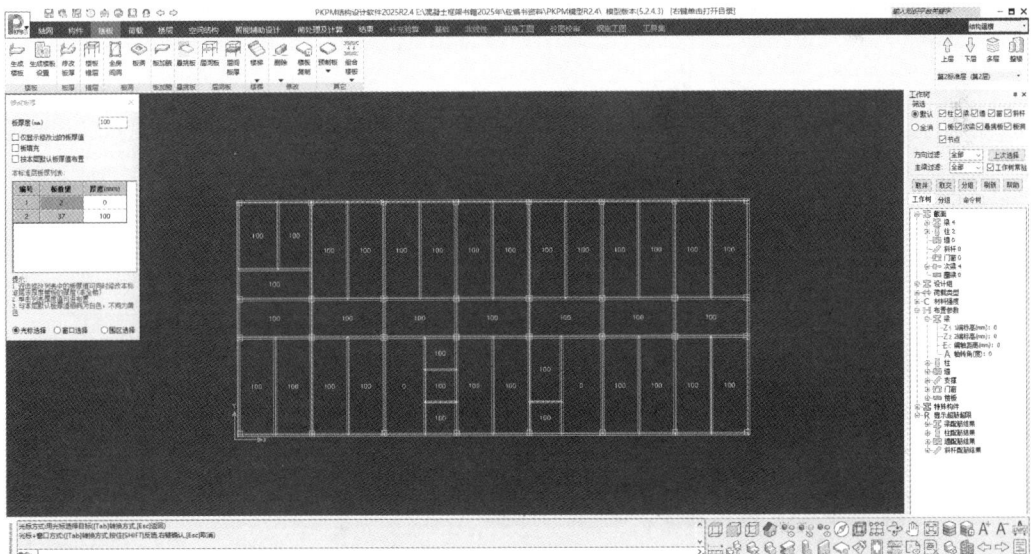

图 5-6　修改板厚

在这里简单说明一下，为什么楼梯间是修改板厚为 0，而不是将楼梯间处全房间开洞。在 PKPM 和 YJK 软件里面，修改板厚为 0 与全房间开洞最大的区别在于板厚为 0 的房间可以输入荷载，全房间开洞则不能，这里将楼梯间修改板厚为 0，是因为后面还需要在这两个房间输入楼梯间的恒、活荷载。

对于楼梯间，还需要作些说明，《抗规》规定：

6.1.15 楼梯间应符合下列要求：

1 宜采用现浇钢筋混凝土楼梯。

2 对于框架结构，楼梯间的布置不应导致结构平面特别不规则；楼梯构件与主体结构整浇时，应计入楼梯构件对地震作用及其效应的影响，应进行楼梯构件的抗震承载力验算；宜采取构造措施，减少楼梯构件对主体结构刚度的影响。

3 楼梯间两侧填充墙与柱之间应加强拉结。

6.1.15条文说明：本条是新增的。发生强烈地震时，楼梯间是重要的紧急逃生竖向通道，楼梯间（包括楼梯板）的破坏会延误人员撤离及救援工作，从而造成严重伤亡。本次修订增加了楼梯间的抗震设计要求。对于框架结构，楼梯构件与主体结构整浇时，梯板起到斜支撑的作用，对结构刚度、承载力、规则性的影响比较大，应参与抗震计算；当采取措施，如梯板滑动支承于平台板，楼梯构件对结构刚度等的影响较小，是否参与整体抗震计算差别不大。对于楼梯间设置刚度足够大的抗震墙的结构，楼梯构件对结构刚度的影响较小，也可不参与整体抗震计算。

本案例为框架结构，根据上述规定，楼梯应当建入模型中，考虑对主体结构的影响，但我们并没有这么做，在后面楼梯设计过程中，将楼梯与主体结构做成滑动支座连接，尽可能减小楼梯构件对主体结构的影响，楼梯构件便可不用参与整体抗震计算。

接下来，点击"楼板"选项卡下的"错层"和"全房间洞"按钮，将卫生间楼板向下错层50mm，并将电梯井道处全房间开洞，如图5-7所示。

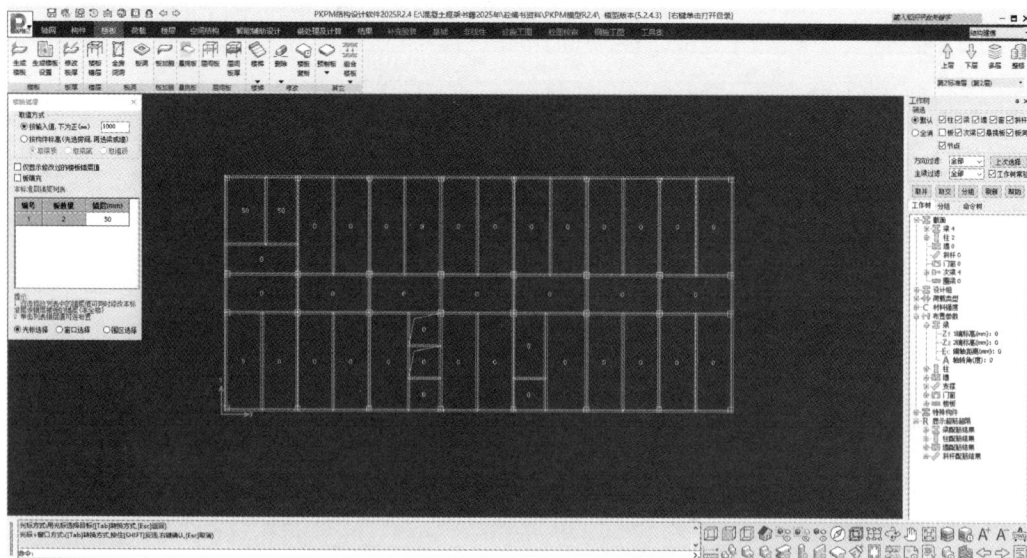

图5-7 楼板布置示意图

到这一步，便已经建立好了一个标准层的几何信息，接下来便是输入该标准层的荷载信息。

5.2　输入模型荷载信息

在这一节中，将在上一节的基础上，完善一个标准层的荷载信息。

点击"荷载"选项卡下的"恒活设置"按钮，在弹出的"楼面荷载定义"对话框中填写好各个参数，如图 5-8 所示。

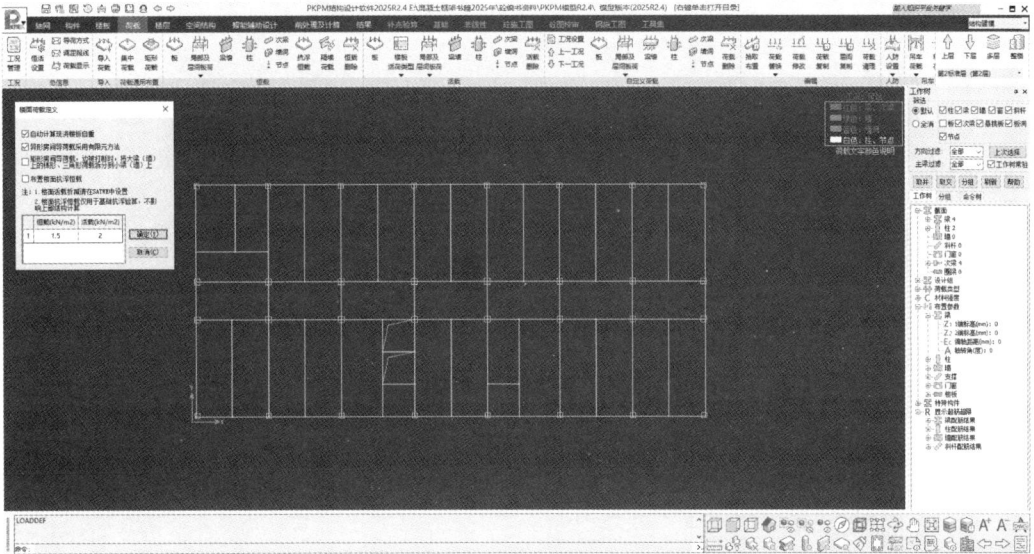

图 5-8　楼面荷载定义

在这里，勾选上"自动计算现浇楼板自重"，那么在后面输入板上的恒载即为附加恒载，这也是为什么在"楼面荷载定义"对话框中恒载值填的是 1.5kN/m²，而活载值填的则是 2.0kN/m²，因为大部分房间的活载都为 2.0kN/m²，对于那些与这里设置不同的房间，可以在后面作进一步的修改。

点击"荷载"选项卡恒载下的"板"按钮，修改两个楼梯间的恒载值为 7.5kN/m²，如图 5-9 所示。

在前面的建模中，楼梯间处的板厚修改为 0，在这里输入的楼梯间荷载包括整个梯板、踏步、装修面层、板底抹灰在内的所有恒载。对于多跑楼梯而言，根据梯板厚度的不同，这个荷载值一般在 7.0～8.0kN/m² 之间。后面的楼梯详图中，会计算出这个值来，此处暂且按 7.5kN/m² 取值。

接下来，点击"荷载"选项卡恒载下的"梁墙"按钮，输入梁上恒载，也就是梁上隔墙的线荷载，输入后如图 5-10 所示。

根据前面的计算，250mm 厚的不开洞隔墙线荷载取为 8.2kN/m，200mm 厚的不开洞隔墙线荷载取为 7.0kN/m，至于开洞隔墙，可以根据开洞的大小在此基础上折减为 5.8kN/m 和 4.9kN/m。对于第二标准层，也就是标高 3.900m 处的标准层，由于出入口

49

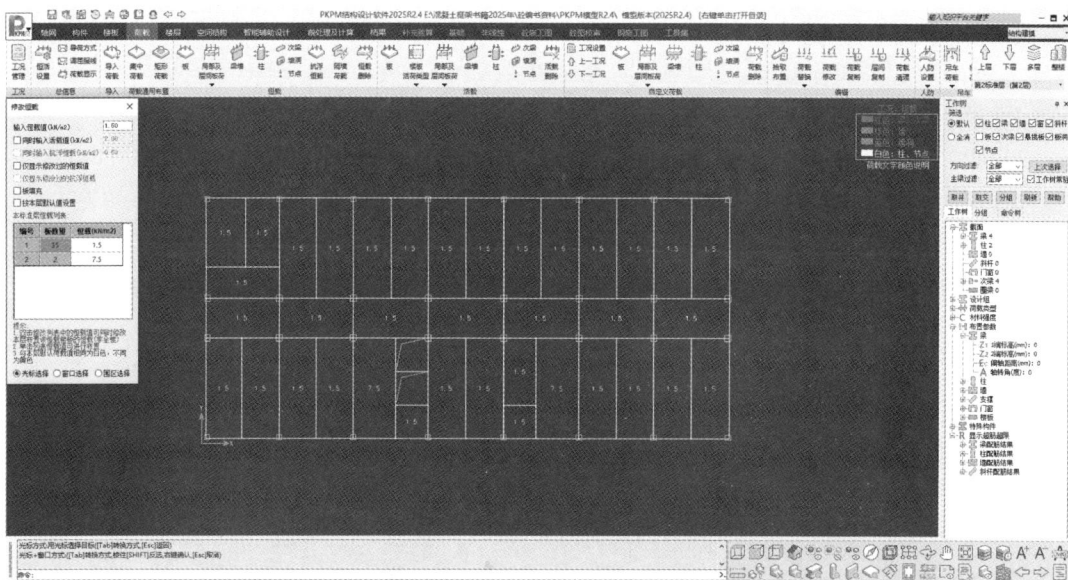

图 5-9　楼面荷载布置示意图

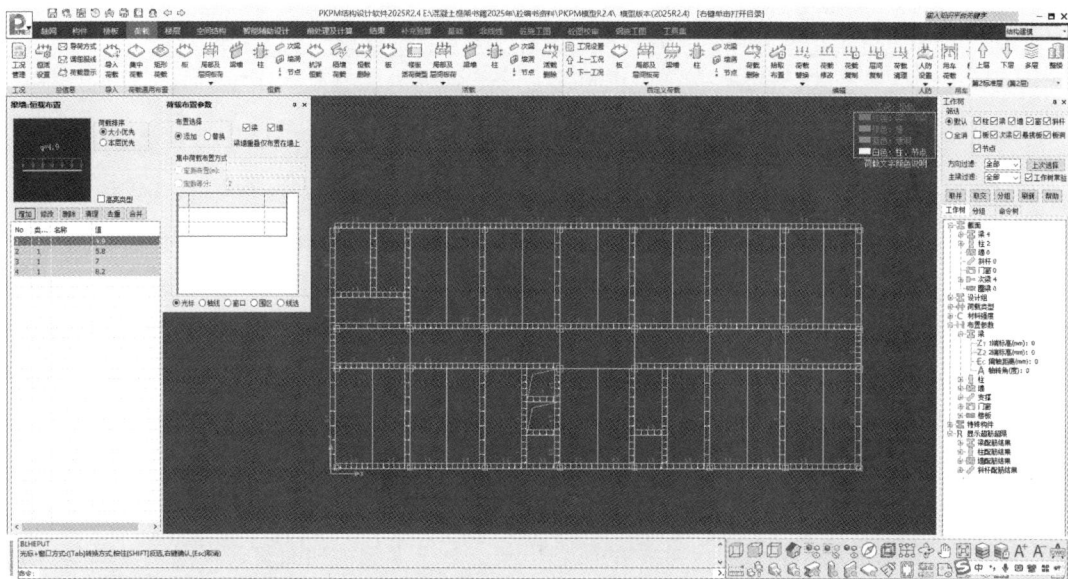

图 5-10　输入梁上恒载

处有二次施工的轻型雨篷，考虑到雨篷的重量，出入口处的梁上线荷载需要考虑此雨篷的荷载，可以按 2.0～3.0kN/m 的荷载增加值去考虑此荷载。

　　接下来，点击"荷载"选项卡活载下的"板"按钮，修改两个楼梯间的活载值为 3.5kN/m²，修改卫生间、走道、门厅及走廊活载值为 2.5kN/m²，如图 5-11 所示。

　　到这一步，已经建立好了一个标准层。

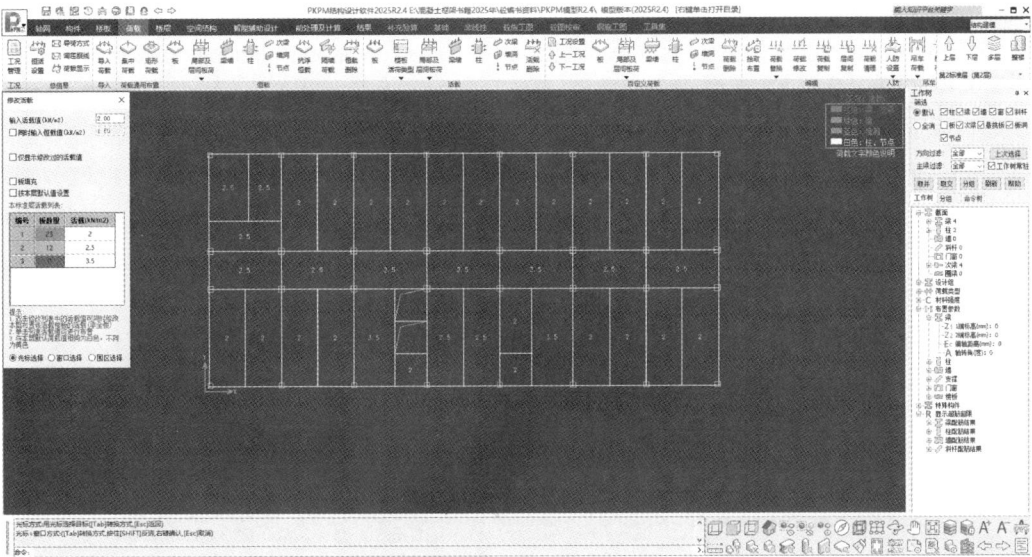

图 5-11　修改卫生间、走道、门厅及走廊活载值

5.3　组装成全楼模型

在前面建立好的标准层的基础上，点击右边下拉按钮，添加新的标准层，可以选择"全部复制"，然后在此基础上将其修改为目标标准层（图 5-12）。

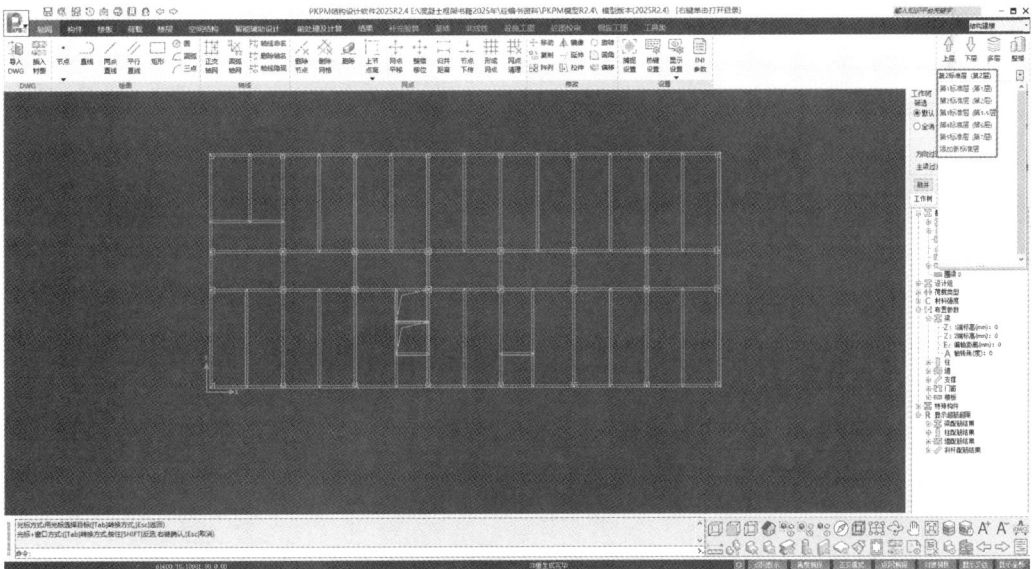

图 5-12　添加新的标准层

第一标准层标高为±0.000，为地框梁层，如图 5-13 所示。

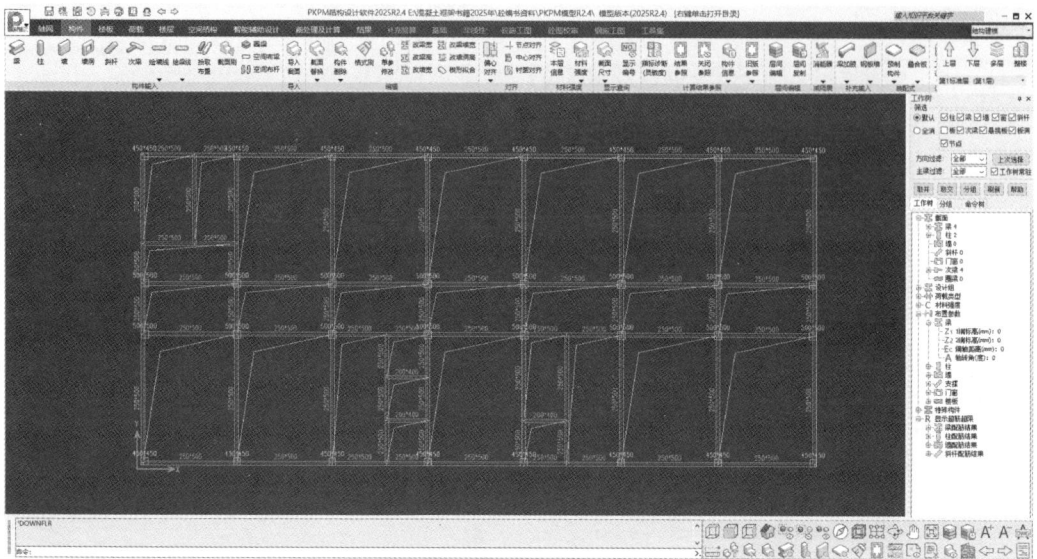

图 5-13　地框梁层

本标准层的特点是没有楼板，因此无隔墙的位置也不需要次梁，同时由于荷载很小，截面尺寸为 250mm×700mm 的框架梁可修改为 250mm×500mm，250mm×600mm 的次梁也可修改为 250mm×500mm。

第二标准层标高为 3.900m，即前两节所建立的标准层，如图 5-14 所示。注意：本层雨篷并未建模，主要是为了后面的雨篷手算，平时大家应该建模雨篷，因为有可能影响与雨篷相邻的边梁。

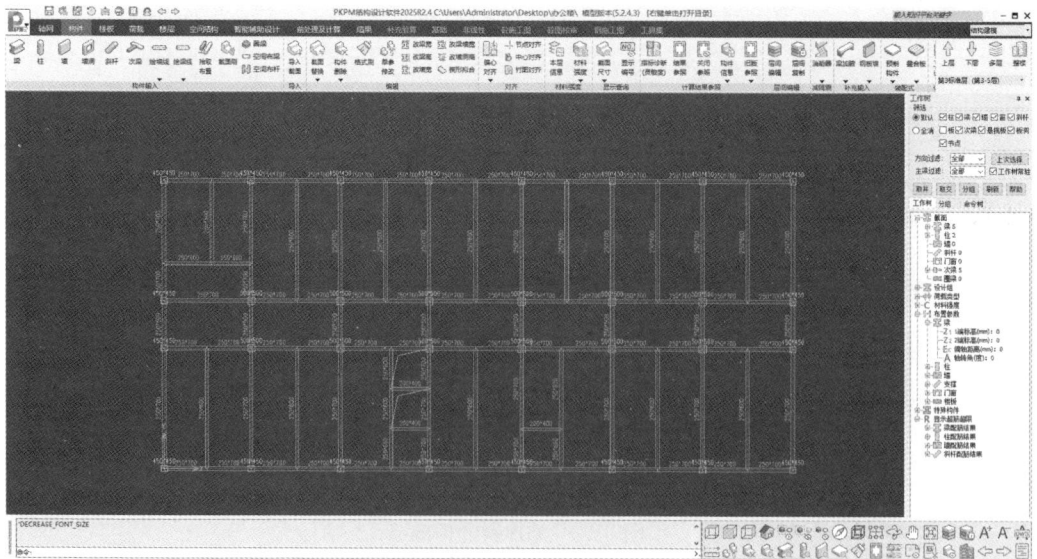

图 5-14　第二标准层

第三标准层标高为 7.800、11.700、15.600m，如图 5-15 所示。

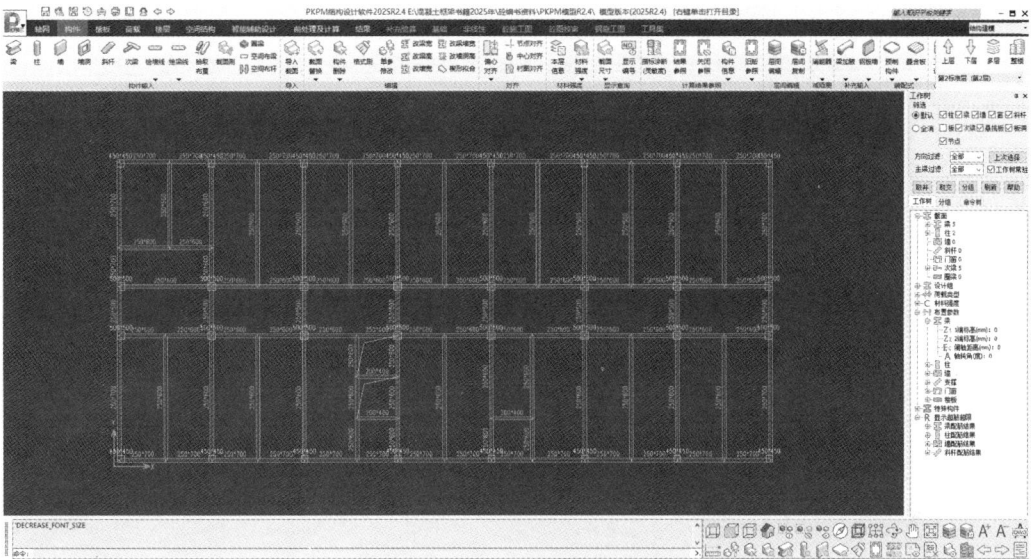

图 5-15　第三标准层

与第二标准层的区别就在于出入口处没有雨篷所带来的额外荷载。

第四标准层为屋面层，如图 5-16 所示。

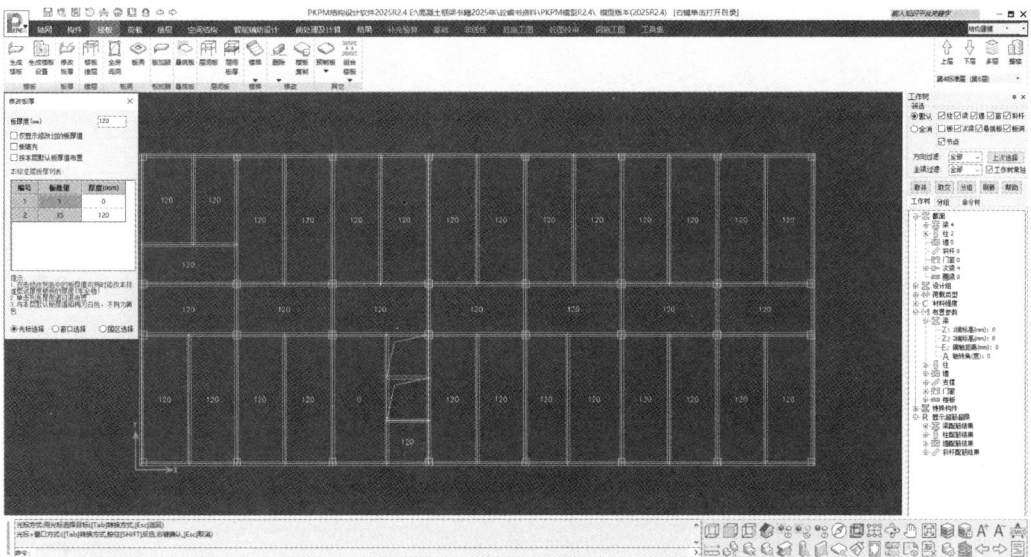

图 5-16　第四标准层

注意：屋面层的板厚为 120mm，且不存在楼板错层；

屋面层的附加恒载为 $4.0 \mathrm{kN/m^2}$，活载为 $2.0 \mathrm{kN/m^2}$（图 5-17）。

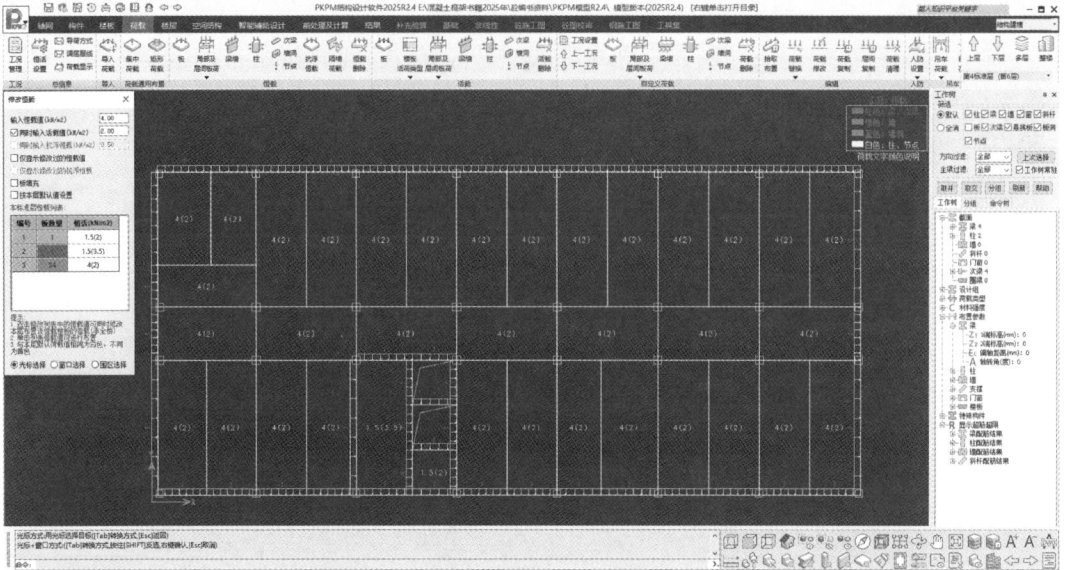

图 5-17 屋面层的附加恒载与活载（一）

第五标准层为楼梯间屋面层，如图 5-18 所示。

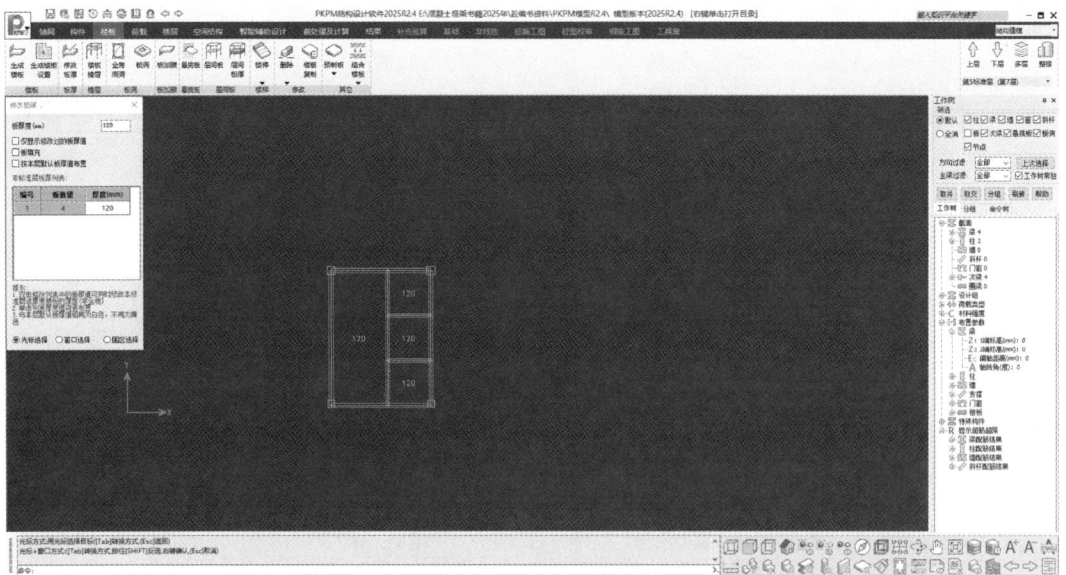

图 5-18 第五标准层

注意：屋面层的板厚为 120mm；

屋面层的附加恒载为 $3.5kN/m^2$，活载为 $0.5kN/m^2$（图 5-19）。

在准备好所有的标准层后，便可以组装为全楼模型。

点击"楼层"选项卡下的"设计参数"按钮，如图 5-20 所示。

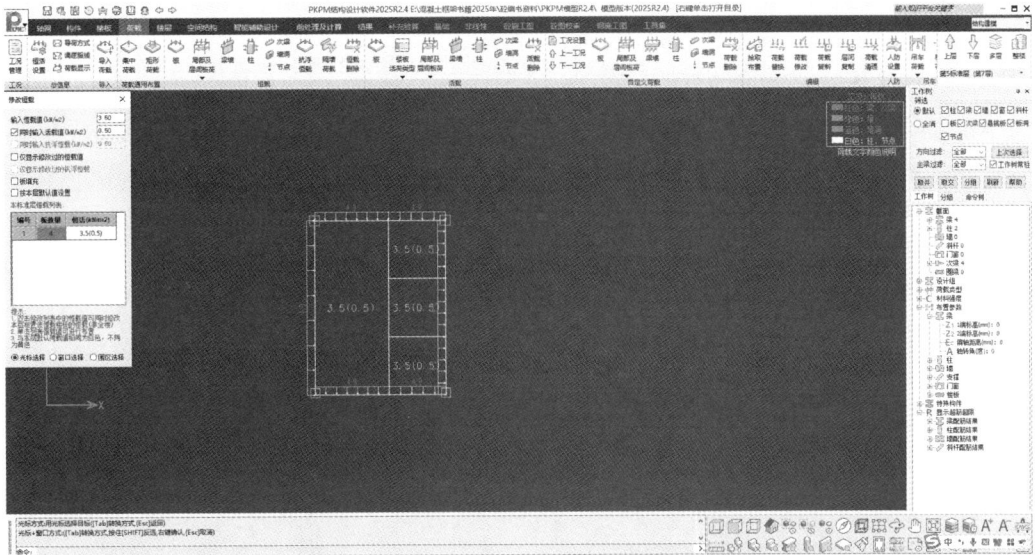

图 5-19　屋面层的附加恒载与活载（二）

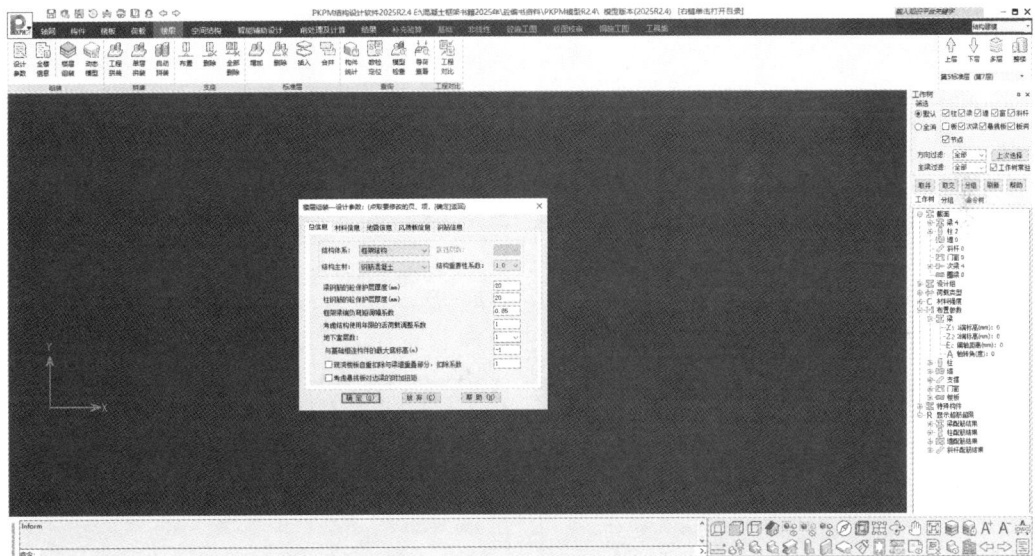

图 5-20　"设计参数"对话框

　　填写好弹出对话框中各个选项卡下的信息，如图 5-21～图 5-25 所示。

　　对"总信息"页参数作一些简单的解释，"地下室层数"填写为 1 是考虑到地框梁这一层顶标高为±0.000，整个楼层几乎都埋在土中。为了能够正确计算风荷载，这里可以将"地下室层数"填为 1，注意此参数与后面的"上部结构嵌固端所在层数"不同，是两个概念。

"与基础相连构件的最大底标高（m）"：即底层柱底标高，也就是基础顶标高，多层框架结构一般做独立基础，初步估计的基础顶标高可能为－1.500～－1.000m之间，这里填写－1.000m。

"材料信息"页的参数前面有过讨论，这里不再赘述（图5-22）。

"地震信息"页参数放到后面SATWE参数设置中再来讨论，在后面，这些参数还会再出现一次，与这里填写的参数是联动的（图5-23）。

"风荷载信息"页参数也放到后面SATWE参数设置中再来讨论（图5-24）。

图5-21 "总信息"页参数填写

"钢筋信息"页参数不需要作任何修改，软件默认即可（图5-25）。

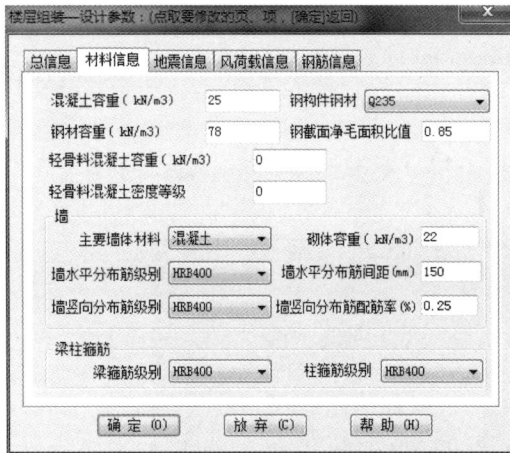

图5-22 "材料信息"页参数填写

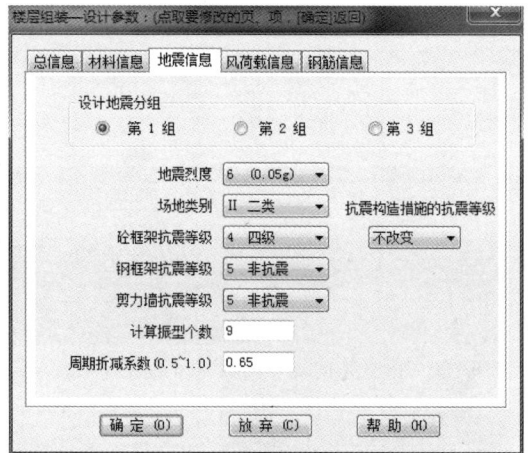

图5-23 "地震信息"页参数设置

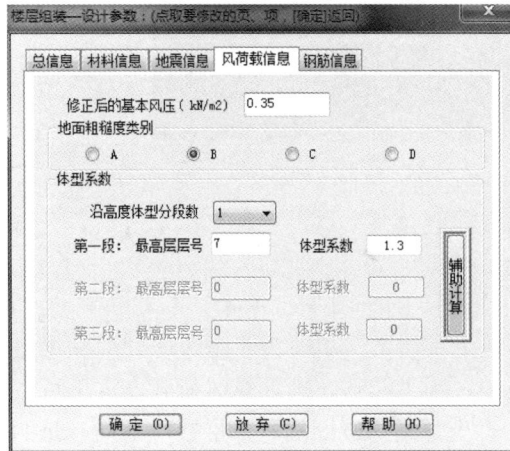

图5-24 "风荷载信息"页参数设置

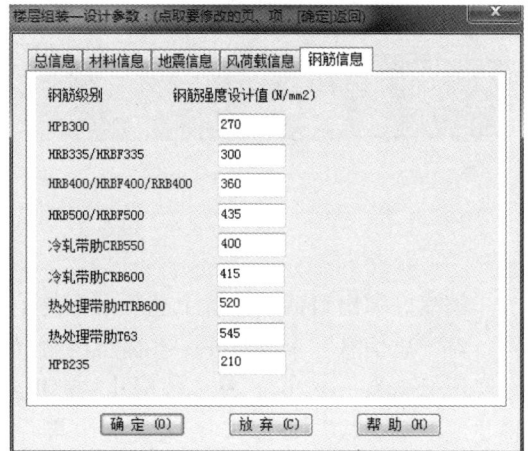

图5-25 "钢筋信息"页参数设置

检查"全楼信息",如图 5-26 所示,如果之前的设置有误可以在此处修改。

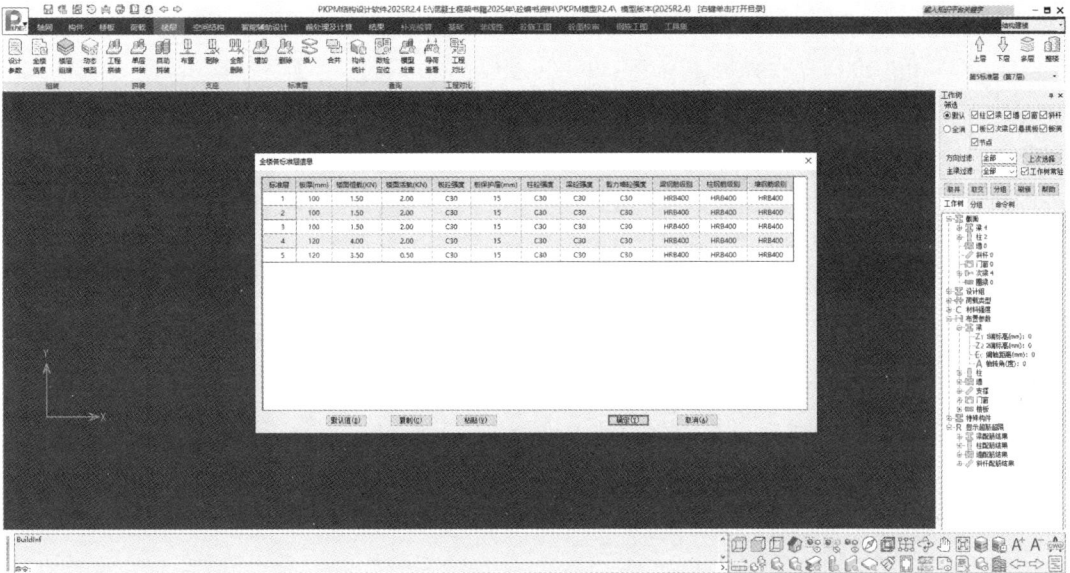

图 5-26　检查"全楼信息"

点击"楼层组装",按图 5-27 所示进行楼层组装。

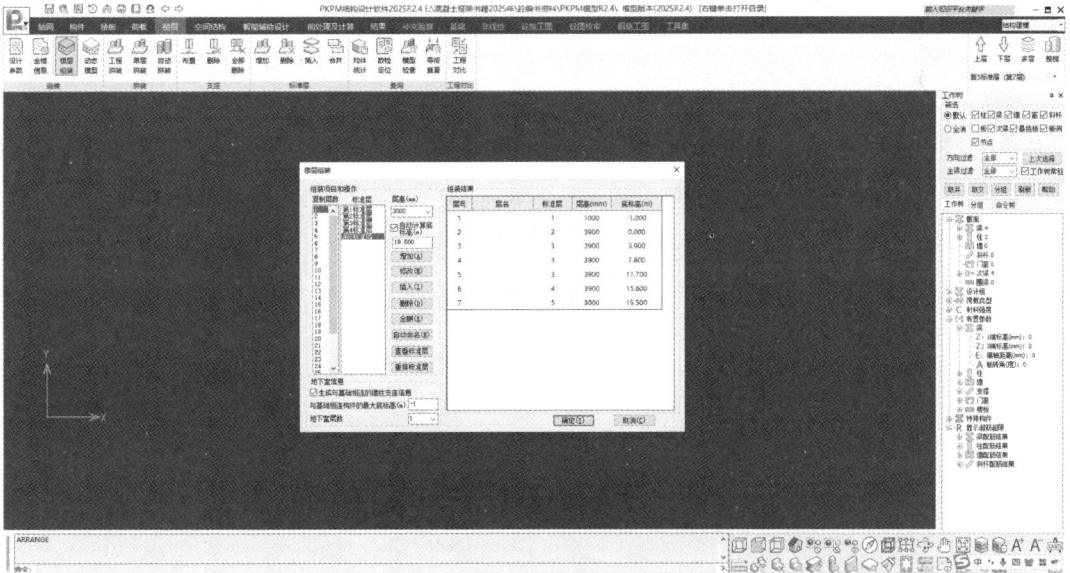

图 5-27　楼层组装

最终形成的整楼模型如图 5-28 所示。

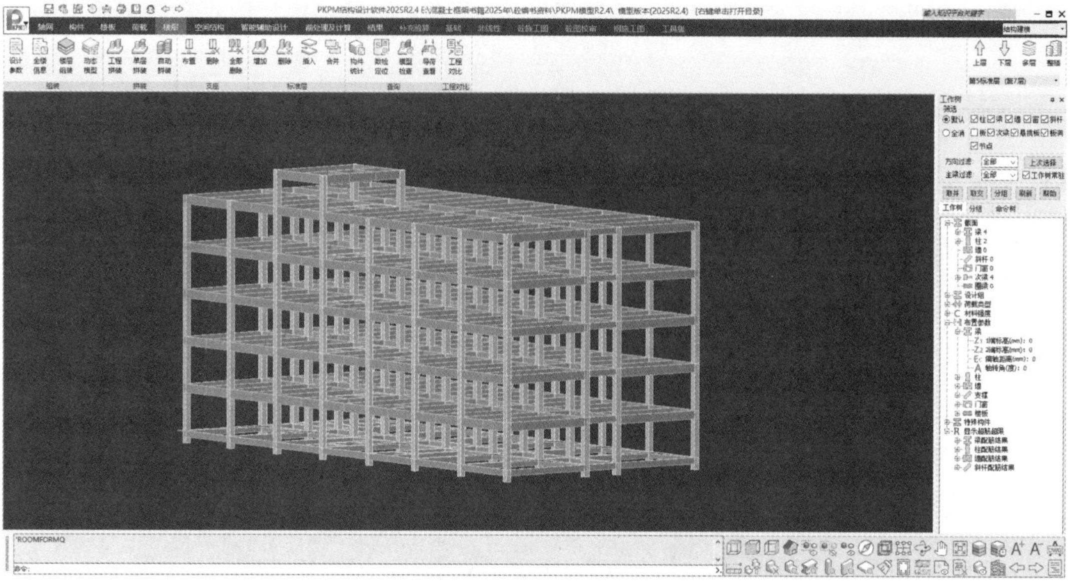

图 5-28　最终形成的整楼模型

至此，已经建立好了整楼的模型。

6 参数设置

在前面建立好模型后，接下来在进入计算之前，还需要设置好相应的参数。学习参数设置最好的工具书便是软件的用户手册了。不论是 PKPM 还是 YJK，在它们的用户手册中都详细介绍了每一个参数的含义，读者可以去查阅一下相关软件的用户手册，这将有助于本章的学习。

6.1 参数的分类

随着软件版本的更新，软件中需要设置的参数越来越多，这对软件使用者来说，增加了一些难度。但如果细看这些参数，在每一个特定的项目中，真正需要设置的参数其实并不多，绝大多数参数都可以直接按软件的默认值来。

面对这么多的参数，可以将其大致分为两类，为了方便表述，一类称之为"规范相关类参数"，另一类称之为"程序相关类参数"。对于"规范相关类参数"，一般从参数名称可以直接看出此类参数的相关规范条文，比如"嵌固端所在层号""规定水平力的确定方式""全楼强制刚性楼板假定"等。对于这一类参数，都是直接跟设计规范相关的，如果用户对规范比较熟悉，则可以直接根据规范的相关规定进行正确设置。对于"程序相关类参数"，往往从参数名称是不能看出此类参数的相关规范的，比如"考虑梁板顶面对齐""构件偏心方式""恒活荷载计算信息"等，对于这一类参数的设置，一般都需要查看软件的用户手册。通过用户手册的解释才能进一步知道该参数的内涵，才能正确设置该类参数。

6.2 参数设置

在下面的介绍中，将重点介绍与本案例相关的参数，至于那些目前还用不到的参数，暂且略过不表，读者可以查看软件的用户手册作进一步的了解。

6.2.1 总信息（图 6-1）

1. 水平力与整体坐标夹角

地震作用和风荷载的方向缺省是沿着结构建模的整体坐标系 X 轴和 Y 轴方向成对作用的。当用户认为该方向不能控制结构的最大受力状态时，则可改变水平力的作用方向。程序缺省为 0°。此参数将同时影响地震作用和风荷载的方向，建议只有当需要同时改变风荷载和地震作用的方向时才填写该参数。由于本案例平面形状比较规则，不需要计算特定角度的风荷载的地震作用，因此不需要填写该角度。

2. 混凝土、钢材容重（单位 kN/m³）

混凝土容重和钢材容重用于求梁、柱、墙和板自重，一般情况下混凝土容重为

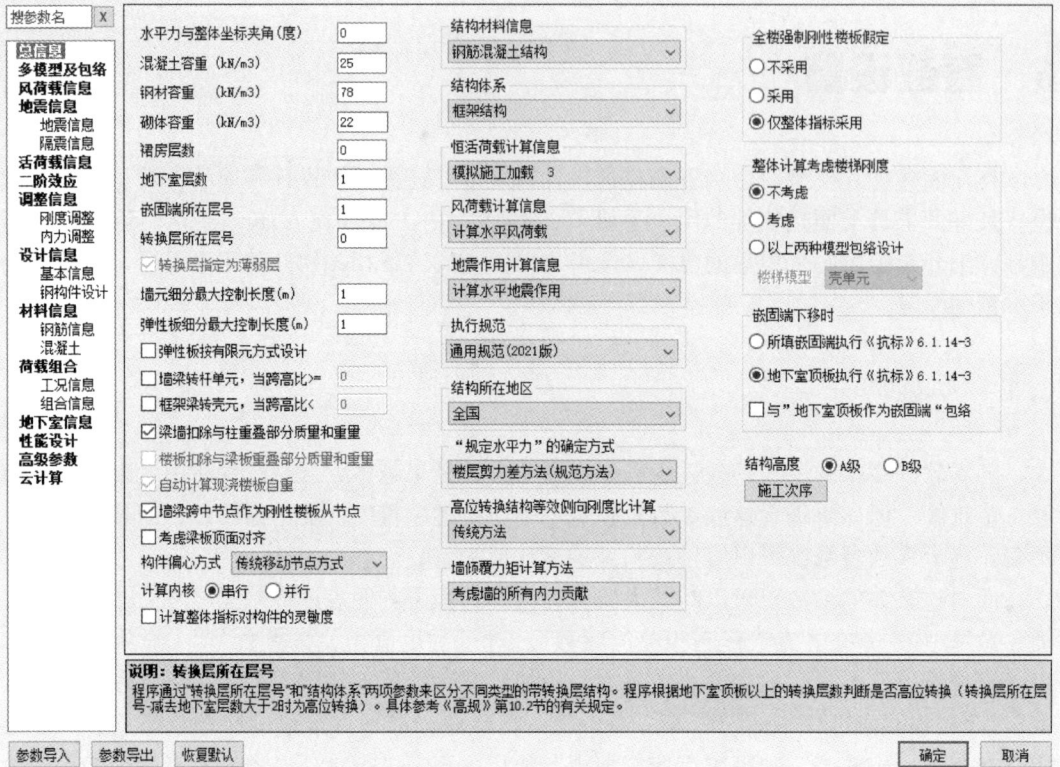

图 6-1 总信息

$25kN/m^3$，钢材容重为 $78kN/m^3$，即程序的缺省值。如要考虑梁、柱、墙和板上的抹灰、装修层等荷载时，可以采用加大容重的方法近似考虑，以避免烦琐的荷载导算。由于本案例为框架结构，楼板表面抹灰已经在板面附加恒载中考虑了，而梁、柱表面抹灰所占的比重较小，因此混凝土容重可填写为 $25kN/m^3$。

3. 嵌固端所在层号

此处嵌固端不同于结构的力学嵌固端，不影响结构的力学分析模型，而是与计算调整相关的一项参数。对于无地下室的结构，嵌固端一定位于首层底部，此时嵌固端所在层号为 1，即结构首层；对于带地下室的结构，当地下室顶板具有足够的刚度和承载力，并满足规范的相应要求时，可以作为上部结构的嵌固端，此时嵌固端所在楼层为地上一层，即（地下室层数＋1），这也是程序缺省的"嵌固端所在层号"。本案例嵌固端在基础顶面，因此该参数填写为 1。

4. 考虑梁板顶面对齐

用户在 PMCAD 建立的模型是梁和板的顶面与层顶对齐，这与真实的结构是一致的。计算时 SATWE V3.1 之前的版本会强制将梁和板上移，使梁的形心线、板的中面位于层顶，这与实际情况有些出入。

SATWE V3.1 版本增加了"梁板顶面对齐"的勾选项，考虑梁板顶面对齐时，程序将梁、弹性膜、弹性板沿法向向下偏移，使其顶面置于原来的位置。有限元计算时用刚域

60

变换的方式处理偏移。当勾选考虑"梁板顶面对齐"，同时将梁的刚度放大系数设置为1.0，理论上此时的模型最为准确、合理。

采用这种方式时应注意定义全楼弹性板，且楼板应采用有限元整体结果进行配筋设计，但目前SATWE尚未提供楼板的设计功能，因此用户在使用该选项时应慎重。

由于本案例并不会在后面进行全楼弹性板的定义，因此不勾选此项。

5. 构件偏心方式

用户在PMCAD中建立的模型，很多情形下会使得构件的实际位置与构件的节点位置不一致，即构件存在偏心，如梁、柱、墙等。在本案例中，边柱与梁就存在着偏心的情形，在这里任选一种偏心方式都可以，对计算结果影响不大。

6. 结构材料信息

程序提供钢筋混凝土结构、钢与混凝土混合结构、有填充墙钢结构、无填充墙钢结构、砌体结构共5个选项供用户选择。该选项会影响程序选择不同的规范来进行分析和设计。在这里按照真实的情况填写即可。

7. 结构体系

该参数涉及软件对设计规范的选取，在这里按照真实的情况填写即可。

8. 恒活荷载计算信息

这是竖向荷载计算控制参数，包括如下选项：不计算恒活荷载、一次性加载、模拟施工加载1、模拟施工加载2、模拟施工加载3。对于实际工程，总是需要考虑恒活荷载的，因此不允许选择"不计算恒活荷载"项。在这里选择模拟施工加载3，这是最真实的情形。

9. 风荷载计算信息

一般来说，大部分工程采用SATWE缺省的"计算水平风荷载"即可，如需考虑更细致的风荷载，则可通过"特殊风荷载"实现。在这里选择缺省的"计算水平风荷载"。

10. 地震作用计算信息

根据《市政通规》4.1.2条规定：

4.1.2　各类建筑与市政工程的地震作用，应采用符合结构实际工作状况的分析模型进行计算，并应符合下列规定：

1　一般情况下，应至少沿结构两个主轴方向分别计算水平地震作用；当结构中存在与主轴交角大于15°的斜交抗侧力构件时，尚应计算斜交构件方向的水平地震作用。

本案例只需要计算水平地震即可，因此选择"计算水平地震作用"。

11. 结构所在地区

分为全国、上海、广东，分别采用中国国家规范、上海地区规程和广东地区规程。本案例位于武汉地区，因此选择全国即可。

12. "规定水平力"的确定方式

规定水平力的确定方式依据《抗规》第3.4.3-2条和《高规》第3.4.5条的规定，采用楼层地震剪力差的绝对值作为楼层的规定水平力，即选项"楼层剪力差方法（规范方法）"，一般情况下建议选择此项方法。"节点地震作用CQC组合方法"是程序提供的另一种方法，其结果仅供参考。

13. 扣除构件重叠质量和重量

勾选此项时，梁、墙扣除与柱重叠部分的重量和质量。实际项目中，只要设计人员荷载输得够准确，是可以考虑扣除重叠部分的重量和质量的，或者不扣除，作为荷载的一项富余也是可以的。本案例勾选此项。

14. 全楼强制刚性楼板假定

"刚性楼板假定"是指楼板平面内无限刚，平面外刚度为零的假定。每块刚性楼板有三个公共的自由度，从属于同一刚性板的每个节点只有三个独立的自由度。这样能大大减少结构的自由度，提高分析效率。

SATWE自动搜索全楼楼板，对于符合条件的楼板，自动判断为刚性楼板，并采用刚性楼板假定，无须用户干预。某些工程中采用刚性楼板假定可能误差较大，为提高分析精度，可在"设计模型前处理"→"弹性板"菜单将这部分楼板定义为适合的弹性板。这样同一楼层内可能既有多个刚性板块，又有弹性板，还可能存在独立的弹性节点。对于刚性楼板，程序将自动执行刚性楼板假定，弹性板或独立节点则采用相应的计算原则。

而"强制刚性楼板假定"则不区分刚性板、弹性板，或独立的弹性节点，位于该层楼面标高处的所有节点，在计算时都将强制从属同一刚性板。"强制刚性楼板假定"可能改变结构的真实模型，因此其适用范围是有限的，一般仅在计算位移比、周期比、刚度比等指标时建议选择。在进行结构内力分析和配筋计算时，仍要遵循结构的真实模型，才能获得正确的分析和设计结果。

当选择"仅整体指标采用"即整体指标计算采用强刚模型计算，其他指标采用非强刚模型计算。设计过程中，对于楼层位移比、周期比、刚度比等整体指标通常需要采用强制刚性楼板假定进行计算，而内力、配筋等结果则必须采用非强制刚性楼板假定的模型结果，因此，用户往往需要对这两种模型分别进行计算，以提高设计效率，减少用户操作。

本案例选择"仅整体指标采用"即可。

15. 整体计算考虑楼梯刚度

由于本案例采用滑动支座，并没有将楼梯建入模型中，因此选择任何一项都不影响计算结果，在这里选择不考虑。

6.2.2 多模型及包络（图6-2）

带地下室与不带地下室模型自动进行包络设计：

对于带地下室模型，勾选此项可以快速实现整体模型与不带地下室的上部结构的包络设计。当模型考虑温度荷载或特殊风荷载，或存在跨越地下室上、下部位的斜杆时，该功能暂不适用。自动形成不带地下室的上部结构模型时，用户在"层塔属性"中修改的地下室楼层高度不起作用。本案例不需要特殊考虑。

其他参数本案例不需要特殊设置。

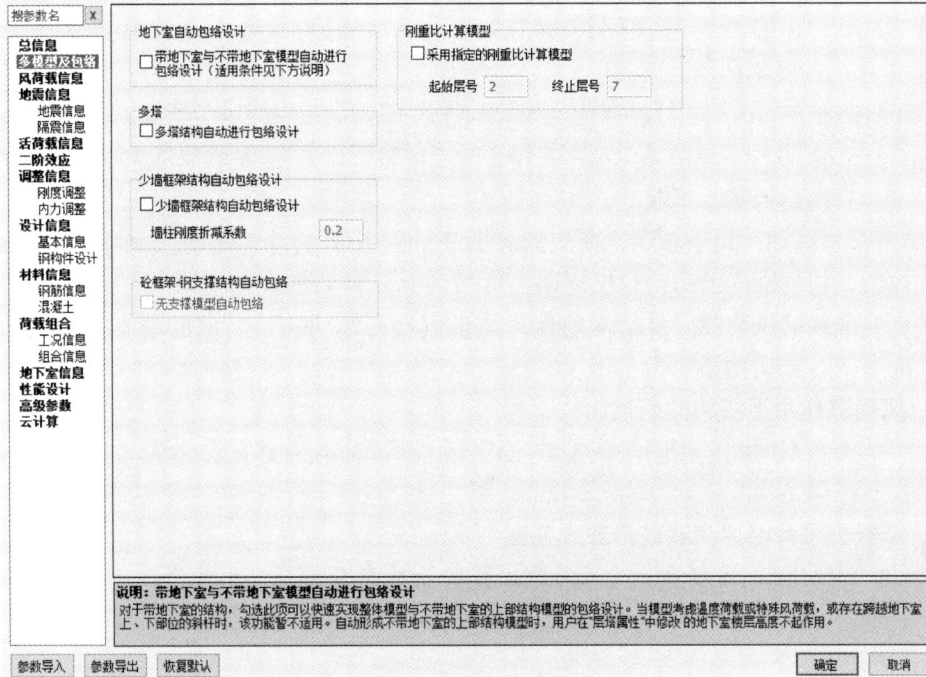

图 6-2　多模型及包络

6.2.3　风荷载信息（图 6-3）

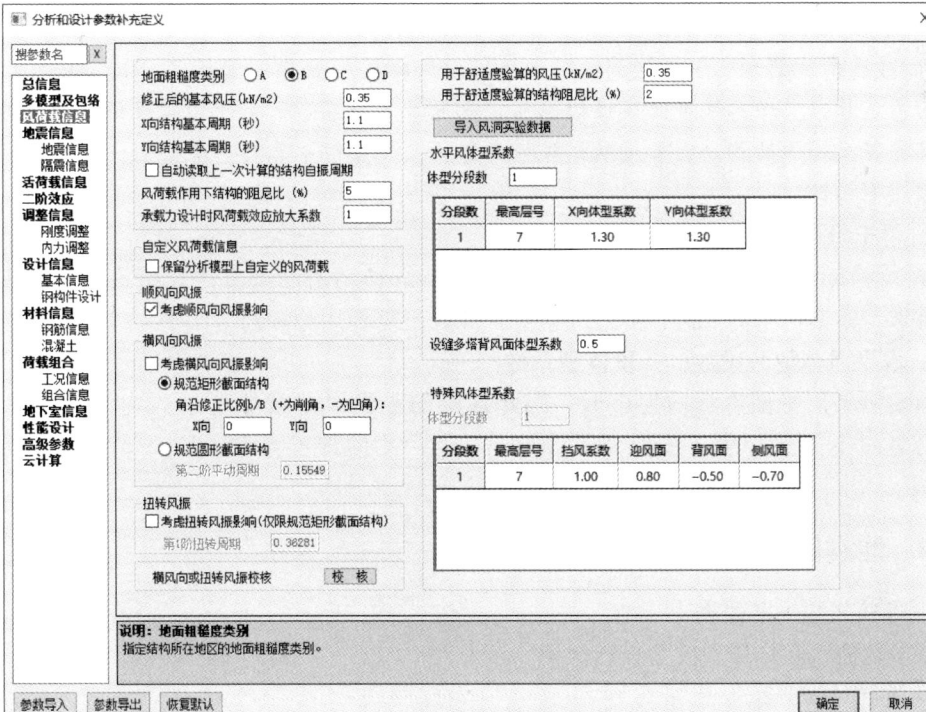

图 6-3　风荷载信息

1. 地面粗糙度类别

分 A、B、C、D 四类，用于计算风压高度变化系数等。本案例选择 B 类。

2. 修正后的基本风压

修正后的基本风压用于计算《荷载规范》公式（8.1.1-1）的风压值 w_0，一般按照《荷载规范》给出的 50 年一遇的基本风压采用。武汉地区 50 年一遇基本风压为 0.35kN/m^2。

3. X、Y 向结构基本周期

"结构基本周期"用于脉动风荷载的共振分量因子 R 的计算，用户也可以在 SATWE 计算完成后，得到准确的结构自振周期，再回到此处将新的周期值填入，然后重新计算，以得到更为准确的风荷载。从后面的计算结果可知，结构 X、Y 向的基本周期均为 1.1s 左右，此处 X、Y 向均填写为 1.1。

4. 风荷载作用下结构的阻尼比

与"结构基本周期"相同，该参数也用于脉动风荷载的共振分量因子 R 的计算。混凝土结构及砌体结构为 0.05。

5. 承载力设计时风荷载效应放大系数

《高规》第 4.2.2 条规定：对风荷载比较敏感的高层建筑，承载力设计时应按基本风压的 1.1 倍采用。本案例为多层结构，不属于对风荷载比较敏感的高层建筑结构，因此填写为 1。

6. 顺风向风振

《荷载规范》第 8.4.1 条规定：对于高度大于 30m 且高宽比大于 1.5 的房屋，以及基本自振周期 T_1 大于 0.25s 的各种高耸结构，应考虑风压脉动对结构产生顺风向风振的影响。通常都勾选此项，程序自动按照规范要求进行计算。

7. 横风向风振与扭转风振

《荷载规范》第 8.5.1 条规定：对于横风向风振作用效应明显的高层建筑以及细长圆形截面构筑物，宜考虑横风向风振的影响。第 8.5.4 条规定：对于扭转风振作用效应明显的高层建筑及高耸结构，宜考虑扭转风振的影响。本案例不需要考虑横风向风振与扭转风振，因此不勾选此项。

8. 用于舒适度验算的风压、阻尼比

《高规》第 3.7.6 规定：房屋高度不小于 150m 的高层混凝土建筑结构应满足风振舒适度要求。本案例不需要进行舒适度验算，此处不需要用户填写。

9. 水平风体型分段数、各段体型系数

本案例各层平面形状均为矩形，因此各层的水平风荷载体型系数均为 1.30，体型系数沿竖向不需要分段，体型分段数填写为 1，X 向体型系数、Y 向体型系数均填写为 1.30。

6.2.4　地震信息（图 6-4）

1. 建筑抗震设防类别

该参数暂不起作用，仅为设计标识。

2. 设防地震分组

设防地震分组应由用户自行填写，根据《抗规》附录 A，武汉地区属于第一组。

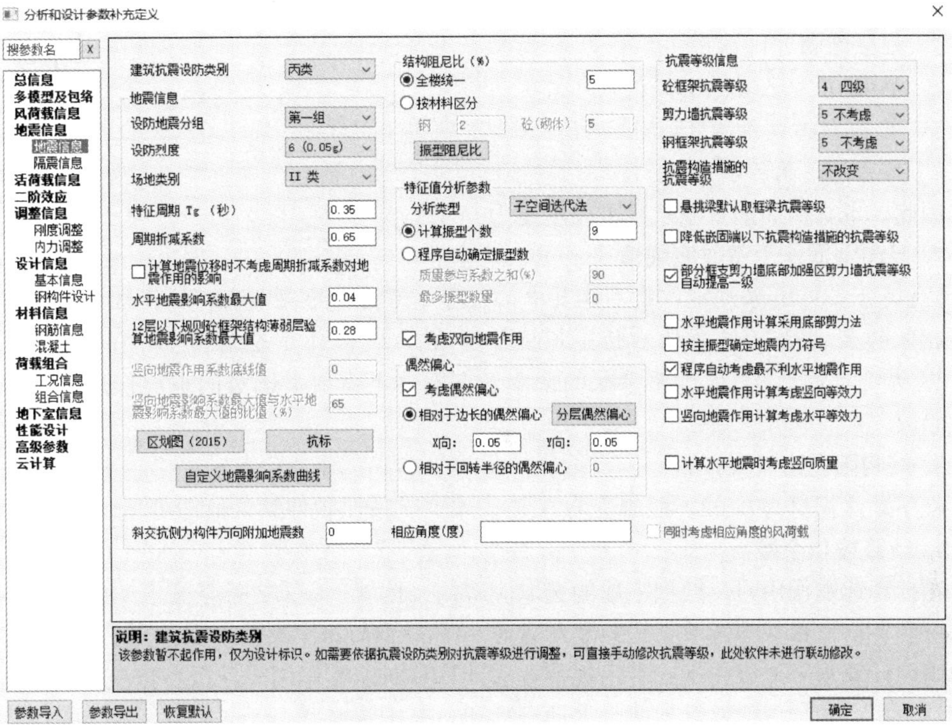

图 6-4　地震信息

3. 设防烈度

设防烈度应由用户自行填写，根据《抗规》附录 A，武汉地区属于 6 度（0.05g）。

4. 场地类别

依据抗震规范，提供 I_0、I_1、II、III、IV 共五类场地类别。其中，I_0 类为 2010 年版《抗规》新增的类别。场地类别由地勘资料给出，用户应该根据地勘资料来如实填写，此处按 II 类场地来填写。

用户修改场地类别时，界面上的特征周期 Tg 值会根据《抗规》5.1.4 条表 5.1.4-2 联动改变，因此，用户在修改场地类别时，应特别注意确认特征周期 Tg 值的正确性。

5. 特征周期、水平地震影响系数最大值、12 层以下规则混凝土框架结构薄弱层验算地震影响系数最大值

程序缺省依据抗震规范，由"总信息"页"结构所在地区""地震信息"页"场地类别"和"设计地震分组"三个参数确定"特征周期"的缺省值；"地震影响系数最大值"和"12 层以下规则砼框架结构薄弱层验算地震影响系数最大值"则由"总信息"页"结构所在地区"和"地震信息"页"设防烈度"两个参数共同控制。当改变上述相关参数时，程序将自动按《抗规》重新判断特征周期或地震影响系数最大值。这里直接按照软件自动填写的值即可。

6. 周期折减系数

周期折减的目的是充分考虑框架结构和框架—剪力墙结构的填充墙刚度对计算周期的影响。《高规》4.3.17 条规定：当非承重墙体为砌体墙时，高层建筑结构的计算自振周期折减系数可按下列规定取值：

1 框架结构可取 0.6～0.7；

2 框架-剪力墙结构可取 0.7～0.8；

3 框架-核心筒结构可取 0.8～0.9；

4 剪力墙结构可取 0.8～1.0。

因此，本案例周期折减系数可以填写为 0.65。

7. 竖向地震作用系数底线值

《高规》4.3.15 条规定：高层建筑中，大跨度结构、悬挑结构、转换结构、连体结构的连接体的竖向地震作用标准值，不宜小于结构或构件承受的重力荷载代表值与表4.3.15 所规定的竖向地震作用系数的乘积。本案例不需要考虑竖向地震作用，不需要填写此参数。

8. 结构阻尼比（%）

程序默认钢材为 0.02，混凝土为 0.05。本案例按照软件默认值即可。

9. 计算振型个数

在计算地震作用时，振型个数的选取应遵循《抗规》5.2.2 条条文说明的规定：振型个数一般可以取振型参与质量达到总质量的 90% 所需的振型数。

当仅计算水平地震作用或者用规范方法计算竖向地震作用时，振型数应至少取 3。为了使每阶振型都尽可能地得到两个平动振型和一个扭转振型，振型数最好为 3 的倍数，同时不多于总层数的 3 倍。

振型数的多少与结构层数及结构形式有关，当结构层数较多或结构层刚度突变较大时，振型数也应相应增加，如顶部有小塔楼、转换层等结构形式。

本案例选择 9、12 或者 15 个均可。

10. 考虑双向地震作用

根据《市政通规》4.1.2 条第 2 款的规定：计算各抗侧力构件的水平地震作用效应时，应计入扭转效应的影响。

本案例采用双向地震近似考虑扭转效应的影响。

11. 考虑偶然偏心、X、Y 向相对偶然偏心值、用户指定偶然偏心

这里考虑的偶然偏心指的是质量的偏心。《高规》4.3.3 条规定：计算单向地震作用时应考虑偶然偏心的影响。每层质心沿垂直于地震作用方向的偏移值可按下式采用：

$$e_i = \pm 0.05 L_i \qquad (4.3.3)$$

式中　e_i——第 i 层质心偏移值（m），各楼层质心偏移方向相同；

　　　L_i——第 i 层垂直于地震作用方向的建筑物总长度（m）。

《高规》第 4.3.3 条的条文说明规定：当楼层平面有局部突出时，可按等效尺寸计算偶然偏心。程序总是采取各楼层最大外边长计算偶然偏心，用户如需按此条规定细致考虑，可在此修改相对偶然偏心值。

此处勾选考虑偶然偏心，由于结构平面形状较规则，偶然偏心值采用相对于边长的偶然偏心。

12. 混凝土框架、剪力墙、钢框架抗震等级

在前面估算柱子截面尺寸时，已经确定了混凝土框架的抗震等级为四级，在这里混凝土框架抗震等级选择为四级，而剪力墙、钢框架抗震等级用不上，不需要填写。

13. 抗震构造措施的抗震等级

在某些情况下，结构的抗震构造措施等级可能与抗震等级不同。用户应根据工程的设防类别查找相应的规范，以确定抗震构造措施等级。本案例抗震构造措施的抗震等级与抗震措施的一致，因此选择为不改变。

14. 悬挑梁默认取框梁抗震等级

当不勾选此参数时，程序默认按次梁选取悬挑梁抗震等级，如果勾选该参数，悬挑梁的抗震等级默认同主框架梁。程序默认不勾选该参数。本案例可以按程序默认值不勾选或者勾选均可。

15. 按主振型确定地震内力符号

按照《抗规》公式（5.2.3-5）确定地震作用效应时，公式本身并不含符号，因此地震作用效应的符号需要单独指定。SATWE 的传统规则为：在确定某一内力分量时，取各振型下该分量绝对值最大的符号作为 CQC 计算以后的内力符号；而当选用该参数时，程序根据主振型下地震效应的符号确定考虑扭转耦联后的效应符号，其优点是确保地震效应符号的一致性，但由于牵扯到主振型的选取，因此在多塔结构中的应用有待进一步研究。本案例可以选择勾选或者不勾选。

16. 程序自动考虑最不利水平地震作用

当用户勾选自动考虑最不利水平地震作用后，程序将自动完成最不利水平地震作用方向的地震效应计算，一次完成计算。本案例勾选此参数。

17. 斜交抗侧力构件方向附加地震数

根据《市政通规》4.1.2 条第 1 款的规定：当结构中存在与主轴交角大于 15°的斜交抗侧力构件时，尚应计算斜交构件方向的水平地震作用。

用户可在此处指定附加地震方向。附加地震数可在 0～5 取值，在"相应角度"输入框填入各角度值。该角度是与整体坐标系 x 轴正方向的夹角，单位为度，逆时针方向为正，各角度之间以逗号或空格隔开。

当用户在"总信息"页修改了"水平力与整体坐标夹角"时，应按新的结构布置角度确定附加地震的方向。如：假定结构主轴方向与整体坐标系 X、Y 方向一致时，水平力夹角填入 30°时，结构平面布置顺时针旋转 30°，此时主轴 X 方向在整体坐标系下为 $-30°$，作为"斜交抗侧力构件附加地震力方向"输入时，应填入 $-30°$。

每个角度代表一组地震，如填入附加地震数 1，角度 30°时，SATWE 将新增 EX1 和 EY1 两个方向的地震，分别沿 30°和 120°两个方向。当不需要考虑附加地震时，将附加地震方向数填 0 即可。

18. 同时考虑相应角度的风荷载

程序仅考虑多角度地震，不计算相应角度风荷载，各角度方向地震总是与 0°和 90°风荷载进行组合。勾选时，则"斜交抗侧力构件方向附加地震数"参数同时控制风和地震的角度，且地震和风同向组合。

承载力设计时风荷载效应放大系数对多方向风也起作用。当用户勾选横风向风振和扭转风振时，仅 X 风和 Y 风计算横风向风振和扭转风振，附加方向不计算。此外，当勾选自动确定最不利地震方向时，目前程序暂不支持"同时考虑相应角度的风荷载"，此时只能与 0°和 90°风荷载进行组合。

6.2.5 隔震信息（图 6-5）

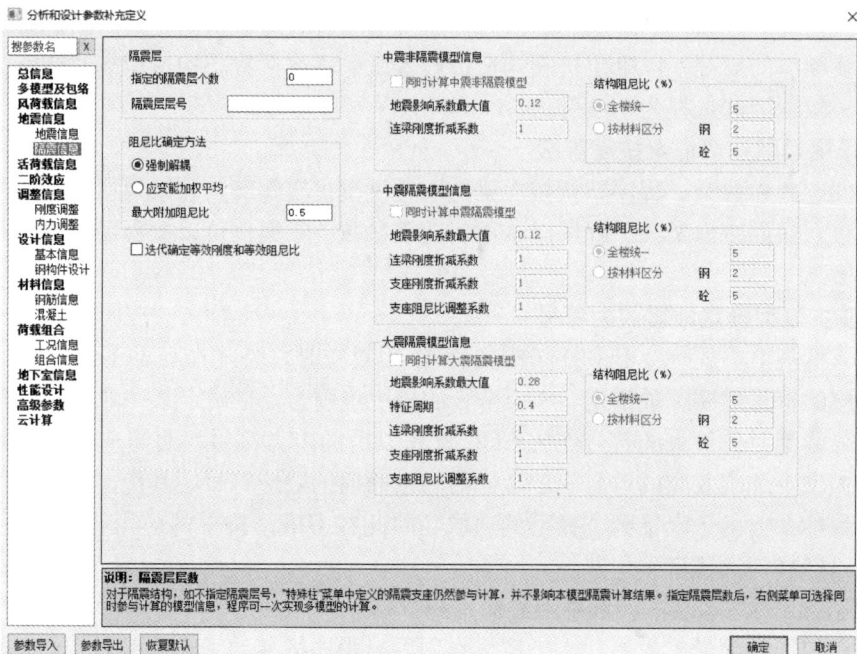

图 6-5 隔震信息

本案例不属于隔震工程，不需要设置该页信息。

6.2.6 活荷载信息（图 6-6）

1. 楼面活荷载折减方式

由于前面建模输荷载过程并没有指定每一个房间的荷载属性，因此不能选择"按荷载属性确定构件折减系数"，而应该选择"传统方式"，考虑到本案为多层办公楼，层数不多，因此荷载选择不折减。

2. 梁活荷载不利布置最高层号

《高规》5.1.8 条规定：高层建筑结构内力计算中，当楼面活荷载大于 $4kN/m^2$ 时，应考虑楼面活荷载不利布置引起的结构内力的增大；当整体计算中未考虑楼面活荷载不利布置时，应适当增大楼面梁的计算弯矩。本案例为办公楼，房间楼面活荷载不超过 $4kN/m^2$，因此不需要考虑不利布置，梁活荷载不利布置最高层号填为 0。

3. 考虑结构使用年限的活荷载调整系数

《高规》第 5.6.1 条规定：持久设计状况和短暂设计状况下，当荷载与荷载效应按线性关系考虑时，荷载基本组合的效应设计值应按下式确定：

$$S_d = \gamma_G S_{Gk} + \gamma_L \psi_Q \gamma_Q S_{Qk} + \psi_w \gamma_w S_{wk} \quad (5.6.1)$$

其中，γ_L 为考虑结构设计使用年限的荷载（楼面活荷载）调整系数，设计使用年限为 50 年时取 1.0，设计使用年限为 100 年时取 1.1。本案例设计使用年限为 50 年，因此该参数填写为 1.0。

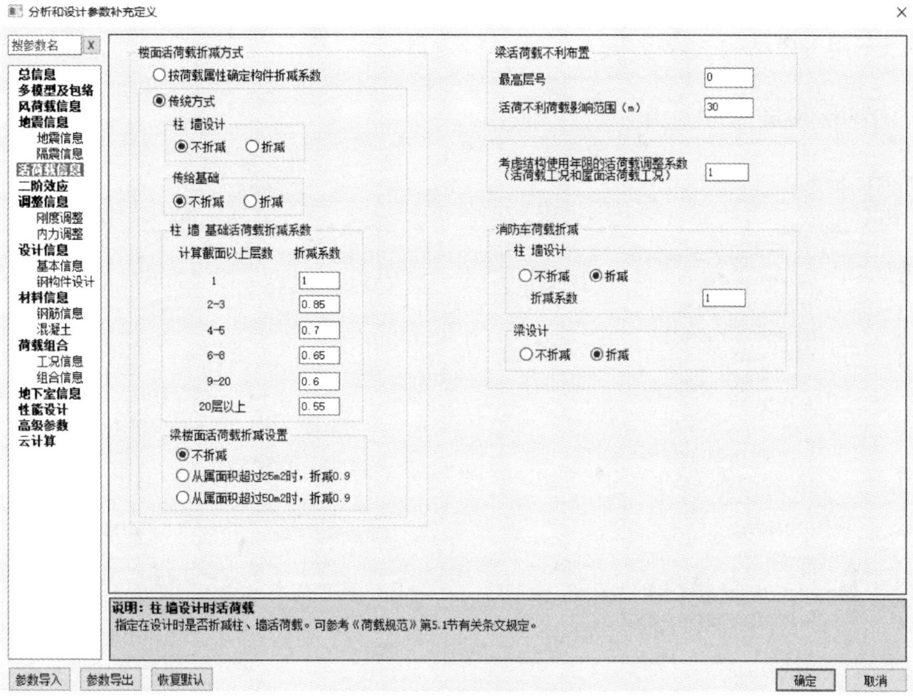

图 6-6　活荷载信息

6.2.7　二阶效应（图 6-7）

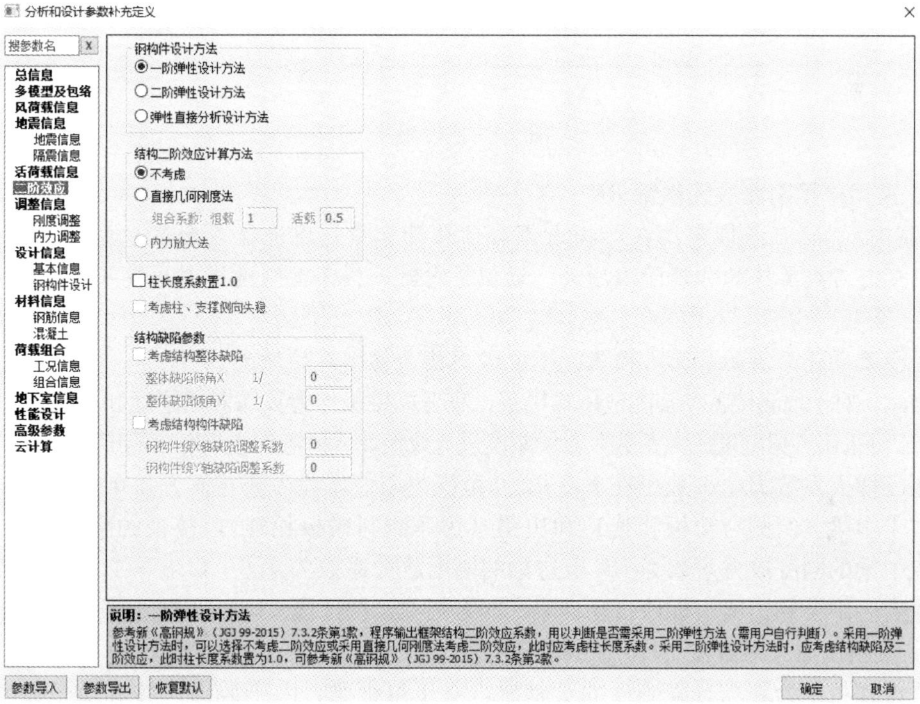

图 6-7　二阶效应

该页参数涉及计算结果中刚重比这个指标，多层结构刚重比通常都有比较多的富余，因此可以不用考虑结构二阶效应。

6.2.8 刚度调整（图6-8）

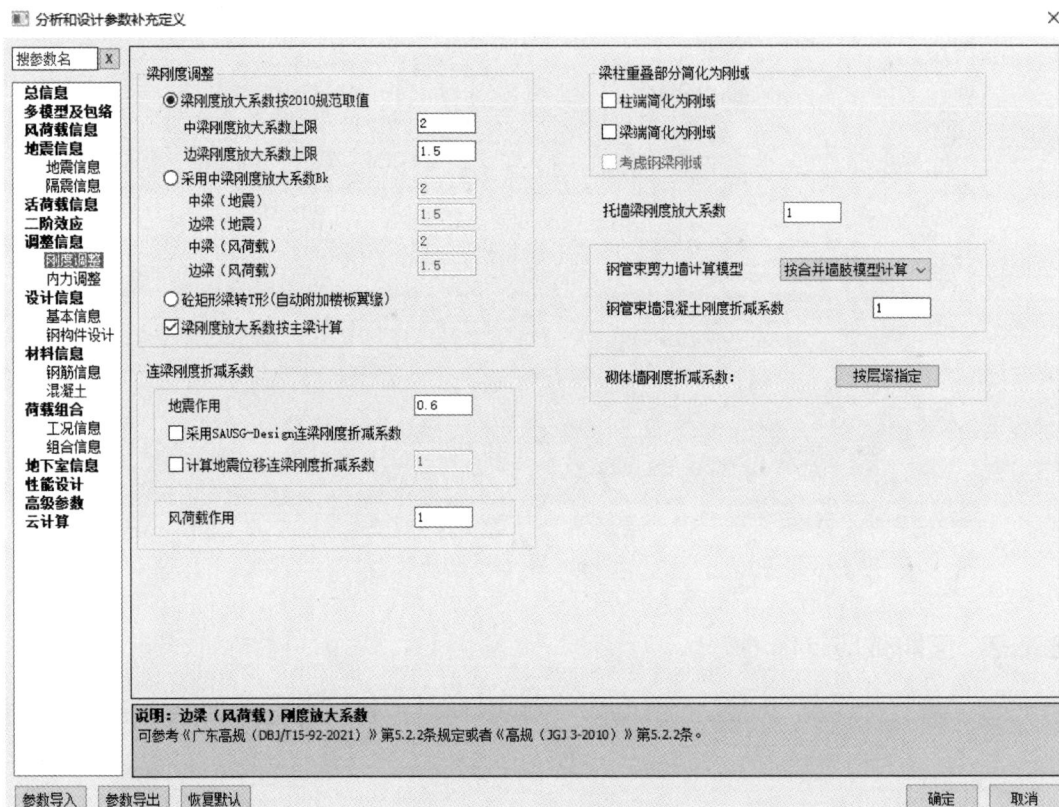

图 6-8 刚度调整

1. 采用中梁刚度放大系数 BK

《高规》5.2.2条规定：在结构内力与位移计算中，现浇楼盖和装配整体式楼盖中，梁的刚度可考虑翼缘的作用予以增大。近似考虑时，楼面梁刚度增大系数可根据翼缘情况取1.3～2.0。

对于无现浇面层的装配式楼盖，不宜考虑楼面梁刚度的增大。

因此，对于现浇楼盖和装配整体式楼盖，宜考虑楼板作为翼缘对梁刚度和承载力的影响。SATWE可采用"梁刚度放大系数"对梁刚度进行放大，近似考虑楼板对梁刚度的贡献。

刚度增大系数BK一般可在1.0～2.0范围内取值，程序缺省值为2.0。

对于中梁（两侧与楼板相连）和边梁（仅一侧与楼板相连），楼板的刚度贡献不同。程序取中梁的刚度放大系数为BK，边梁的刚度放大系数为$1.0+(BK-1.0)/2$，其他情况不放大。中梁和边梁由程序自动搜索。本案例不选择此项。

2. 梁刚度放大系数按2010规范取值

考虑楼板作为翼缘对梁刚度的贡献时，对于每根梁，由于截面尺寸和楼板厚度等差异，其刚度放大系数可能各不相同。SATWE提供了按2010规范取值的选项，勾选此项后，程序将根据《混规》5.2.4条的表格，自动计算每根梁的楼板有效翼缘宽度，按照T形截面与梁截面的刚度比例，确定每根梁的刚度系数。如果不勾选，则仍按上一条所述，对全楼指定唯一的刚度系数。本案例选择此项。

3. 混凝土矩形梁转 T 形（自动附加楼板翼缘）

《混规》5.2.4条规定：对现浇楼盖和装配整体式楼盖，宜考虑楼板作为翼缘对梁刚度和承载力的影响。2010年版新增此项参数，以提供承载力设计时考虑楼板作为梁翼缘的功能。当勾选此项参数时，程序自动将所有混凝土矩形截面梁转换成T形截面，在刚度计算和承载力设计时均采用新的T形截面，此时梁刚度放大系数程序将自动置为1，翼缘宽度的确定采用表5.2.4（修订后）的方法。本案例不选择此项。

4. 梁刚度放大系数按主梁计算

选择"梁刚度放大系数按2010规范取值"或"砼矩形梁转T形"时，对于被次梁打断成多段的主梁，可以选择按照打断后的多段梁分别计算每段的刚度系数，也可以按照整根主梁进行计算。当勾选此项时，程序将自动进行主梁搜索并据此进行刚度系数的计算。本案例勾选此项。

5. 梁柱重叠部分简化为刚域

勾选该参数对梁端刚域与柱端刚域独立控制。是否勾选此项，对本案例计算结果影响较小，本案例不勾选此项。

6.2.9 内力调整（图6-9）

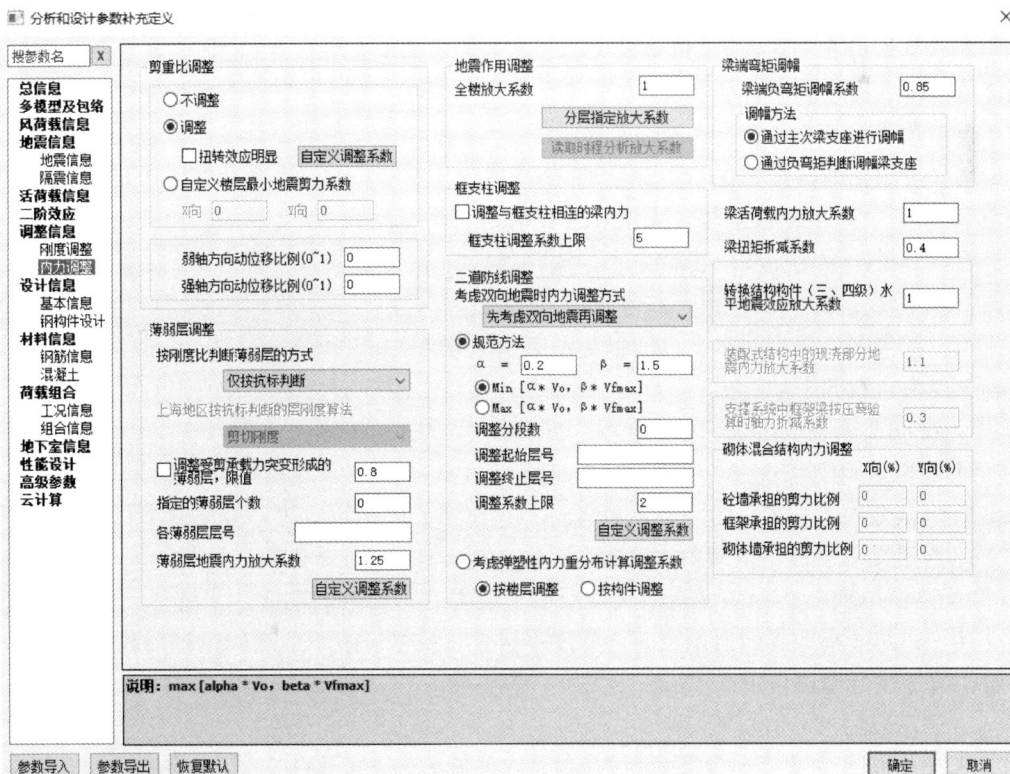

图6-9 内力调整

1. 剪重比调整

PKPM 软件剪重比调整参照了《抗规》5.2.5 条：抗震验算时，结构任一楼层的水平地震的剪重比不应小于表 5.2.5 给出的最小地震剪力系数 λ。注意：虽然《抗规》5.2.5 条已废止，但是和《市政通规》4.2.3 条的计算结果是相同的。

如果用户勾选该项，程序将自动进行调整，用户也可点取"自定义调整系数"，分层分塔指定剪重比调整系数。一般的多层结构，剪重比都会自动满足规范要求，无需软件作调整，因此本案例选择"调整"就可以，让软件自行判断是否需要调整。

2. 扭转效应明显

如何判定结构的扭转效应是否明显？《抗规》表 5.2.5 条文说明：扭转效应明显与否一般可由考虑耦联的振型分解反应谱法分析结果判断，例如前三个振型中，二个水平方向的振型参与系数为同一个量级，即存在明显的扭转效应。

难点举例说明：假设某 L 形平面框架结构，层高 3m，共 3 层。由于平面不规则，质心与刚心存在明显偏移。采用振型分解反应谱法分析其地震响应，得到前三个振型的振型参与系数如下：

振型序号	X 方向参与系数	Y 方向参与系数	扭转角参与系数
1	0.75	0.65	0.20
2	0.60	0.70	0.25
3	0.15	0.10	0.85

振型参与系数反映某振型在各平动/扭转方向上的贡献程度。若某振型的 X、Y 方向参与系数量级相近（如 0.75 和 0.65），说明该振型同时激发了 X 向和 Y 向的平动，且可能伴随扭转（因平动不共线）。

扭转效应的判断依据：

耦联现象：前两振型的 X、Y 方向参与系数均接近（0.75 与 0.65，0.60 与 0.70），表明 X 和 Y 方向平动被耦联，无法独立振动。

扭转分量：第三振型以扭转为主（扭转角参与系数 0.85），但前两个振型也包含少量扭转（0.20、0.25），说明扭转效应贯穿多个振型。

结论：当多个振型的水平方向参与系数量级相近时，表明平动与扭转高度耦联，结构振动表现为"斜向平动＋扭转"的复杂形态。设计中需特别关注此类结构的抗扭刚度布置（如增设柱间支撑或调整柱网），避免因扭转效应导致局部破坏。

建筑体型规则此处一般不打钩。而且本项目从振型的参与系数计算结果来看，X 向和 Y 向的振型参与系数不为同一个量级，不存在明显的扭转效应，故此处不打钩。

3. 自定义楼层最小地震剪力系数

PKPM V3.2 版本提供了自定义楼层最小地震剪力系数的功能。当选择此项并填入恰当的 X、Y 向最小地震剪力系数时，程序不再按《抗规》表 5.2.5 确定楼层最小地震剪力系数，而是执行用户自定义值。

4. 弱/强轴方向动位移比例

《抗规》第 5.2.5 条条文说明中明确了三种调整方式：加速度段、速度段和位移段。当动位移比例填 0 时，程序采取加速度段方式进行调整；当动位移比例填 1 时，采用位移段方式进行调整；当动位移比例填 0.5 时，采用速度段方式进行调整。

另外，程序所说的弱轴是对应结构长周期方向，强轴对应短周期方向。

5. 按刚度比判断薄弱层的方式

程序修改了原有"按抗规和高规从严判断"的默认做法，改为提供"按抗规和高规从严判断""仅按抗规判断""仅按高规判断"和"不自动判断"四个选项供用户选择。程序默认值仍为从严判断。通常对于多层结构选择"仅按抗标判断"即可。

6. 调整受剪承载力突变形成的薄弱层限值

《高规》第 3.5.3 条规定：A 级高度高层建筑的楼层抗侧力结构的层间受剪承载力不宜小于其相邻上一层受剪承载力的 80%，不应小于其相邻上一层受剪承载力的 65%；B 级高度高层建筑的楼层抗侧力结构的层间受剪承载力不应小于其相邻上一层受剪承载力的 75%。

当勾选该参数时，对于受剪承载力不满足《高规》3.5.3 条要求的楼层，程序会自动将该层指定为薄弱层，执行薄弱层相关的内力调整，并重新进行配筋设计。若该层已被用户指定为薄弱层，程序不会对该层重复进行内力调整。由于本案例不存在受剪承载力突变形成的薄弱层，所以是否勾选此项不影响计算结果。

7. 指定的薄弱层个数、各薄弱层层号

SATWE 自动按楼层刚度比判断薄弱层并对薄弱层进行地震内力放大，但对于竖向抗侧力构件不连续，或承载力变化不满足要求的楼层，不能自动判断为薄弱层，需要用户在此指定。填入薄弱层楼层号后，程序对薄弱层构件的地震作用内力按"薄弱层地震内力放大系数"进行放大。输入各层号时以逗号或空格隔开。本案例不存在需要人为指定的薄弱层，因此不需要人为填写薄弱层层号。

8. 薄弱层地震内力放大系数、自定义调整系数

由《抗规》3.4.4-2 条可知，薄弱层的地震剪力增大系数不小于 1.15。《高规》3.5.8 条规定：侧向刚度变化、承载力变化、竖向抗侧力构件连续性不符合本规程 3.5.2 条、3.5.3 条、3.5.4 条要求的楼层，其对应于地震作用标准值的剪力应乘以 1.25 的增大系数。SATWE 对薄弱层地震剪力调整的做法是直接放大薄弱层构件的地震作用内力。"薄弱层地震内力放大系数"即由用户指定放大系数，以满足不同需求。程序缺省值为 1.25。该参数可以按照程序缺省值填写。

9. 地震作用调整

程序支持全楼地震作用放大系数，用户可通过此参数来放大全楼地震作用，提高结构的抗震安全度，其经验取值范围是 1.0~1.5。本案例不需要放大全楼地震作用，因此可以填写为 1.0。

10. 梁端负弯矩调幅系数

《高规》5.2.3 条规定：在竖向荷载作用下，可考虑框架梁端塑性变形内力重分布对梁端负弯矩乘以调幅系数进行调幅，并应符合下列规定：

装配整体式框架梁端负弯矩调幅系数可取为 0.7~0.8，现浇框架梁端负弯矩调幅系数可取为 0.8~0.9。

因此，本案例梁端负弯矩调幅系数可取为 0.85。

11. 梁端弯矩调幅方法

旧版程序在调幅时仅以竖向支座作为判断主梁跨度的标准，以竖向支座处的负弯矩调幅量插值出跨中各截面的调幅量。但在实际工程中，刚度较大的梁有时也可作为刚度较小的梁的支座存在。新版程序增加了"通过负弯矩判断调幅梁支座"的功能。程序自动搜索恒载下主梁的跨中负弯矩处，也将其作为支座来进行分段调幅。本案例选择"通过主次梁支座进行调幅"。

12. 梁活荷载内力放大系数

该参数用于考虑活荷载不利布置对梁内力的影响。将活荷作用下的梁内力（包括弯矩、剪力、轴力）进行放大，然后与其他荷载工况进行组合。本案例不考虑此项放大，放大系数填 1 即可。

13. 梁扭矩折减系数

对于现浇楼板结构，可以考虑楼板对梁抗扭的作用而对梁的扭矩进行折减。折减系数可在 0.4～1.0 范围内取值。本案例按照软件默认值 0.4 即可。

6.2.10 基本信息（图 6-10）

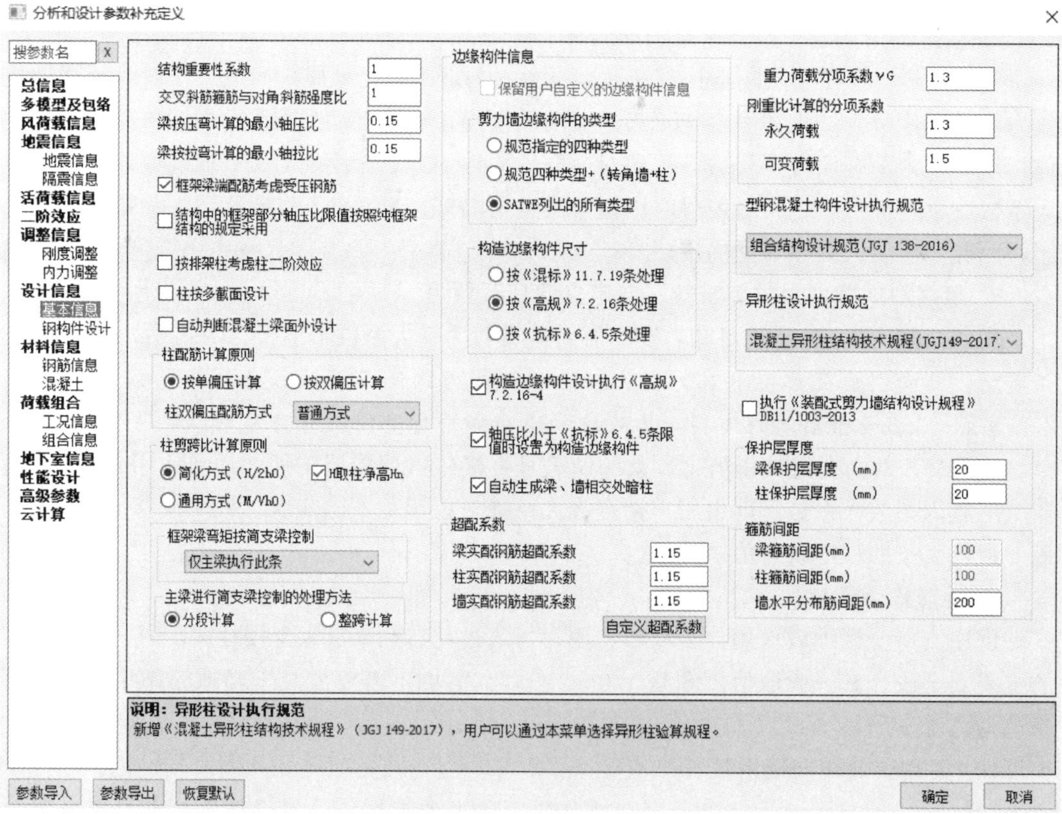

图 6-10 基本信息

1. 结构重要性系数

用户根据《建筑结构可靠性设计统一标准》GB 50068—2018 确定房屋建筑结构的安全等级，本案例的安全等级为二级，结构重要性系数为 1。

2. 梁按压弯计算的最小轴压比

梁承受的轴力一般较小，默认按照受弯构件计算。实际工程中某些梁可能承受较大的轴力，此时应按照压弯构件进行计算。该值用来控制梁按照压弯构件计算的临界轴压比，默认值为0.15。当计算轴压比大于该临界值时按压弯构件计算，此处可以按软件的默认值来。

3. 梁按拉弯计算的最小轴拉比

指定用来控制梁按拉弯计算的临界轴拉比，默认值为0.15，此处可以按软件的默认值来。

4. 框架梁端配筋考虑受压钢筋

《混规》5.4.3条规定：弯矩调整后的梁端截面相对受压区高度不应超过0.35，即：非地震作用下，调幅框架梁的梁端受压区高度$x \leqslant 0.35h_0$。勾选"框架梁端配筋考虑受压钢筋"选项时，程序对于非地震作用下进行该项校核，如果不满足要求，程序自动增加受压钢筋以满足受压区高度要求。此处勾选此项，在框架梁端配筋计算时考虑受压钢筋的作用。

5. 结构中的框架部分轴压比按照纯框架结构的规定采用

由《高规》第8.1.3第3款可知，对于框架—剪力墙结构，当底层框架部分承受的地震倾覆力矩的比值在一定范围内时，框架部分的轴压比需要按框架结构的规定采用。勾选此选项后，程序将一律按纯框架结构的规定控制结构中框架柱的轴压比，除轴压比外，其余设计仍遵循框剪结构的规定。本案例是框架结构，框架柱轴压比限值始终按框架结构执行，是否勾选此项不影响本案例的计算结果。

6. 柱配筋计算原则

按单偏压计算：程序按单偏压计算公式分别计算柱两个方向的配筋；按双偏压计算：程序按双偏压计算公式计算柱两个方向的配筋和角筋。对于用户指定的"角柱"，程序将强制采用"双偏压"进行配筋计算。此处勾选任何一个都可以，在这里勾选"按单偏压计算"，在后面特殊构件定义中，再来定义"角柱"，让软件对角柱进行双偏压计算。

7. 柱剪跨比计算原则

软件提供两种柱剪跨比的计算方式，一种为简化方式，另一种为通用方式，实际应用中任选一种均可，在这里选择简化方式，同时根据规范的规定，用简化公式计算时，应该采用柱净高去计算。

8. 框架梁弯矩按简支梁控制

《高规》5.2.3-4条规定：截面设计时，框架梁跨中截面正弯矩设计值不应小于竖向荷载作用下按简支梁计算的跨中弯矩设计值的50%。用户可以选择"主梁、次梁均执行此条""仅主梁执行此条"或"主梁、次梁均不执行此条"。根据规范规定，选择"仅主梁执行此条"即可。

9. 主梁进行简支梁控制的处理方法

如果选择"整跨计算"，在有些情况下，软件在判断梁的跨度时可能会出错，从而导致异常的计算结果，因此在这里选择"分段计算"。

10. 《建筑结构可靠性设计统一标准》GB 50068—2018

勾选参数，则执行这一标准，其标准与原有规范主要修改了恒、活荷载的分项系数，不勾选，则与旧版本相同。程序中给出了地震效应参与组合中的重力荷载分项系数控制参数，用户可以自行确定，目前默认参数为1.2。此处勾选此参数，恒、活荷载的分项系数执行新标准的规定。

11. 保护层厚度

由《混规》8.2.1 条可知，不再以纵向受力钢筋的外缘，而以最外层钢筋（包括箍筋、构造筋、分布筋等）的外缘计算混凝土保护层厚度。对于一类环境，梁、柱混凝土保护层厚度均为 20mm。

12. 梁、柱箍筋间距

梁、柱箍筋间距强制为 100mm，不允许修改。对于箍筋间距非 100mm 的情况，用户可对配筋结果进行折算。

13. 超配系数

对于 9 度设防烈度的各类框架和一级抗震等级的框架结构：框架梁和连梁端部剪力、框架柱端部弯矩、剪力调整应按实配钢筋和材料强度标准值来计算实际承载设计内力，但在计算时因得不到实际承载设计内力，而采用计算设计内力，所以只能通过调整计算设计内力的方法进行设计。超配系数就是按规范考虑材料、配筋因素的一个附加放大系数。此处按照软件默认的 1.15 即可。

6.2.11 钢筋信息（图 6-11）

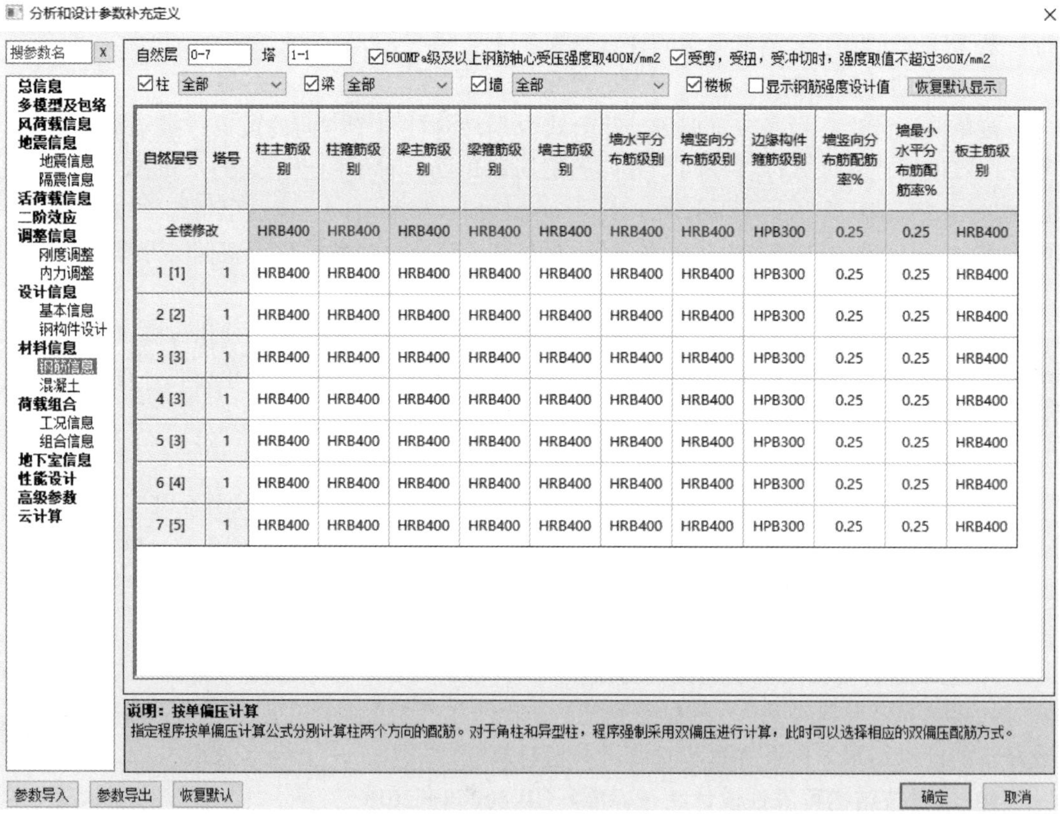

自然层号	塔号	柱主筋级别	柱箍筋级别	梁主筋级别	梁箍筋级别	墙主筋级别	墙水平分布筋级别	墙竖向分布筋级别	边缘构件箍筋级别	墙竖向分布筋配筋率%	墙最小水平分布筋配筋率%	板主筋级别
全楼修改		HRB400	HRB400	HRB400	HRB400	HRB400	HRB400	HRB400	HPB300	0.25	0.25	HRB400
1 [1]	1	HRB400	HRB400	HRB400	HRB400	HRB400	HRB400	HRB400	HPB300	0.25	0.25	HRB400
2 [2]	1	HRB400	HRB400	HRB400	HRB400	HRB400	HRB400	HRB400	HPB300	0.25	0.25	HRB400
3 [3]	1	HRB400	HRB400	HRB400	HRB400	HRB400	HRB400	HRB400	HPB300	0.25	0.25	HRB400
4 [3]	1	HRB400	HRB400	HRB400	HRB400	HRB400	HRB400	HRB400	HPB300	0.25	0.25	HRB400
5 [3]	1	HRB400	HRB400	HRB400	HRB400	HRB400	HRB400	HRB400	HPB300	0.25	0.25	HRB400
6 [4]	1	HRB400	HRB400	HRB400	HRB400	HRB400	HRB400	HRB400	HPB300	0.25	0.25	HRB400
7 [5]	1	HRB400	HRB400	HRB400	HRB400	HRB400	HRB400	HRB400	HPB300	0.25	0.25	HRB400

图 6-11 钢筋信息

前面已经确定了钢筋全部采用 HRB400，因此按图 6-11 设置好本页参数即可。

6.2.12　混凝土（图 6-12）

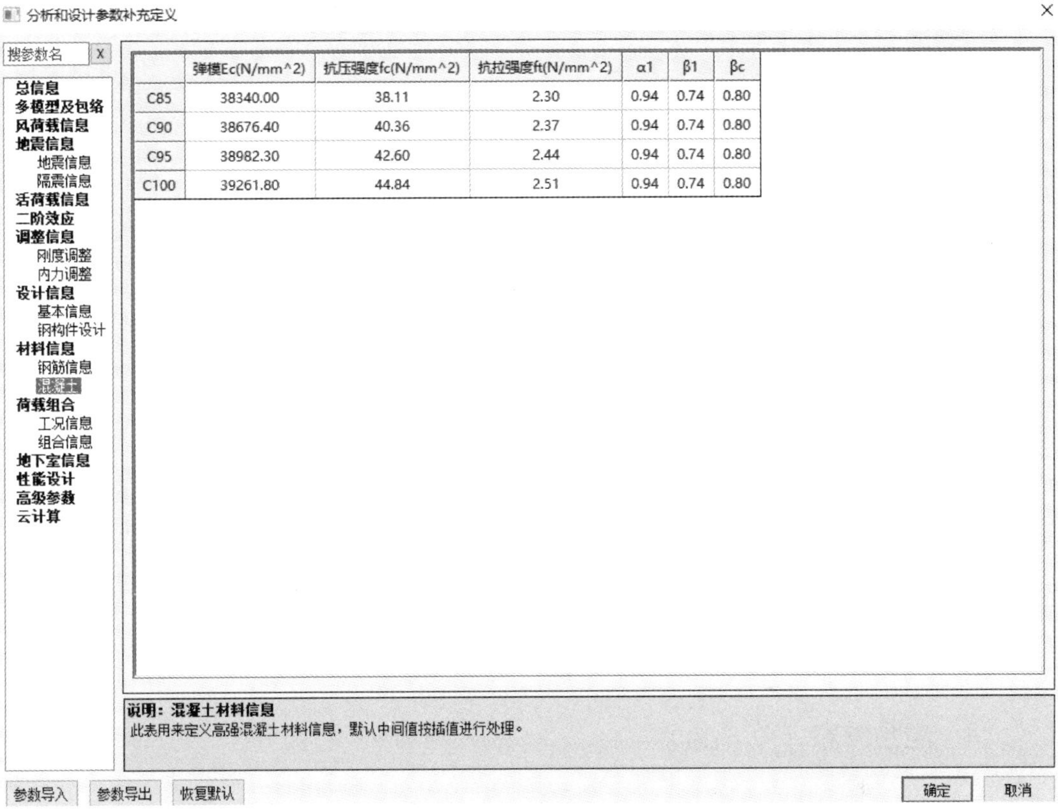

图 6-12　混凝土材料信息

本页参数无须修改。

6.2.13　工况信息（图 6-13）

1. 地震与风同时组合

由《高规》表 5.6.4 可知，高度超 60m 的高层建筑结构需要考虑地震与风同时组合，本案例高度没有超过 60m，因此不需要勾选此项。

2. 屋面活荷载与雪荷载和风荷载同时组合

《荷载规范》5.3.3 条规定：不上人的屋面均布活荷载，可不与雪荷载和风荷载同时组合。

规范明确规定了不上人的屋面均布活荷载不与雪荷载和风荷载同时组合，但对于上人屋面的活荷载与雪荷载和风荷载是否同时组合，却并没有明确说明，一般情况下，对于上人的屋面均布活荷载还是选择不与雪荷载和风荷载同时组合。

虽然前面荷载输入过程中输了屋面活荷载，但由于并没有在"自定义工况"选项卡下指定屋面活荷载属性，软件并不知道输在屋面层的荷载即为屋面活荷载，因此这里选择任意一项均不影响后续的计算结果。

本页其他参数按照软件默认即可。

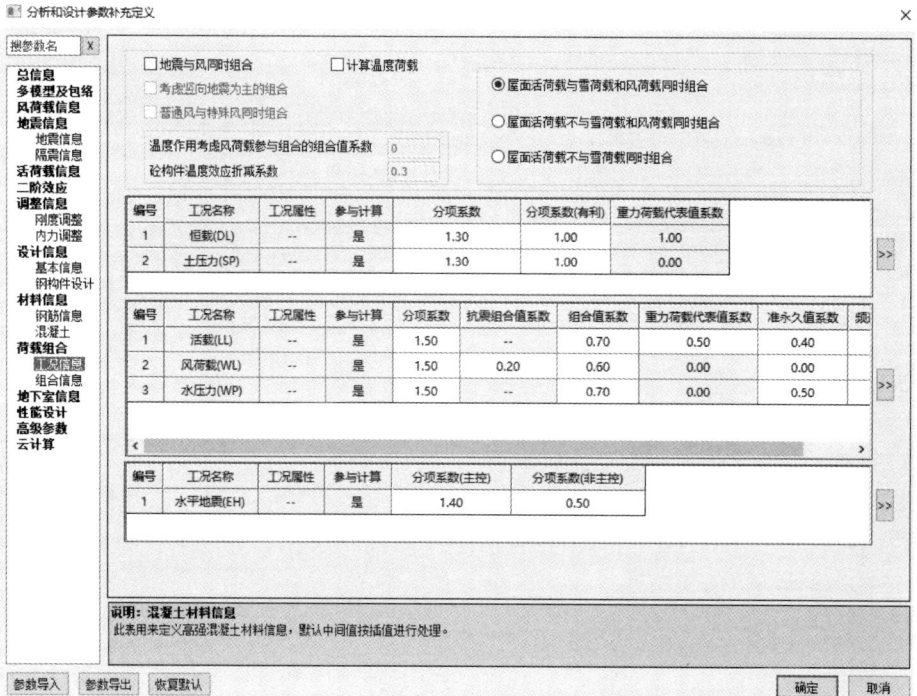

图 6-13　工况信息

6.2.14　组合信息（图 6-14）

图 6-14　组合信息

本页显示了软件自动生成的组合，读者可以自行检查这里生成的组合与前面所讲的荷载组合是否一致，其中风荷载和地震作用在组合时有正有负，表示左风、右风或左震、右震。

6.2.15　地下室信息（图 6-15）

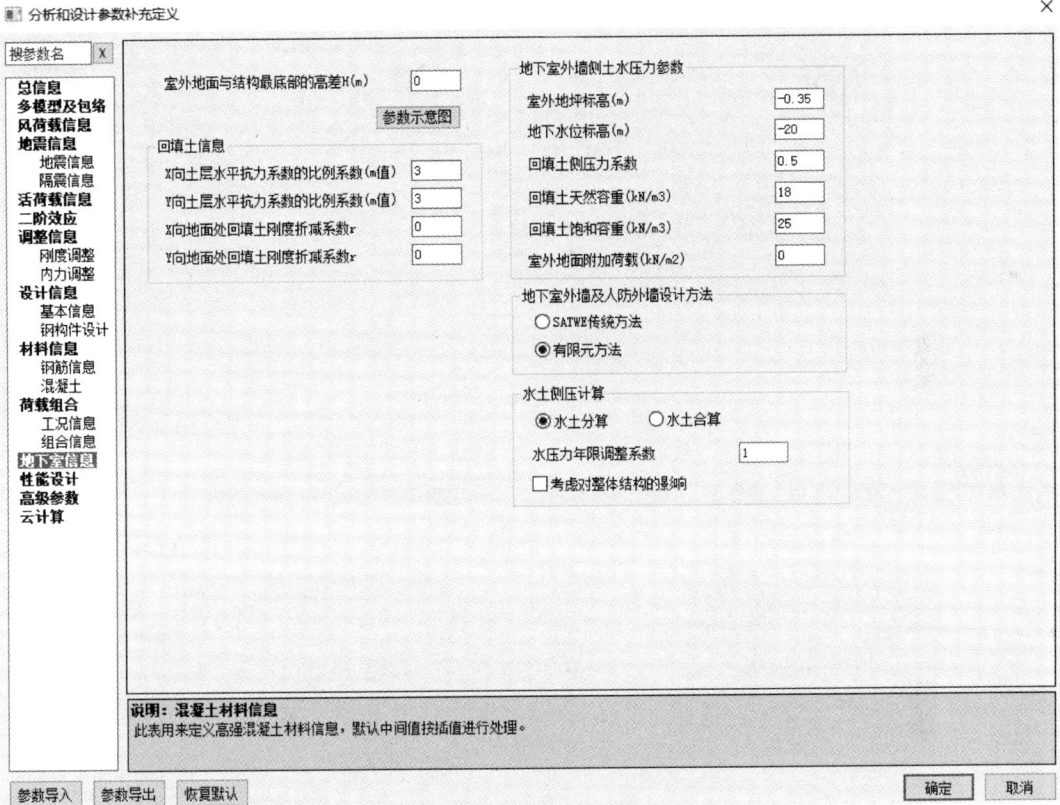

图 6-15　地下室信息

虽然在总信息页填写了有 1 层地下室，但并没有布置地下室外墙，并不是真的有地下室，本页信息按默认值即可。

至于最后"性能设计"和"高级参数"，本案例用不上，因此按默认值即可。

6.3　特殊构件定义

在设置好参数之后，可以点击"平面荷载校核"按钮，最后再检查一下各层的荷载输入是否有误，查检结果如图 6-16 所示。

接下来便是"特殊梁""特殊柱"定义了。利用"特殊梁"菜单下的"一端铰接"和"两端铰接"对次梁的边支座进行点铰处理，第 2 标准层处理后的结果如图 6-17 所示，其他标准层也进行类似的处理。

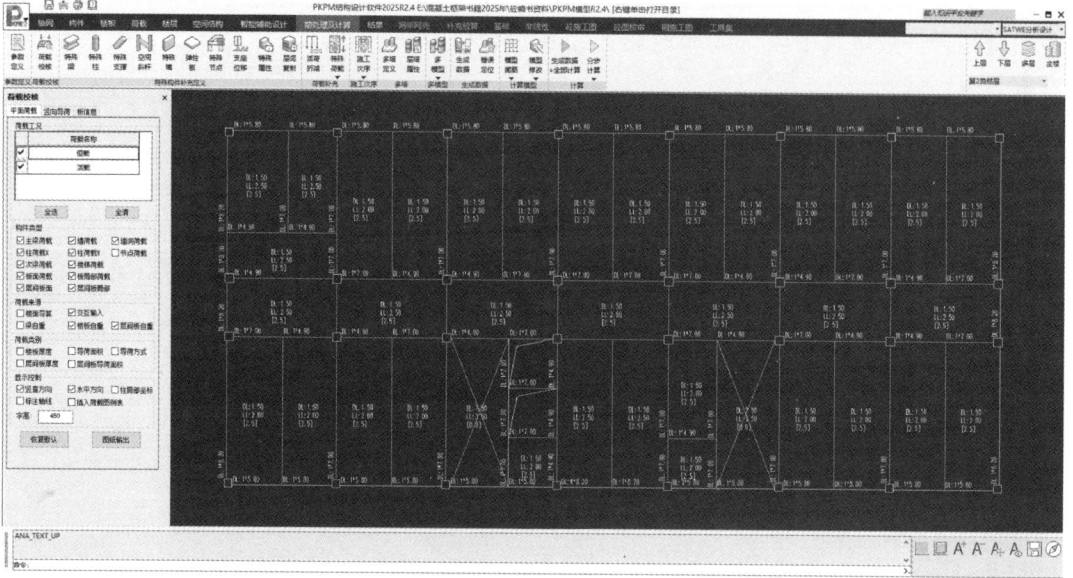

图 6-16　平面荷载校核

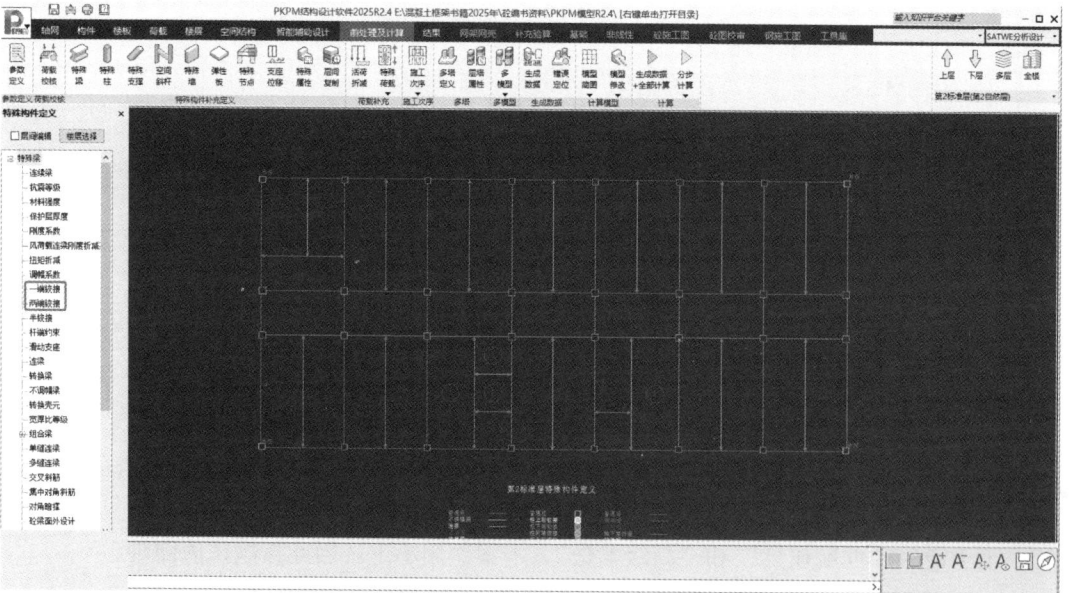

图 6-17　特殊梁的定义

在这一步中，之所以对次梁的边支座进行点铰处理，主要考虑到边支座面筋的锚固问题，在《混凝土结构施工图平面整体表示方法制图规则和构造详图（现浇混凝土框架、剪力墙、梁、板）》22G101-1（以下简称 22G101-1 图集）中，充分利用钢筋的抗接强度时，平直段锚固长度需要达到 $0.6L_{ab}$，而设计按铰接时，平直段锚固长度只需要达到 $0.35L_{ab}$即可。由于主梁宽度不够宽，这样在次梁边支座点铰后，更容易满足支座面筋在主梁上的锚固要求（图 6-18）。

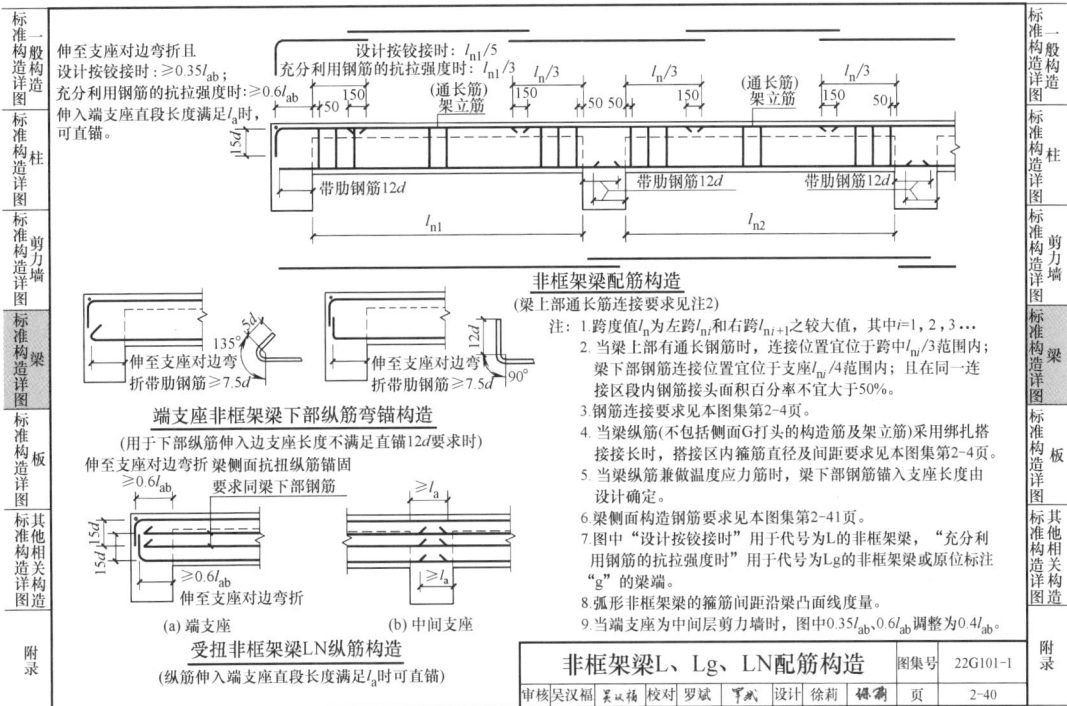

图 6-18 非框架梁配筋构造

接下来再利用"特殊柱"菜单下的"角柱"功能，定义所有阳角处的柱子为角柱，注意阴角处的柱子不应定义为角柱。第 2 标准层定义完角柱后如图 6-19 所示。

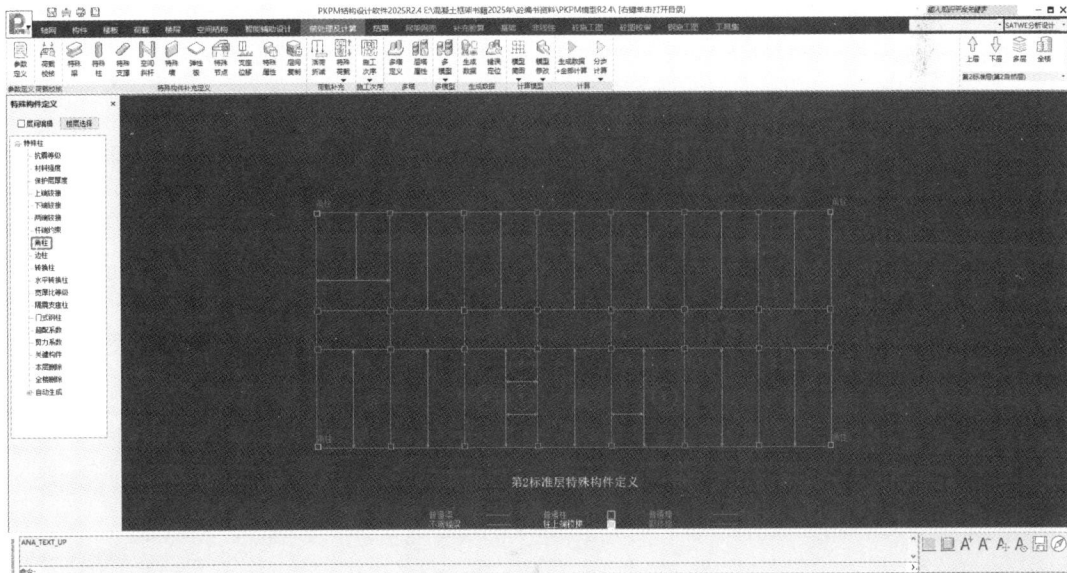

图 6-19 角柱的定义

之所以需要定义角柱，是因为在水平力产生的扭转效应下，角柱相对其他的边柱、中柱要更不利些，且规范对角柱有额外的加强措施和设计要求。

《高规》6.2.4条规定：抗震设计时，框架角柱应按双向偏心受力构件进行正截面承载力设计。一、二、三、四级框架角柱经按本规程第 6.2.1～6.2.3 条调整后的弯矩、剪力设计值应乘以不小于 1.1 的增大系数。

定义角柱之后，软件便可以自动对角柱进行双偏压配筋计算，且还考虑额外的内力放大系数。

7 计算结果判断及调整

对于初学者，在计算完成后往往首先关心计算结果"红没红"，如果"红了"说明有地方没有计算通过，心里便有点忐忑不安，如果"没红"，则心情舒畅，认为没有问题，计算都通过了。这是一种错误的观念，这里要纠正大家这种错误的观念。"没红"并不能说明就一定计算通过了，而"红了"也不能说明就一定有很严重的问题。在查看计算结果时，一般的流程应该是先初步判断计算结果是否合理，在计算结果合理的前提下进一步查看计算结果的整体指标是否满足要求，最后才是查看构件指标是否计算通过，也就是前面所说的"红没红"的问题。

7.1 计算结果合理性的初步判断

通常可以从以下四个方面判断计算结果是否合理。

7.1.1 对重力荷载作用下计算结果的分析

检查单位面积重力荷载值是否正常。《高规》5.1.8 条条文说明：目前国内钢筋混凝土结构高层建筑由恒载和活载引起的单位面积重力，框架与框架-剪力墙结构为 $12kN/m^2 \sim 14kN/m^2$，剪力墙和筒体结构为 $13kN/m^2 \sim 16kN/m^2$，而其中活载部分为 $2kN/m^2 \sim 3kN/m^2$，只占全部重力的 $15\% \sim 20\%$，活载不利分布的影响较小。

本案例的计算结果如图 7-1 所示。

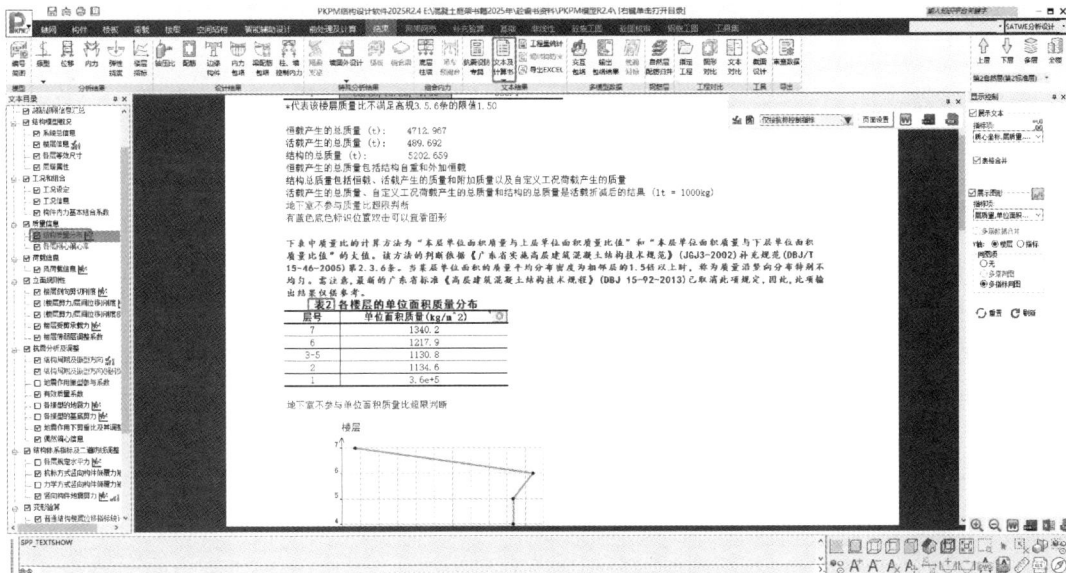

图 7-1 单位面积重力荷载值计算结果

其中第 1 层由于没有板，无法统计房间面积，结果不作参考，其他层结果都处于正常范围内（注意量纲的换算），其中屋面层由于附加恒载比较大，所以单位面积质量会偏大一点。

接下来检查在重力荷载作用下，底层墙柱的轴力是否都为压力。这一点对于常规结构来说，都应该成立。

本案例的计算结果如图 7-2 所示。

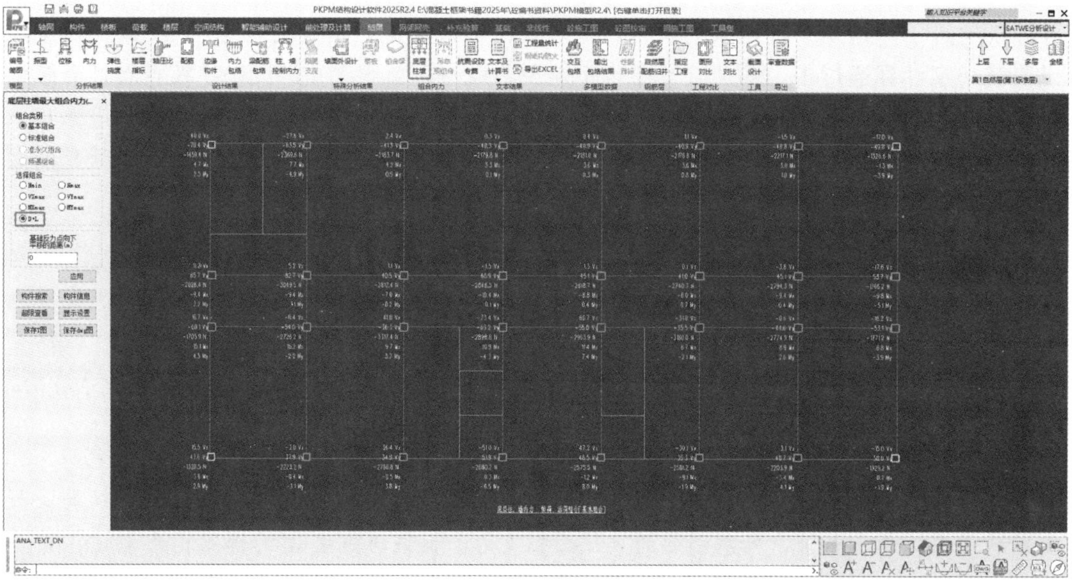

图 7-2　底层柱轴力

从计算结果可以看出，在重力荷载作用下，底层柱的轴力都为压力。如果存在着拉力，则会显红。

7.1.2　对风荷载作用下计算结果的分析

检查风荷载作用下的侧向力分布规律是否正常，在迎风面没有大的变化的情况下，风荷载大致呈倒三角形分布规律；如果结构沿竖向的刚度变化较均匀且风荷载沿高度的变化也较均匀时，其结构的内力和位移沿高度的变化也应该是均匀的，不应有大正大负、大出大进等突变，如果结构对称，还可以进行对称性分析。

本案例的计算结果如图 7-3 所示。

从图 7-3 的计算结果可以看出，本案例风荷载作用下的计算结果正常。

7.1.3　对水平地震作用下计算结果的分析

水平地震作用下，可以利用其结果进行如同风荷载作用下的渐变性分析，但不能进行对称性分析，也不能利用结构底层进行内外力平衡的分析（因为振型组合后的内力与地震作用力不再平衡）。水平地震作用下，对其计算结果的分析重点如下。

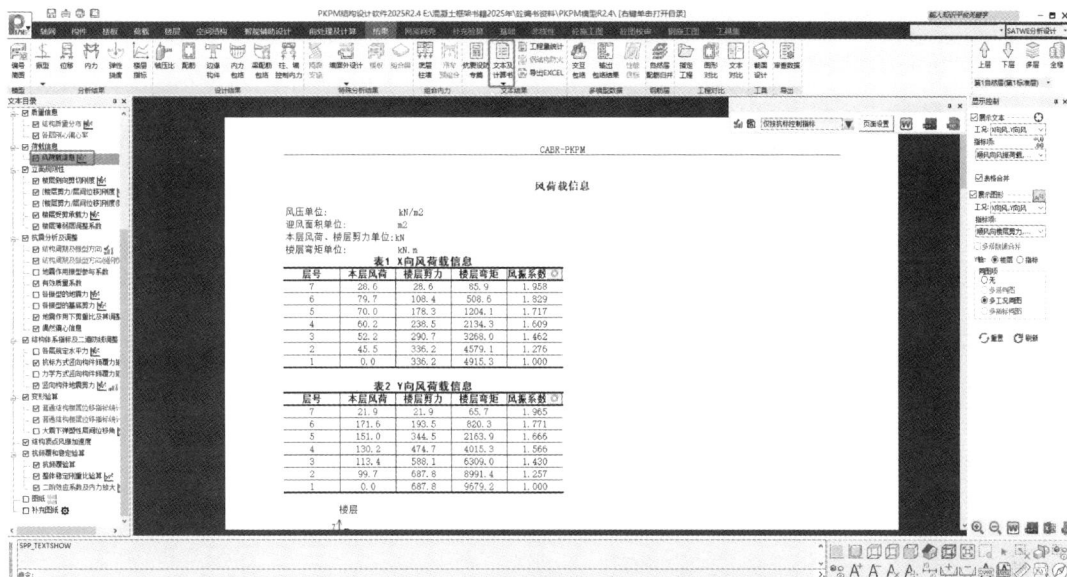

图 7-3　风荷载作用下的计算结果

1）结构的自振周期

对一般的工程，结构的自振周期在考虑折减系数后应控制在一定的范围内。

结构的基本自振周期（即第一周期）大致为：

框架结构 $T_1 \approx (0.12 \sim 0.15)n$

框—剪和框—筒结构 $T_1 \approx (0.08 \sim 0.12)n$

剪力墙和筒中筒结构 $T_1 \approx (0.06 \sim 0.10)n$

式中，n 为建筑物的总层数。

第二周期、第三周期与第一周期的关系大致为：

$T_2 \approx (0.85 \sim 1.0)T_1$，但以 $T_2 \approx T_1$ 为宜，因为两个主轴方向要刚度相近。而 T_3 与 T_1 的比值（周期比）对于多层或高层建筑结构还需要满足周期比＜0.9 的要求（详见后面周期比章节）。

本案例的计算结果如图 7-4 所示。

从上述计算结果可以看出，本案例周期的计算结果不满足小于 0.9 的要求。需要调整构件截面，优先考虑调整梁截面。

2）各振型曲线

对于竖向刚度和质量比较均匀的结构，如果计算正常，其振型曲线应是比较连续光滑的曲线（图 7-5），不应有大进大出、大的凹凸曲折。

对于平面结构而言，第一振型无零点；第二振型在（0.7～0.8）H 处有一个零点；第三振型分别在（0.4～0.5）H 及（0.8～0.9）H 处有两个零点。

此规律可以推广到三维空间结构上，对于三维的空间结构，第 1、2 振型类似于图 7-5 中的第一振型，第 3 振型为扭转振型，与平面结构的振型无对应关系；第 4、5 振型则类似于图 7-5 中的第二振型，第 6 振型为扭转振型，与平面结构的振型无对应关系；第 7、8 振型则类似于图 7-5 中的第三振型……以此类推。一般情况下，空间结构的前 6 个振型中

图 7-4 周期的计算结果

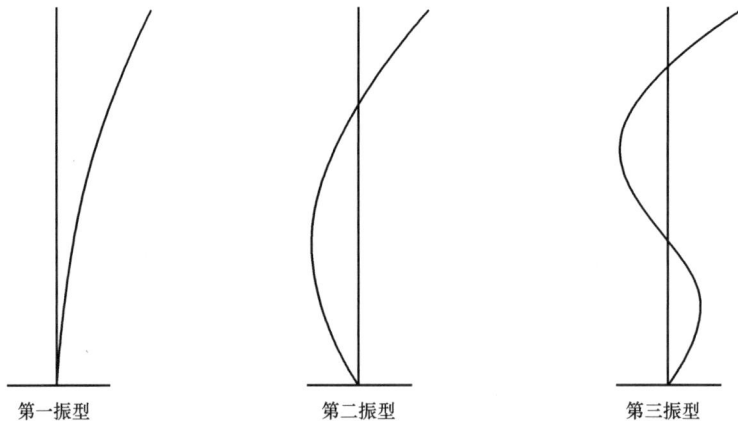

第一振型　　　　　　　第二振型　　　　　　　第三振型

图 7-5 各振型曲线

的 4 个平动振型与平面结构有较好的对应关系,往后的振型则由于实际结构的复杂性,与平面结构对比可能不再存在明显的对应关系,这一点是正常的。

可点击"结果"选项卡下的"振型"按钮,查看各个振型的振动形态,本案例的计算结果正常(图 7-6)。

7.1.4 水平位移特征分析

将结构各层位移(经振型组合后的位移)连成侧移曲线,应具有图 7-7 所示的特征。

框架结构的位移曲线,具有剪切梁的特征,位移越往上增长越慢,呈下凹形曲线。

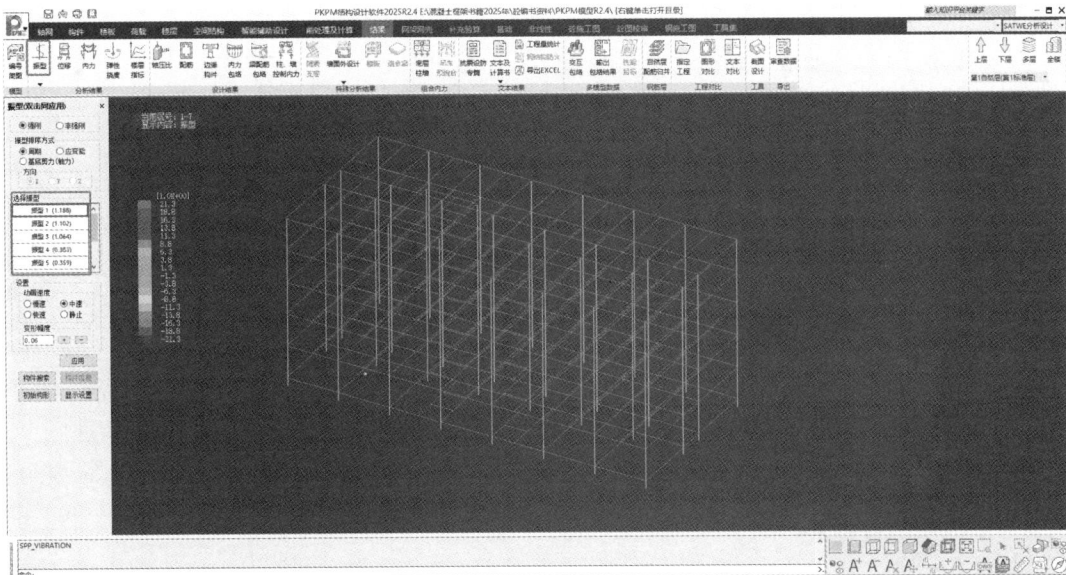

图 7-6　各个振型的振动形态

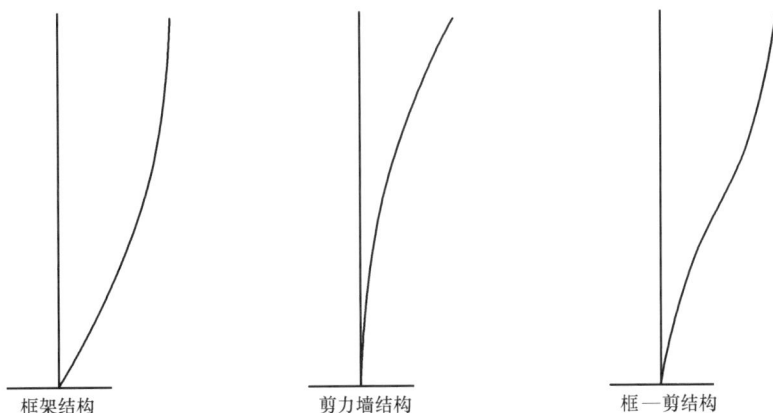

框架结构　　　　　剪力墙结构　　　　　框—剪结构

图 7-7　各结构位移曲线

剪力墙结构的位移曲线，具有悬臂弯曲梁的特征，位移越往上增长越快，呈上凸形曲线（实际的剪力墙结构，由于开洞较多，有时也呈现出反 S 形曲线的特征）。

框—剪结构及框—筒结构的位移曲线，介于以上两者之间，呈反 S 形曲线，中部接近为直线。

在竖向刚度较均匀的情况下，以上三种曲线均应连续光滑、无突然凹凸变化和明显的折点。

本案例的计算结果中的侧移曲线如图 7-8 所示。

由于曲线比例的原因，图 7-8 中的侧移曲线看上去并不光滑，但实际的计算结果是正常的，符合框架的变形特征。

通过以上种种分析，初步判断本案例的计算结果是正常的，接下来进一步查看计算结果中的整体指标和构件指标。

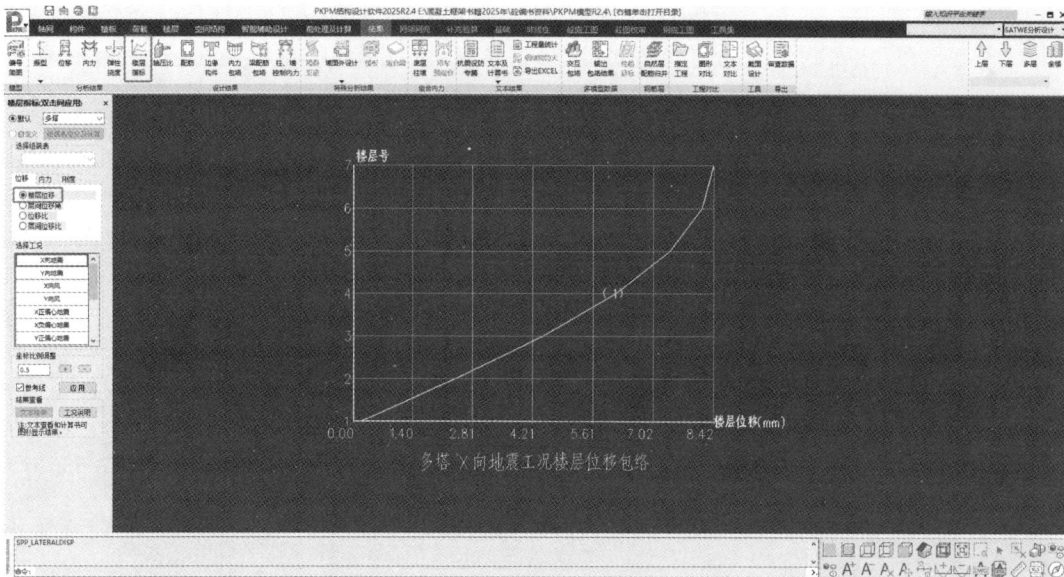

图 7-8　本案例计算结果中的侧移曲线

7.2　整体指标的判断与调整

对于整体指标的判断与调整，主要控制"7 个比值"，有些比值对于多层结构是不需要控制的，虽然本案例是多层结构，但还是按照《高规》及《抗规》的相关规定依次介绍如下。对于多层结构不需要控制的指标，也会附带介绍一下。

7.2.1　刚度比

刚度比指结构竖向不同楼层的侧向刚度的比值（也称层刚度比），该比值主要是为了控制结构的竖向规则性，以免竖向刚度突变，形成薄弱层。对于薄弱层的判断以层刚度比作为依据。《高规》提供了三种方法计算层刚度，即地震剪力与层间位移的比值、剪切刚度和等效侧向刚度。软件可以根据计算要求自动选择合适的算法，常规结构判断竖向规则性时采用第一种算法。

《高规》3.5.2 条规定的刚度比算法是地震剪力与层间位移的比值，《高规》附录 E 规定的是另外两种刚度比的计算方法。

《高规》3.5.2 条规定：抗震设计时，高层建筑相邻楼层的侧向刚度变化应符合下列规定：

1　对框架结构，楼层与其相邻上层的侧向刚度比 γ_1 可按式（3.5.2-1）计算，且本层与相邻上层的比值不宜小于 0.7，与相邻上部三层刚度平均值的比值不宜小于 0.8。

$$\gamma_1 = \frac{V_i \Delta_{i+1}}{V_{i+1} \Delta_i} \tag{3.5.2-1}$$

式中：γ_1——楼层侧向刚度比；

V_i、V_{i+1}——第 i 层和第 $i+1$ 层的地震剪力标准值（kN）；

Δ_i、Δ_{i+1}——第 i 层和第 $i+1$ 层在地震作用标准值作用下的层间位移（m）。

规范对结构层刚度比的控制要求在刚性楼板假定条件下计算，因此应该查看强刚楼板假定下的计算结果，本案例的计算结果如图 7-9 所示。

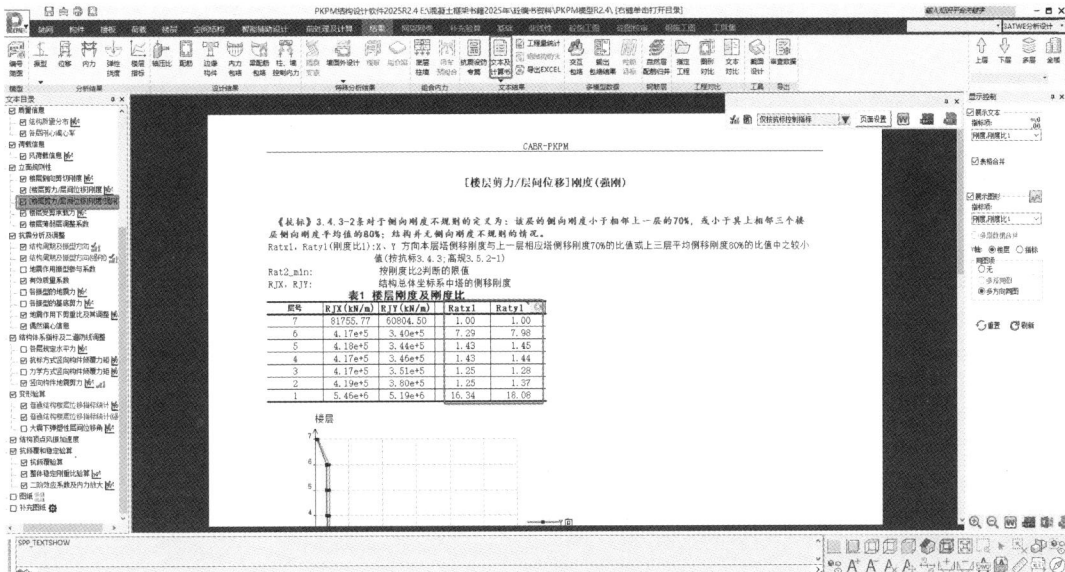

图 7-9　刚度比

注意：软件输出的刚度比的结果是："X、Y 方向本层塔侧移刚度与上一层相应塔侧移刚度 70% 的比值或上三层平均侧移刚度 80% 的比值中之较小值（按《抗规》3.4.3 条和《高规》3.5.2-1 条）"，因此该比值不能小于 1，小于 1 则表明刚度比不满足规范要求而存在薄弱层。从上述计算结果可以看出，本案例的刚度比满足规范要求。

从刚度比的计算公式中可以看出，刚度比和层高有关系，本层层高越高，本层的刚度比计算结果就越小。当刚度比计算结果不满足规范要求时，可以采取的调整方法有以下几种：

（1）程序调整：如果某楼层刚度比的计算结果不满足要求，SATWE 自动将该楼层定义为薄弱层，并按《高规》3.5.8 条的要求将该楼层地震剪力放大 1.25 倍，但应当注意，任何时候本层的刚度不应小于相邻上一层的 50%。

《高规》3.5.8 条规定：侧向刚度变化、承载力变化、竖向抗侧力构件连续性不符合本规程第 3.5.2、3.5.3、3.5.4 条要求的楼层，其对应于地震作用标准值的剪力应乘以 1.25 的增大系数。

（2）改变相邻上一层的竖向构件的截面，把它们的截面变小，或者把它的混凝土等级降低。既然是与相邻层的刚度比，那么改变相邻层的刚度也是一个不错的选择。

（3）加大本层框架柱、框架梁截面，可以尝试局部改变，不要全部改。

（4）有条件的情况下，与建筑专业协商，减小刚度较小楼层的层高或加大刚度较大楼层的层高。

人工调整方法的本质是尽可能增大刚度较小楼层的刚度，同时适当减小刚度较大楼层的刚度，使得各楼层的刚度沿结构竖向分布均匀。

7.2.2 楼层受剪承载力之比

《高规》3.5.3条规定：A级高度高层建筑的楼层抗侧力结构的层间受剪承载力不宜小于其相邻上一层受剪承载力的80%，不应小于其相邻上一层受剪承载力的65%；B级高度高层建筑的楼层抗侧力结构的层间受剪承载力不应小于其相邻上一层受剪承载力的75%。

注：楼层抗侧力结构的层间受剪承载力是指在所考虑的水平地震作用方向上，该层全部柱、剪力墙、斜撑的受剪承载力之和。

本案例的计算结果如图7-10所示。

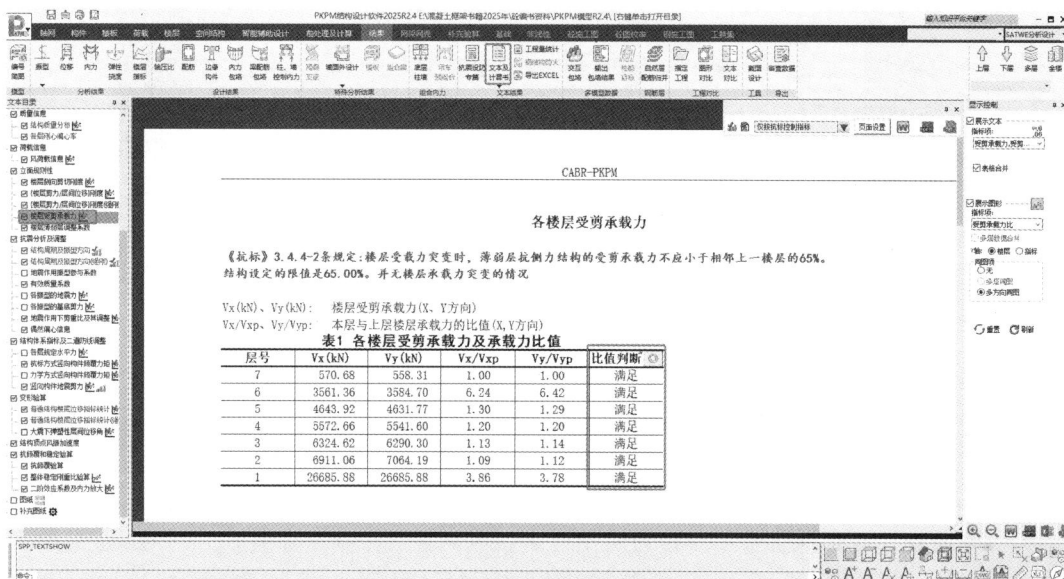

图 7-10 各楼层受剪承载力

从上述计算结果可以看出，本案例计算结果满足规范要求。

注意：层间受剪承载力的计算与混凝土强度等级、实配钢筋面积等因素有关，在用SATWE软件接力PKPM出施工图之前，软件是不知道实配钢筋面积的，因此SATWE程序以计算配筋面积考虑超配筋系数后代替实配钢筋面积。

层间受剪承载力之比不满足时的调整方法：

（1）程序调整：与刚度突变型的薄弱层软件总是自动放大调整不同，层间受剪承载力突变形成的薄弱层，程序要求人工选择是否自动进行放大调整，或者在SATWE的"调整信息"中的"指定薄弱层个数"填入该楼层层号，将该楼层强制定义为薄弱层，SAT-WE按《高规》3.5.8条的要求，将该楼层地震剪力放大1.25倍。

（2）人工调整：如果还需人工干预，可适当增大本层竖向构件的截面面积以提高本层的楼层受剪承载力，或适当减小上部楼层的竖向构件截面面积以降低上部相邻楼层的楼层受剪承载力。

对于框架结构，改变框架梁的截面尺寸也会间接影响到楼层的受剪承载力。

7.2.3 周期比

周期比即结构扭转为主的第一自振周期（也称第一扭振周期）T_t 与平动为主的第一自振周期（也称第一侧振周期）T_1 的比值。当两者接近时，由于振动耦连的影响，结构的扭转效应将明显增大。周期比侧重控制的是侧向刚度与扭转刚度之间的一种相对关系，而非其绝对大小。一句话，周期比控制不是在要求结构足够结实，而是在要求结构刚度布局的合理性；验算周期比的目的，主要为控制结构在地震作用下的扭转。

《高规》3.4.5 条规定：……结构扭转为主的第一周期 T_t 与平动为主的第一周期 T_1 之比，A 级高度高层建筑不应大于 0.9；B 级高度高层建筑、超过 A 级高度的混合结构及本规程第 10 章所指的复杂高层建筑不应大于 0.85。

《抗规》在正文中没有明确提出该概念，但是 3.4.1 条条文说明表 1 明确指出，若扭转周期比>0.9，则为特别不规则结构，需要做超限审查，设计中应尽量避免超规范设计。

表 1　特别不规则的项目举例

序	不规则类型	简要涵义
1	扭转偏大	裙房以上有较多楼层考虑偶然偏心的扭转位移比大于 1.4
2	抗扭刚度弱	扭转周期比大于 0.9，混合结构扭转周期比大于 0.85
3	层刚度偏小	本层侧向刚度小于相邻上层的 50%
4	高位转换	框支墙体的转换构件位置：7 度超过 5 层，8 度超过 3 层
5	厚板转换	7～9 度设防的厚板转换结构
6	塔楼偏置	单塔或多塔合质心与大底盘的质心偏心距大于底盘相应边长 20%
7	复杂连接	各部分层数、刚度、布置不同的错层或连体两端塔楼显著不规则的结构
8	多重复杂	同时具有转换层、加强层、错层、连体和多塔类型中的 2 种以上

对于通常的规则单塔楼结构，按如下步骤验算周期比：

（1）根据各振型是平动系数大于 0.5，还是扭转系数大于 0.5，区分出各振型是平动振型还是扭转振型。

（2）通常周期最长的扭转振型对应的就是第一扭转周期 T_t，周期最长的平动振型对应的就是第一平动周期 T_1。

（3）对照"结构整体空间振动简图"，考察第一扭转、平动周期是否引起整体振动，如果仅是局部振动，不是第一扭转、平动周期。再考察下一个次长周期。

（4）考察第一、二平动振型的基底剪力所占比例是否为最大，通常第一、二平动振型的基底剪力所占的比例最大。

（5）计算 T_t/T_1，看是否超过 0.9（0.85）。

本案例除周边框架梁外，将中间框架梁由 250×700 改为 250×600 后的计算结果如图 7-11 所示。

从上述计算结果可以看出，前两个振型为平动，第三振型为扭转，满足多层结构的周期比要求。

周期比的调整，要查出问题关键所在，采取相应措施，才能有效解决问题。调整要点如下：

（1）扭转周期大小与刚心和质心的偏心距大小无关，只与楼层抗扭刚度有关；

（2）当不满足周期限制时，若层位移角控制潜力较大，宜减小结构竖向构件刚度，增

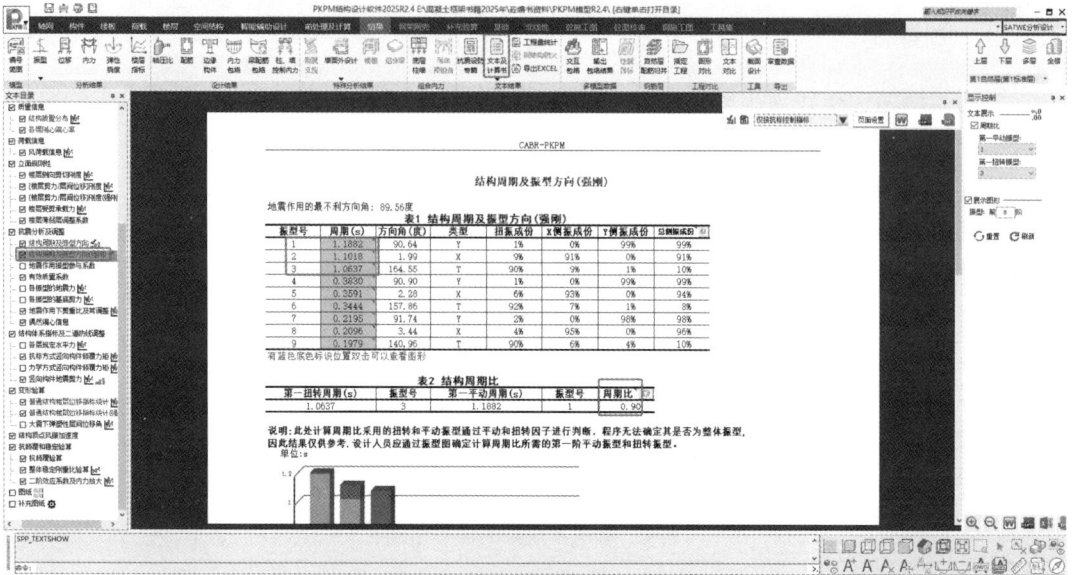

图 7-11 结构周期及振型方向（强刚）

大平动周期；

（3）当不满足周期限制，且层位移角控制潜力不大时，应检查是否存在扭转刚度特别小的层，若存在则应加强该层的抗扭刚度；

（4）当计算中发现扭转为第一振型时，应设法加大建筑物周围的框架柱、框架梁截面，不应采取只通过加大内部框架柱、框架梁截面的措施来调整结构的抗扭刚度。

总的调整原则：要加强外圈结构刚度、增加外围框架梁的高度、削弱内部的刚度。

7.2.4 剪重比

剪重比即最小地震剪力系数 λ，主要是控制各楼层最小地震剪力不至于过小，尤其是对于基本周期大于 3.5s 的结构，以及存在薄弱层的结构，出于对结构安全的考虑，规范增加了对剪重比的要求。

《市政通规》4.2.3 条第 1 款规定：建筑结构抗震验算时，各楼层水平地震剪力标准值应符合下式规定：

$$V_{\mathrm{El}ci} > \lambda \sum_{j=i}^{n} G_j \tag{4.2.3-1}$$

式中 $V_{\mathrm{El}ki}$——第 i 层水平地震剪力标准值；

λ——最小地震剪力系数，应按本条第 3 款的规定取值，对竖向不规则结构的薄弱层。尚应乘以 1.15 的增大系数；

G_j——第 j 层的重力荷载代表值。

《市政通规》4.2.3 条第 3 款规定：多遇地震下，建筑与市政工程结构的最小地震剪力系数取值应符合下列规定：

1）对扭转不规则或基本周期小于 3.5s 的结构，最小地震剪力系数不应小于表 4.2.3 的基准值；

2）对基本周期大于 5.0s 的结构，最小地震剪力系数不应小于表 4.2.3 的基准值的 0.75 倍；

3）对基本周期介于 3.5s 和 5s 之间的结构，最小地震剪力系数不应小于表 4.2.3 的基准值的 $(9.5-T_1)/6$ 倍（T_1 为结构计算方向的基本周期）。

表 4.2.3　最小地震剪力系数基准值 λ_0

设防烈度	6 度	7 度	7 度(0.15g)	8 度	8 度(0.30g)	9 度
λ_0	0.008	0.016	0.024	0.032	0.048	0.064

本案例的计算结果如图 7-12 所示。

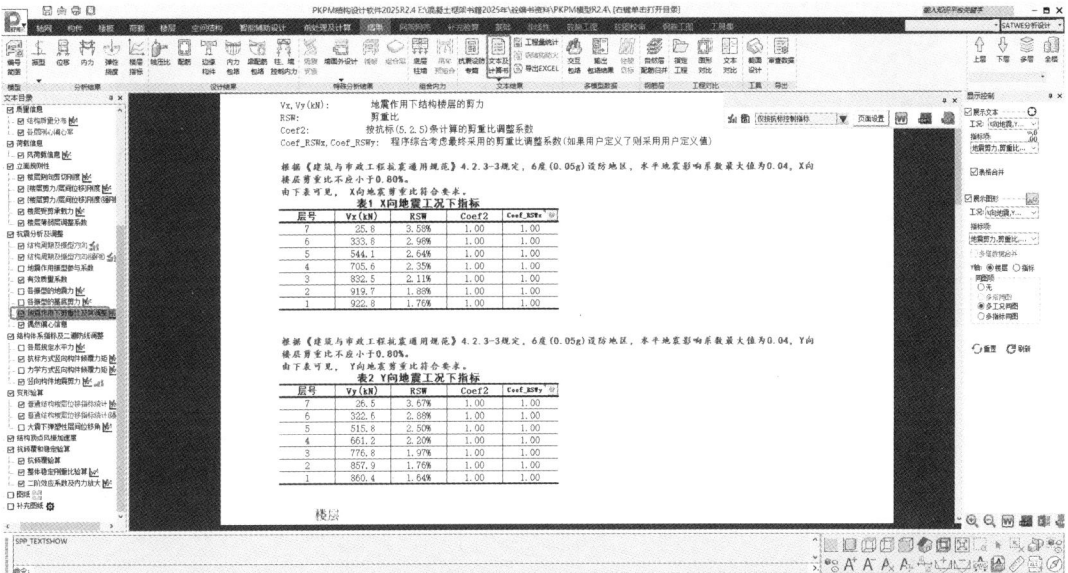

图 7-12　地震作用下结构剪重比及其调整

从上述计算结果可以看出，本案例满足规范要求。

剪重比不满足时的调整方法：

1）程序调整：在 SATWE 的"调整信息"中勾选"按《抗规》5.2.5 调整各楼层地震内力"后，SATWE 按《抗规》5.2.5 自动将楼层最小地震剪力系数直接乘以该层及以上重力荷载代表值之和，用以调整该楼层地震剪力，以满足剪重比要求。但增大系数不宜大于 1.15，不应大于 1.25。若不满足剪重比的楼层超过楼层总数的 1/3 或增大系数大于 1.25 时，应对结构布置进行调整。

2）人工调整：如果还需人工干预，可按下列三种情况进行调整：

（1）当地震剪力偏小而层间侧移角又偏大时，说明刚度过小，结构过柔，宜适当加大框架柱、框架梁截面，提高结构刚度以增大结构的安全度；

（2）当地震剪力偏大而层间侧移角又偏小时，说明刚度过大，结构过刚，宜适当减小框架柱、框架梁截面，降低刚度以取得合适的经济技术指标；

（3）当地震剪力偏小而层间侧移角又恰当时，可在 SATWE 的"调整信息"中选择让程序自动调整，以满足剪重比要求。

也就是说对于层数多、刚度小的结构，其剪重比偏小时，如小于规范限值，宜适当增大抗侧力构件的截面尺寸，提高结构刚度，以保证结构的安全；反之，剪重比偏大时，宜适当减小抗侧力构件的截面尺寸，降低结构刚度，以取得合理的经济技术指标。

在查看"抗震分析及调整"结果中，还要注意查看一下有效质量系数，以确保前面参数设置中所选振型是否足够。《高规》规定：计算振型数应使各振型参与质量之和不小于总质量的90%。

本案例的计算结果如图7-13所示。

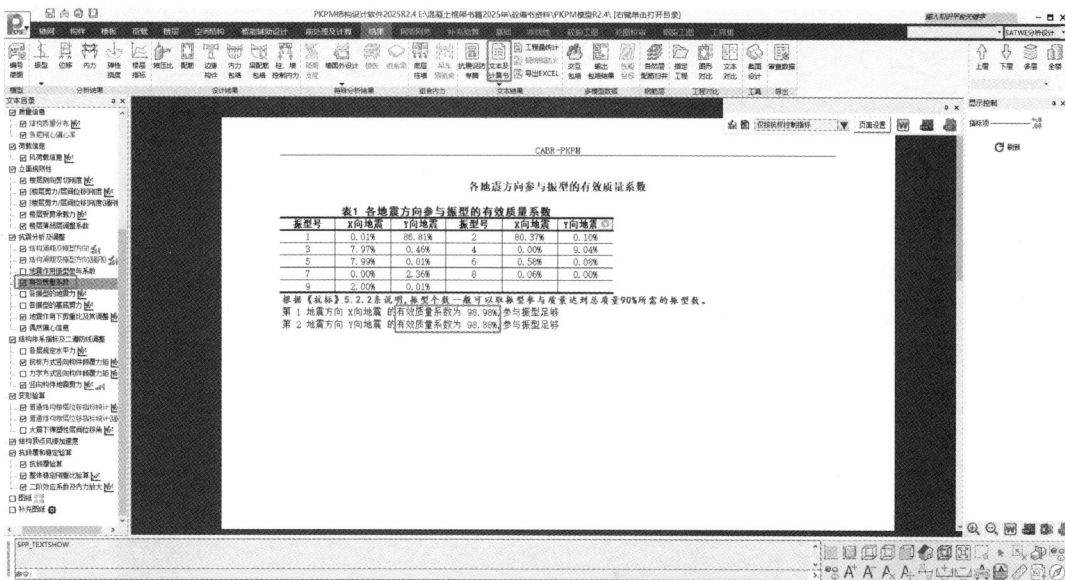

图7-13　各地震方向参与振型的有效质量系数

由此可见，有效质量系数均＞90%，所选振型数是足够的。

7.2.5　位移比

位移比包含两层含义，一层含义是位移比：即楼层竖向构件的最大水平位移与平均水平位移的比值；另一层含义是层间位移比：即楼层竖向构件的最大层间位移与平均层间位移的比值。规范控制位移比的目的主要是控制在水平力作用下结构的扭转效应不至于过大而影响结构的安全。

其中：

最大水平位移：竖向构件节点的水平位移最大值。

平均水平位移：竖向构件节点的最大水平位移与最小水平位移之和除以2。

最大层间位移：竖向构件节点层间位移的最大值。

平均层间位移：竖向构件节点层间位移的最大值与最小值之和除以2。

《高规》3.4.5条规定：结构平面布置应减少扭转的影响。在考虑偶然偏心影响的规定水平地震力作用下，楼层竖向构件最大的水平位移和层间位移，A级高度高层建筑不宜大于该楼层平均值的1.2倍，不应大于该楼层平均值的1.5倍；B级高度高层建筑、超过A级高度的混合结构及本规程第10章所指的复杂高层建筑不宜大于该楼层平均值的

1.2 倍，不应大于该楼层平均值的 1.4 倍。

注：当楼层的最大层间位移角不大于本规程第 3.7.3 条规定的限值的 40% 时，该楼层竖向构件的最大水平位移和层间位移与该楼层平均值的比值可适当放松，但不应大于 1.6。

本案例的计算结果如图 7-14 所示（还有更多的计算结果读者自行查看计算书）。

图 7-14　位移比计算结果

从上述计算结果可以看出，本案例满足规范要求。

电算结果的判别与调整要点：

（1）验算位移比需要考虑偶然偏心作用，验算位移角则不需要考虑偶然偏心；

（2）验算位移比应选择强制刚性楼板假定，但当凹凸不规则或楼板局部不连续时，应采用符合楼板平面内实际刚度变化的计算模型，当平面不对称时尚应计及扭转影响。

（3）位移比、层间位移比是在刚性楼板假设下的控制参数。构件设计与位移信息不是在同一条件下的结果（即构件设计可以采用弹性楼板计算，而位移计算必须在刚性楼板假设下获得），故可先采用强制刚性楼板假定算出位移，而后采用非强制刚性楼板假定进行构件分析。

（4）因为高层建筑在水平力作用下，几乎都会产生扭转，故楼层最大位移一般都发生在结构单元的边角部位。

位移比不满足要求时，首先应该查看楼层的质心和刚心是否重合，如果相距很远，应该调整结构的刚度分布，让质心和刚心尽可能地重合。本案例质心和刚心显示结果如图 7-15 所示。

从图 7-15 可以看出，本案例的质心与刚心相距较近。

另外，可以通过查找最大位移所在的节点，加强最大位移节点附近的刚度，同时可以减小与最大位移节点相对的另一边的刚度，这样做的目的是尽可能地减小最大位移，同时又增大了最小位移，从而减小位移比的计算结果。

查找最大位移所在的节点，如图 7-16 所示。

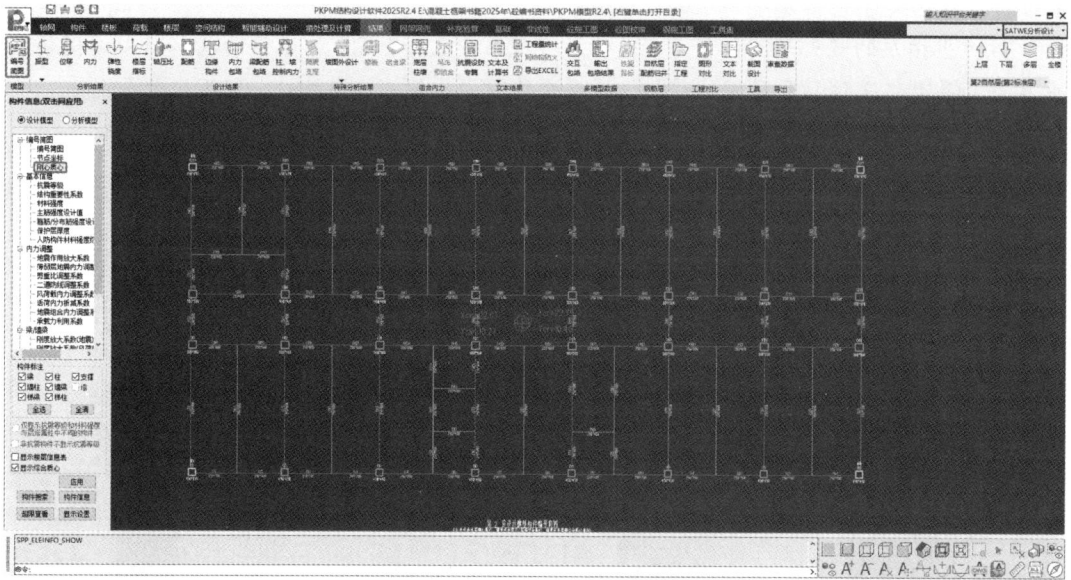

图 7-15　质心和刚心显示结果

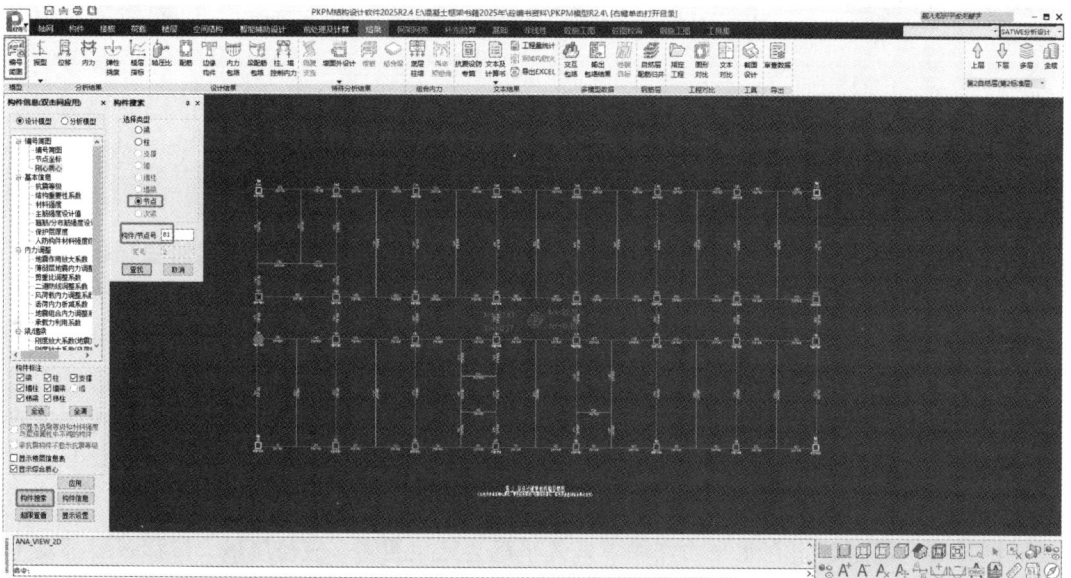

图 7-16　查找最大位移所在的节点

　　由于本案例的位移比计算结果满足规范要求，所以不必针对最大位移节点附近作调整。

7.2.6　位移角

　　位移角即竖向构件层间位移与层高的比值。为了保证建筑结构具有必要的刚度，应对其最大位移和层间位移加以控制，控制位移角的主要目的有以下几点：

　　（1）保证主体结构基本处于弹性受力状态，避免混凝土墙柱出现裂缝，控制楼面梁板的裂缝数量、宽度。

（2）保证填充墙、隔墙、幕墙等非结构构件的完好，避免产生明显的损坏。而位移比是控制结构平面规则性，以免形成扭转，对结构产生不利影响。

《高规》3.7.3 条规定：按弹性方法计算的风荷载或多遇地震标准值作用下的楼层层间最大水平位移与层高之比 $\Delta u/h$ 宜符合下列规定：

1 高度不大于150m的高层建筑，其楼层层间最大位移与层高之比 $\Delta u/h$ 不宜大于表 3.7.3 的限值。

表 3.7.3 楼层层间最大位移与层高之比的限值

结构体系	$\Delta u/h$ 限值
框架	1/550
框架-剪力墙、框架-核心筒、板柱-剪力墙	1/800
筒中筒、剪力墙	1/1000
除框架结构外的转换层	1/1000

2 高度不小于250m的高层建筑，其楼层层间最大位移与层高之比 $\Delta u/h$ 不宜大于 1/500。

3 高度在150m～250m之间的高层建筑，其楼层层间最大位移与层高之比 $\Delta u/h$ 的限值可按本条第1款和第2款的限值线性插入取用。

注：楼层层间最大位移 Δu 以楼层竖向构件最大的水平位移差计算，不扣除整体弯曲变形。抗震设计时，本条规定的楼层位移计算可不考虑偶然偏心的影响。

本案例的计算结果如图 7-17 所示（还有更多的计算结果读者自行查看计算书）。

图 7-17 普通结构楼层位移指标统计（强刚）

从上述计算结果可以看出，本案例满足规范要求。

位移角不满足规范要求时只能通过加大框架柱、框架梁的截面尺寸，加大结构的抗侧刚度去满足。

7.2.7 刚重比

结构的侧向刚度与重力荷载设计值之比称为刚重比。它是影响重力二阶（P-Δ）效应的主要参数，重力二阶效应随着结构刚重比的降低呈双曲线关系增加。高层建筑在风荷载或水平地震作用下，若重力二阶效应过大则会引起结构的失稳倒塌，故控制好结构的刚重比，则可以控制结构不失去稳定。

《高规》5.4.1条规定：当高层建筑结构满足下列规定时，弹性计算分析时可不考虑重力二阶效应的不利影响。

1 ……

2 框架结构：

$$D_i \geqslant 20\sum_{j=1}^{n}G_j/h_i \quad (i=1,2,\cdots,n) \qquad (5.4.1\text{-}2)$$

式中 G_j——第 j 楼层重力荷载设计值，取 1.2 倍的永久荷载标准值与 1.4 倍的楼面可变荷载标准值的组合值；

h_i——第 i 楼层层高；

D_i——第 i 楼层的弹性等效侧向刚度，可取该层剪力与层间位移的比值；

n——结构计算总层数。

5.4.1 条条文说明：在水平力作用下，带有剪力墙或筒体的高层建筑结构的变形形态为弯剪型，框架结构的变形形态为剪切型。计算分析表明，重力荷载在水平作用位移效应上引起的二阶效应（以下简称重力 P-Δ 效应）有时比较严重。对混凝土结构，随着结构刚度的降低，重力二阶效应的不利影响呈非线性增长。因此，对结构的弹性刚度和重力荷载作用的关系应加以限制。本条公式使结构按弹性分析的二阶效应对结构内力、位移的增量控制在 5%左右；考虑实际刚度折减 50%时，结构内力增量控制在 10%以内。如果结构满足本条要求，重力二阶效应的影响相对较小，可忽略不计。

《高规》5.4.4条规定：高层建筑结构的整体稳定性应符合下列规定：

1 ……

2 框架结构应符合下式要求：

$$D_i \geqslant 10\sum_{i=1}^{n}G_j/h_i \quad (i=1,2\cdots n) \qquad (5.4.4\text{-}2)$$

5.4.4 条条文说明：结构整体稳定性是高层建筑结构设计的基本要求。研究表明，高层建筑混凝土结构仅在竖向重力荷载作用下产生整体失稳的可能性很小。高层建筑结构的稳定设计主要是控制在风荷载或水平地震作用下，重力荷载产生的二阶效应不致过大，以免引起结构的失稳、倒塌。结构的刚度和重力荷载之比（简称刚重比）是影响重力 P-Δ 效应的主要参数。如果结构的刚重比满足本条公式（5.4.4-2）的规定，则在考虑结构弹性刚度折减 50%的情况下，重力 P-Δ 效应仍可控制在 20%之内，结构的稳定具有适宜的安全储备。若结构的刚重比进一步减小，则重力 P-Δ 效应将会呈非线性关系急剧增长，直至引起结构的整体失稳。在水平力作用下，高层建筑结构的稳定应满足本条的规定，不应再放松要求。如不满足本条的规定，应调整并增大结构的侧向刚度。

当结构的设计水平力较小，如计算的楼层剪重比（楼层剪力与其上各层重力荷载代表值之和的比值）小于 0.02 时，结构刚度虽能满足水平位移限值要求，但有可能不满足本条规定的稳定要求。

本案例的计算结果如图 7-18 所示。

图 7-18　整体稳定刚重比验算

从上述计算结果可以看出，本案例满足规范要求。

电算结果的判别与调整要点：

（1）对于剪切型的框架结构，当刚重比大于 10 时，则结构重力二阶效应可控制在 20％以内，结构的稳定已经具有一定的安全储备；当刚重比大于 20 时，重力二阶效应对结构的影响已经很小，故规范规定此时可以不考虑重力二阶效应。

（2）当高层建筑的稳定不满足上述规定时，只能人工调整。由于结构的重量通常都无法改变，只能通过增大抗侧力构件的刚度，也就是增大竖向构件的刚度，增大框架梁的刚度等来增大结构的刚度。

7.3　构件指标的判断与调整

在查看完整体指标并确定没有问题之后，接下来便是查看构件指标，只有整体指标和构件指标都没有问题，才能说该结构的计算结果没有问题。

7.3.1　混凝土柱计算结果含义

典型的混凝土柱的计算结果如图 7-19 所示。

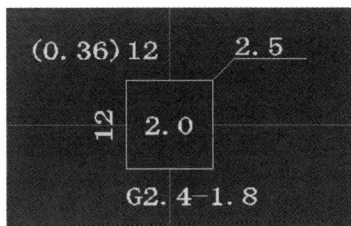

图 7-19　典型的混凝土柱的计算结果

图中这些数字的含义在软件的用户手册里有专门的介绍，摘录如下：

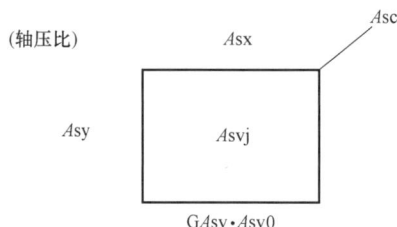

其中：

Asc——柱一根角筋的面积（cm^2）。

Asx、Asy——分别为该柱 B 边和 H 边的单边配筋面积，包括两根角筋（cm^2）。

$Asvj$、Asv、$Asv0$——分别为柱节点域抗剪箍筋面积、加密区斜截面抗剪箍筋面积、非加密区斜截面抗剪箍筋面积，箍筋间距均在 s_c 范围内。其中：$Asvj$ 取计算的 $Asvjx$ 和 $Asvjy$ 的大值，Asv 取计算的 $Asvx$ 和 $Asvy$ 的大值，$Asv0$ 取计算的 $Asvx0$ 和 $Asvy0$ 的大值（cm^2）。

G——箍筋标志。

7.3.2 混凝土柱超限调整

1. 轴压比超限（图 7-20）

＊＊（Lcase）Nu，$Uc=Nt/(Ac \cdot fc)>Ucf$，表示轴压比超限

其中：

（Lcase）——控制轴力的内力组合号；

Nu——控制轴压比的轴力（kN）；

Uc——计算轴压比；

Ac——截面面积（cm^2）；

fc——混凝土抗压强度；

Ucf——允许轴压比。

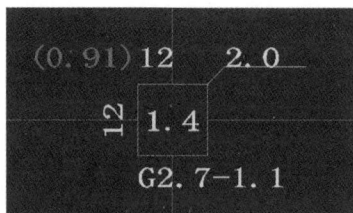

图 7-20　混凝土柱轴压比超限调整

解决办法：

（1）提高混凝土强度等级（但要注意这种情况适用于较多柱轴压比超限的情况，若是个别或者少量则考虑其他方式）；

（2）加大柱截面（加大柱截面时要注意与建筑之间的协调关系，也就是确定加大柱宽度还是柱高度）；

（3）改变荷载传递方式，让超限的柱子承担的竖向荷载减小，通常可行性较低；

（4）调整其他柱与其的柱距，使柱间距减少，从而受荷面积减少，通常可行性较低。

2. 最大配筋率超限（图 7-21）

＊＊$Rs>Rs$max 表示全截面配筋率超限；

＊＊$Rsx>1.2\%$表示矩形截面单边配筋率超限；

＊＊$Rsy>1.2\%$表示矩形截面单边配筋率超限。

其中：

Rs——柱全截面配筋率；

Rsx，Rsy——分别为矩形截面柱单边（B 边和 H 边）的配筋率，仅当抗震等级为特一、一级且剪跨比不大于 2 时的矩形混凝土柱才比较。

Rsmax——柱全截面允许的最大配筋率。

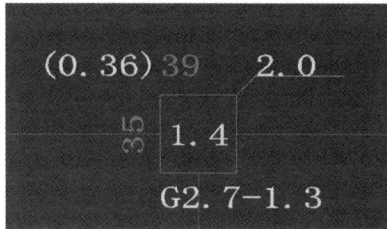

图 7-21 混凝土柱最大配筋率超限调整

解决办法：

（1）加大柱截面；

（2）如果是柱计算长度过大，加层间梁减小柱子的计算长度效果明显；

（3）对于角柱超限的情形，可以考虑调整模型，使位移比小于 1.2（减少扭转效应），配筋就会有所减少。

3. 斜截面抗剪超限（图 7-22）

＊＊（Lcase）Vx，$Vx>Fvx=Ax \cdot fc \cdot H \cdot Bo$，表示抗剪截面超限

＊＊（Lcase）Vy，$Vy>Fvy=Ay \cdot fc \cdot B \cdot Ho$，表示抗剪截面超限

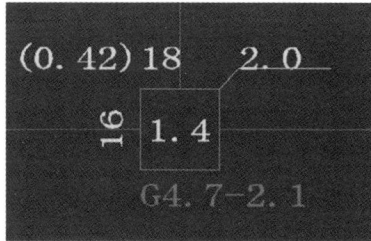

图 7-22 混凝土柱斜截面抗剪超限调整

其中：

Lcase——内力组合号；

Vx、Vy——分别为控制验算的 X、Y 向剪力（kN）；

Fvx、Fvy——分别为截面 X、Y 向的抗剪承载力；

101

Ax、Ay——分别为截面 X、Y 向的计算系数;

　　fc——混凝土抗压强度;

　B、Bo——截面宽和有效宽度（m）;

　H、Ho——截面高和有效高度（m）。

解决办法:

(1) 加大柱截面;

(2) 减小与该柱相连的框架梁高度,使本榀分配的水平力减小;

(3) 调整模型,使位移比小于 1.2（减少扭转效应）。

4. 节点域抗剪承载力超限（图 7-23）

＊＊（Lcase）Vjx,Vjx＞Fvx＝Ax·fc·H·Bo,表示节点域抗剪截面超限

＊＊（Lcase）Vjy,Vjy＞Fvy＝Ay·fc·B·Ho,表示节点域抗剪截面超限

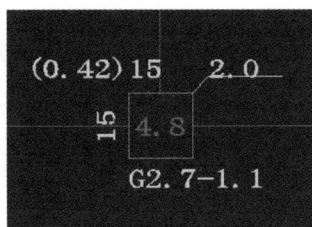

图 7-23　混凝土柱节点域抗剪承载力超限调整

其中:

Lcase——内力组合号;

Vjx、Vjy——分别为控制节点域验算的 X、Y 向剪力（kN）;

Fvx、Fvy——分别为截面 X、Y 向的抗剪承载力;

Ax、Ay——分别为截面 X、Y 向的计算系数;

　　fc——混凝土抗压强度;

　B、Bo——分别为截面宽和有效宽度（m）;

　H、Ho——分别为截面高和有效高度（m）。

解决办法:

(1) 优先将与柱相连的高而窄的梁改为宽而扁的梁或者加大柱截面;

(2) 调整整体刚度,使位移比小于 1.2（减少扭转效应）;

(3) 加强周边榀的刚度,使得本柱所在榀分配剪力减少。

7.3.3　混凝土梁计算结果含义

典型的混凝土梁的计算结果如图 7-24 所示。

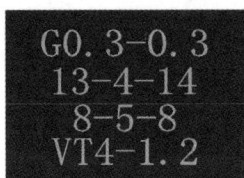

图 7-24　典型的混凝土梁的计算结果

图中这些数字的含义在软件的用户手册里有专门的介绍，摘录如下：

$$GAsv\text{-}Asv0$$
$$Asu1\text{-}Asu2\text{-}Asu3$$

I ————————————————————— J

$$Asd1\text{-}Asd2\text{-}Asd3$$
$$[VT]\ Ast\text{-}Asv1$$

其中：

$Asu1$、$Asu2$、$Asu3$——分别为梁上部左端、跨中、右端配筋面积（cm^2）。

$Asd1$、$Asd2$、$Asd3$——分别为梁下部左端、跨中、右端配筋面积（cm^2）。

Asv——梁加密区抗剪箍筋面积和剪扭箍筋面积的较大值（cm^2）。若存在交叉斜筋（对角暗撑），Asv 为同一截面内箍筋各肢的全部截面面积（cm^2）。

$Asv0$——梁非加密区抗剪箍筋面积和剪扭箍筋面积的较大值（cm^2）。

Ast、$Asv1$——分别为梁受扭纵筋面积和抗扭箍筋沿周边布置的单肢箍的面积（cm^2），若 Ast 和 $Asv1$ 都为零，则不输出 $[VT]\ Ast\text{-}Asv1$ 这一项。

G、VT——箍筋和剪扭配筋标志。

7.3.4 混凝土梁超限调整

1. 受压区高度超限（图 7-25）

＊＊（Ns）$X>0.25Ho$，表示梁端混凝土受压区高度超限

＊＊（Ns）$X>0.35Ho$，表示梁端混凝土受压区高度超限

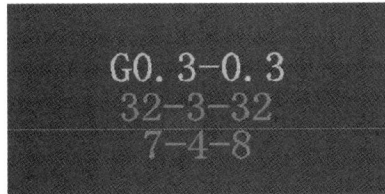

图 7-25　混凝土梁受压区高度超限调整

其中：

Ns——梁截面序号，负弯矩配筋截面号 1～9，正弯矩配筋截面号 10～18；

X——混凝土受压区高度（m）；

Ho——梁有效高度（m）。

解决方法：

（1）竖向荷载作用下，跨度较大的梁受压区高度超限，加大梁高最有效，梁宽次之；

（2）跨度较小的框架梁在水平地震作用下梁受压区高度超限，加大梁宽的同时适当减小梁高最有效，而在梁高较大时再单纯地加大梁高往往适得其反。

2. 最大配筋率超限（图 7-26）

＊＊（Ns）$Rs>Rsmax$，表示单边配筋率超限

其中：

Ns——梁截面序号，负弯矩配筋截面号 1～9，正弯矩配筋截面号 10～18；

R_S——截面一边的配筋率；

R_{smax}——规范允许的最大配筋率。

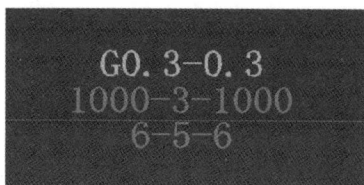

图 7-26　混凝土梁最大配筋率超限调整

解决方法：

（1）竖向荷载作用下，跨度较大的梁抗弯超限，加大梁高最有效，梁宽次之；

（2）跨度较小的框架梁在水平地震作用下梁抗弯超限，加大梁宽的同时适当减小梁高最有效，而在梁高较大时再单纯地加大梁高往往适得其反。

3. 斜截面抗剪超限（图 7-27）

＊＊（Lcase）V，$V > F_V = A_V \cdot f_c \cdot B \cdot H_o$，表示抗剪截面超限

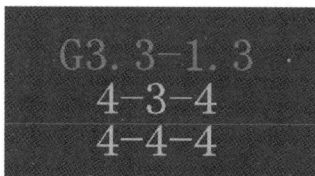

图 7-27　混凝土梁斜截面抗剪超限调整

其中：

Lcase——控制剪力的内力组合号；

　V——控制剪力（kN）；

　F_V——截面抗剪承载力；

　A_V——计算系数；

　f_c——混凝土抗压强度；

B、H_o——分别为截面宽度和有效高度（m）。

解决方法：

（1）竖向荷载作用下的跨度较大的梁抗剪超限，加大梁宽最有效，加梁高次之；

（2）跨度较小的框架梁在水平力作用下的抗剪超限，可以加大梁宽的同时适当减小梁高，此时效果最明显，而在梁高较大时再单纯地加大梁高往往适得其反；

（3）可采取改变荷载传递方式。比如将搭在超限梁的次梁取消，将取消的次梁换另一个方向搭在其他主梁上。

注意：对于连续跨建议最好保证梁宽一致，因为梁贯通筋只有在梁宽一致时才能贯通，此外，在要求梁不能突入室内太多时也要优先考虑加梁高。

4. 剪扭超限（图 7-28）

＊＊（Lcase）V，T，$V/(B \cdot H_o) + T/W_t > A_V \cdot f_c$，表示梁剪扭截面超限

其中：

Lcase——控制内力的内力组合号；

V、T——分别为控制验算的剪力和扭矩（kN、kN·m）；

B、H_0——分别为截面宽度和有效高度（m）；

W_t——截面受扭塑性抵抗矩；

f_c——混凝土抗压强度；

A_v——计算系数。

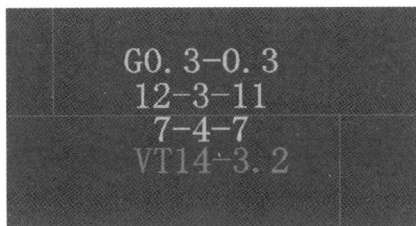

图7-28　混凝土梁剪扭超限调整

解决方法：

次梁点铰最有效，其次是加大梁宽，最后是加大梁高。

上面介绍的是混凝土框架最常用的超限调整方法，对于一个实际项目，无论是整体指标还是构件指标的超限调整方法都有可能超出上述论述范围，这需要工程师们在平常的工作中多思考、多尝试，慢慢地积累自己的经验。

7.4　优化分析思考题

1. 同一条轴线相邻跨的梁宽为什么要保持一致？

答：为了使梁上部的角筋能够在相邻跨贯通。

2. 规则柱网下角柱和边柱的受荷面积分别只有中柱的 1/4、1/2，那么角柱和边柱的截面面积可以分别取中柱的 1/4、1/2 吗？

答：虽然在重力荷载作用下，角柱和边柱的受荷面积分别只有中柱的 1/4、1/2，但在水平力作用下，角柱和边柱受到的负担更大，考虑到一个实际的结构既会受到竖向力作用，也会受到水平力作用，角柱和边柱的截面面积可以比中柱小，但是不会只取到中柱的截面面积的 1/4 和 1/2。高烈度区，角柱和边柱还可能会适当加强，比如《混规》规定"一、二级抗震等级的角柱应沿柱全高加密箍筋"。

3. 为什么框架边柱、角柱在地震组合下处于小偏心受拉时，柱内纵向受力钢筋总截面面积应比计算值增加 25%？

答：当框架柱在地震作用组合下处于小偏心受拉状态时，柱的纵筋总截面面积应比计算值增加 25%，是为了避免柱的受拉纵筋屈服后再受压时，由于包兴格效应导致纵筋压屈。

包兴格效应：钢筋混凝土结构或构件在反复荷载作用下，钢筋的力学性能与单向受拉或受压时的力学性能不同。这是 1887 年德国人包兴格对钢材进行拉压试验时发现的，所以将这种当受拉（或受压）超过弹性极限而产生塑性变形后，其反向受压（或受拉）的弹性极限将显著降低的软化现象，称为包兴格效应。

7.5 力学知识

1. 两端固支的单跨梁在均布竖向荷载作用下的弯矩图（图 7-29）

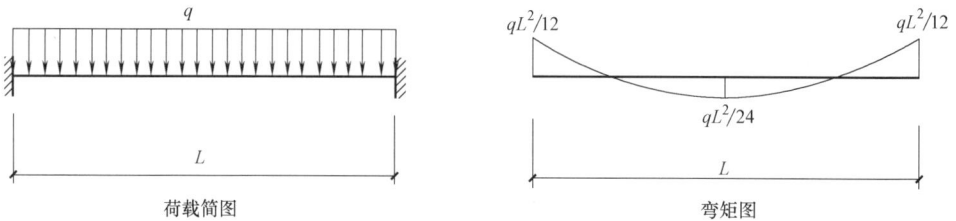

图 7-29 两端固支的单跨梁在均布竖向荷载作用下的弯矩图

从图 7-29 可以看出，支座负弯矩 $\left(\dfrac{1}{12}qL^2\right)$ 比跨中正弯矩 $\left(\dfrac{1}{24}qL^2\right)$ 要大，为跨中正弯矩的两倍，对应于配筋简图的特征为，连续次梁的中间跨支座负筋的计算结果比跨中正筋要大。实际项目的配筋简图如图 7-30 所示。

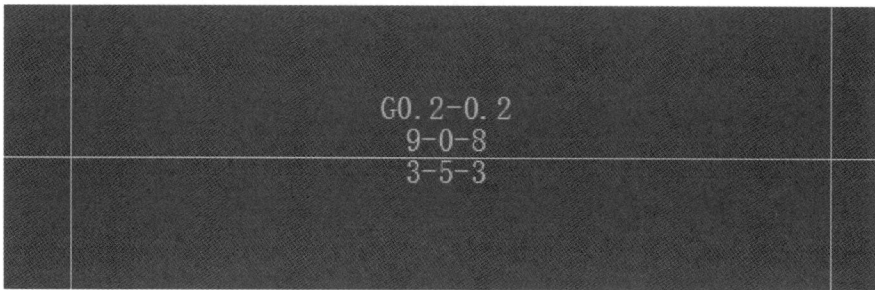

图 7-30 两端固支的单跨梁在均布竖向荷载作用下的配筋简图

2. 一端固支一端简支的单跨梁在均布竖向荷载作用下的弯矩图（图 7-31）

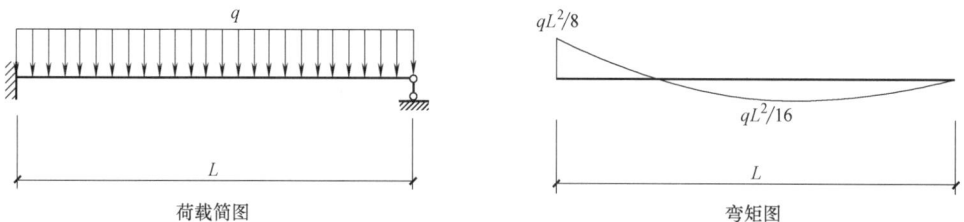

图 7-31 一端固支一端简支的单跨梁在均布竖向荷载作用下的弯矩图

从图 7-31 可以看出，支座负弯矩 $\left(\dfrac{1}{8}qL^2\right)$ 比两端固支的单跨梁在均布荷载作用下的负弯矩 $\left(\dfrac{1}{12}qL^2\right)$ 要大，跨度中点正弯矩 $\left(\dfrac{1}{16}qL^2\right)$ 比两端固支的单跨梁在均布荷载作用下的正弯矩 $\left(\dfrac{1}{24}qL^2\right)$ 也要大，对应于配筋简图的特征为各跨相等且受到的竖向荷载也相同的连续次梁，端支座点铰后，边跨跨中正筋和第一内支座的负筋计算结果会变大，其结果大于其他跨的跨中正筋和支座负筋。实际项目的配筋简图如图 7-32 所示。

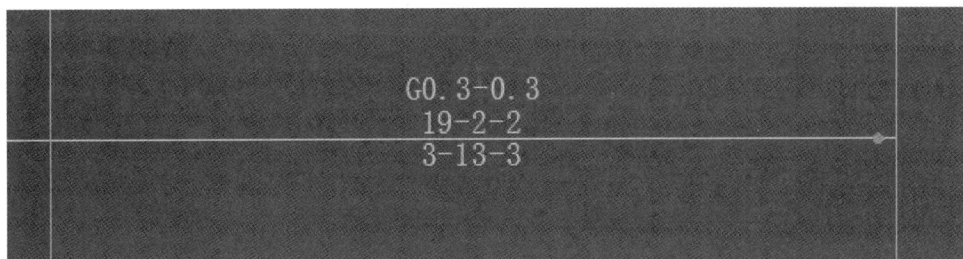

图 7-32　一端固支一端简支的单跨梁在均布竖向荷载作用下的配筋简图

3. 两端固支的单跨梁左端支座发生顺时针单位转角的弯矩图（图 7-33）

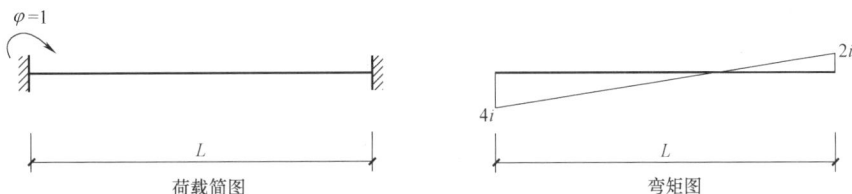

图 7-33　两端固支的单跨梁左端支座发生顺时针单位转角的弯矩图

图 7-33 中，i 为梁的线刚度。

4. 两端固支的单跨梁右端支座发生顺时针单位转角的弯矩图（图 7-34）

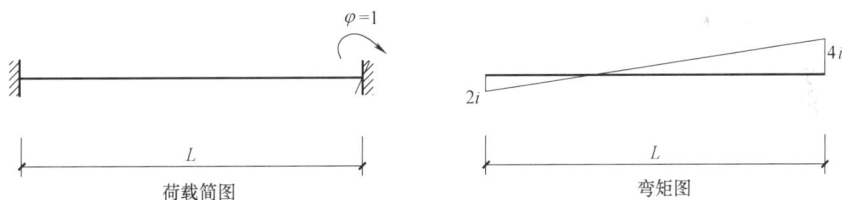

图 7-34　两端固支的单跨梁右端支座发生顺时针单位转角的弯矩图

5. 两端固支的单跨梁左、右端支座同时发生顺时针单位转角的弯矩图（图 7-35）

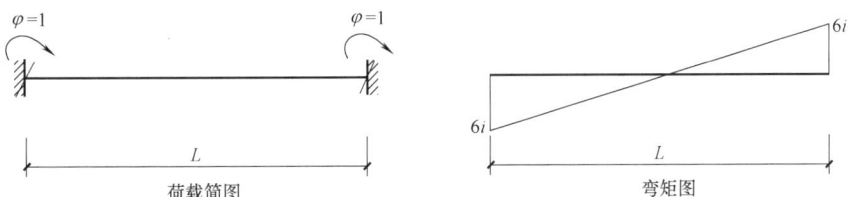

图 7-35　两端固支的单跨梁左、右端支座同时发生顺时针单位转角的弯矩图

6. 两端固支的单跨梁左、右端支座同时发生顺时针和逆时针单位转角的弯矩包络图（图 7-36）

　　从图 7-36 可以看出，支座处既有负弯矩也有正弯矩，支座处的正、负弯矩均大于跨中的正、负弯矩，对应于配筋简图的特征为跨度较小的框架梁，当水平力起控制作用时，

107

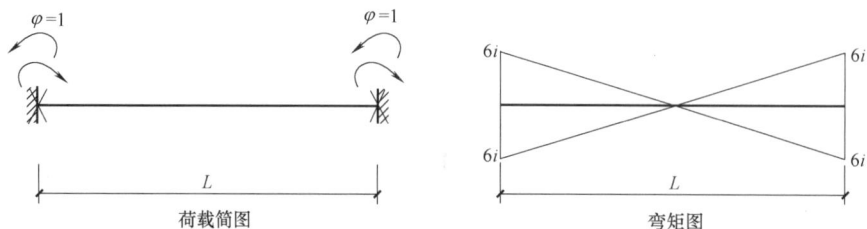

图 7-36 两端固支的单跨梁左、右端支座同时发生顺时针和逆时针单位转角的弯矩包络图

其计算结果在支座处有较大的底筋和面筋，且比跨中处的底筋和面筋都要大。实际项目的配筋简图如图 7-37 所示。

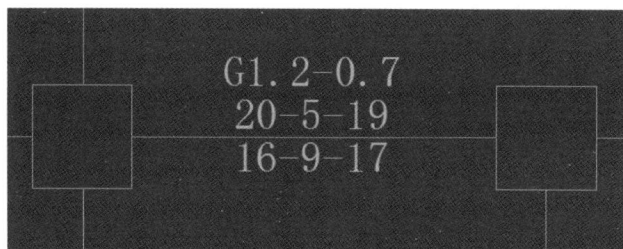

图 7-37 两端固支的单跨梁左、右端支座同时发生顺时针和逆时针单位转角的配筋简图

对于跨度较小的框架梁，当水平力过大引起超限时，加大梁截面往往适得其反，加大梁截面时，梁的线刚度变大，只会使梁的内力更大，超限更多，此时，适当减小梁截面，减小梁的线刚度，可以减小梁的内力，从而改善梁的超限情况。

7.6 设计理论

（1）《抗规》5.2.6 条规定：结构的楼层水平地震剪力，应按下列原则分配：

1 现浇和装配整体式混凝土楼、屋盖等刚性楼、屋盖建筑，宜按抗侧力构件等效刚度的比例分配。

2 木楼盖、木屋盖等柔性楼、屋盖建筑，宜按抗侧力构件从属面积上重力荷载代表值的比例分配。

3 普通的预制装配式混凝土楼、屋盖等半刚性楼、屋盖的建筑，可取上述两种分配结果的平均值。

4 计入空间作用、楼盖变形、墙体弹塑性变形和扭转的影响时，可按本规范各有关规定对上述分配结果作适当调整。

对于现浇和装配整体式混凝土楼、屋盖等刚性楼、屋盖建筑，规范规定了水平地震剪力按刚度分配的原则进行分配。因此，对于框架梁、框架柱因地震作用过大而引起的超限调整策略，除了可以直接加强超限构件，还可以通过加强超限构件附近的其他构件，通过使超限构件附近的其他构件吸收更多的地震作用，间接减小超限构件的负担，使超限构件满足设计要求。

（2）受弯构件计算时，如何保证构件不出现少筋破坏及超筋破坏？

规范对于受弯构件，是通过控制最小配筋率来保证不出现少筋破坏，通过控制相对受压区高度不超过界限相对受压区高度来保证不出现超筋破坏。

（3）受剪构件计算时，如何保证构件不出现斜压破坏及斜拉破坏？

规范对于受剪构件，是通过剪压比限值来保证不出现斜压破坏，通过控制最小配箍率和最小箍筋直径、最大箍筋间距来保证不出现斜拉破坏。

（4）受剪构件的剪跨比和三种不同的破坏形态有什么对应关系？

当剪跨比 $\lambda < 1$ 时，一般发生斜压破坏；当 $1 \leqslant \lambda \leqslant 3$ 时，一般发生剪压破坏；当 $\lambda > 3$ 时，一般发生斜拉破坏。

（5）抗震设计是如何实现强柱弱梁、强剪弱弯的？这对在梁、柱中配筋时有什么启示？《抗规》的哪些内容和这些概念有对应关系？

抗震设计时，通过调整柱端弯矩设计值实现强柱弱梁，通过调整梁、柱端剪力实现强剪弱弯，在实际配筋时，应注意梁的纵筋不要超配，以免形成强梁弱柱，同时，梁、柱箍筋要配够，以实现强剪弱弯。《抗规》6.2 节的计算要点规定了梁、柱内力调整的内容，6.3 节的框架的基本抗震构造措施规定了梁、柱的配筋细节。

8 模板图及板施工图绘制

经过前面章节的学习，已经知道怎样建立模型去计算上部的梁、柱，但楼板的计算并未涉及，在 PKPM 软件中，楼板的计算是放在施工图模块里面，在绘制施工图的过程中，将讲述楼板的计算过程。

希望大家按照一定的流程去绘制施工图，而不是想到哪就画到哪，那样很容易丢三落四。建议大家的绘图流程是：平面轴网图→各层模板图→各层梁、板配筋图→基础→楼梯、大样。

同时，希望大家严格控制好图层，对图层的控制有以下两个基本要求：

（1）对应的元素放置于对应的图层中，专属某种元素的图层不能出现其他元素。比如梁、柱就应该有专门的图层，而且这两个图层不能再出现梁、柱之外的其他元素。

（2）为了后面的打印设置，图层颜色的选择要早作打算。比如轴线与填充这两个图层的颜色，最好与其他的图层区分开来，在打印设置中，一般要求轴线打得更细一些，而填充往往也要求淡显。

此外，建议大家合理地使用块。对于大量相同的元素，合理地使用块可以大大地提高绘图效率，这一点需要大家在实际的绘图工作中慢慢体会，积累使用心得。

8.1 规范条文链接

《混规》中对楼板的配筋要求作了详细的规定，列举如下。

8.1.1 受力筋要求

受力筋包括楼板板底正筋和板面负筋，配筋面积是需要经过计算的。

《混规》9.1.3 条规定：板中受力钢筋的间距，当板厚不大于 150mm 时不宜大于 200mm；当板厚大于 150mm 时不宜大于板厚的 1.5 倍，且不宜大于 250mm。

以上条文规定了楼板中受力筋的最大间距，但并没有规定受力筋的最小直径，受力筋的最小直径则通过配筋面积来控制，配筋面积需要满足计算要求及《混规》8.5 节的最小配筋率要求。

8.1.2 构造筋要求

构造钢筋主要指不方便计算其受力但实际又受力的钢筋，对于混凝土框架结构，主要指按简支边或非受力边设计的现浇混凝土板的板面构造筋。

《混规》9.1.6 条规定：按简支边或非受力边设计的现浇混凝土板，当与混凝土梁、墙整体浇筑或嵌固在砌体墙内时，应设置板面构造钢筋，并符合下列要求：

　　1　钢筋直径不宜小于8mm，间距不宜大于200mm，且单位宽度内的配筋面积不宜小于跨中相应方向板底钢筋截面面积的1/3。与混凝土梁、混凝土墙整体浇筑单向板的非受力方向，钢筋截面面积尚不宜小于受力方向跨中板底钢筋截面面积的1/3。

　　2　钢筋从混凝土梁边、柱边、墙边伸入板内的长度不宜小于$l_0/4$，砌体墙支座处钢筋伸入板内的长度不宜小于$l_0/7$，其中计算跨度l_0对单向板按受力方向考虑，对双向板按短边方向考虑。

　　3　在楼板角部，宜沿两个方向正交、斜向平行或放射状布置附加钢筋。

　　4　钢筋应在梁内、墙内或柱内可靠锚固。

以上条文规定了构造筋的最小直径和最大间距，同时还规定了最小配筋面积。

8.1.3　分布筋要求

分布筋与构造筋的区别主要在于，构造筋是受力的，只是不方便计算其受力，而分布筋则通常不考虑其受力作用，只考虑其固定受力钢筋的作用。

《混规》9.1.7条规定：当按单向板设计时，应在垂直于受力的方向布置分布钢筋，单位宽度上的配筋不宜小于单位宽度上的受力钢筋的15%，且配筋率不宜小于0.15%；分布钢筋直径不宜小于6mm，间距不宜大于250mm；当集中荷载较大时，分布钢筋的配筋面积尚应增加，且间距不宜大于200mm。

当有实践经验或可靠措施时，预制单向板的分布钢筋可不受本条的限制。

以上条文规定了分布筋的最小直径和最大间距，同时还规定了最小配筋面积。

8.1.4　温度筋要求

温度筋的作用主要是控制温度、收缩应力较大的现浇板的裂缝。对于采用双层双向配筋的屋面板，由于板面钢筋双向拉通了，可以不用另外配置温度筋。

《混规》9.1.8条规定：在温度、收缩应力较大的现浇板区域，应在板的表面双向配置防裂构造钢筋。配筋率均不宜小于0.10%，间距不宜大于200mm。防裂构造钢筋可利用原有钢筋贯通布置，也可另行设置钢筋并与原有钢筋按受拉钢筋的要求搭接或在周边构件中锚固。

楼板平面的瓶颈部位宜适当增加板厚和配筋。沿板的洞边、凹角部位宜加配防裂构造钢筋，并采取可靠的锚固措施。

以上条文规定了温度筋的最大间距，同时还规定了最小配筋率。

8.2　图集链接

在22G101-1图集中对板平法制图规则作了图8-1～图8-5所示规定。

在22G101-1图集中，对板配筋的构造详图也给了示例，如图8-6～图8-10所示。

总则
平法制图规则
柱
平法制图规则
剪力墙
平法制图规则
梁
平法制图规则
板
平法制图规则
其他相关构造

5 有梁楼盖平法施工图制图规则

5.1 有梁楼盖平法施工图的表示方法

5.1.1 有梁楼盖的制图规则适用于以梁(墙)为支座的楼面与屋面板平法施工图设计。

有梁楼盖平法施工图，系在楼面板和屋面板布置图上，采用平面注写的表达方式。板平面注写主要包括板块集中标注和板支座原位标注。

5.1.2 为方便设计表达和施工识图，规定结构平面的坐标方向为：

　　1) 当两向轴网正交布置时，图面从左至右为x向，从下至上为y向。

　　2) 当轴网转折时，局部坐标方向顺轴网转折角度做相应转折。

　　3) 当轴网向心布置时，切向为x向，径向为y向。

此外，对于平面布置比较复杂的区域，如轴网转折交界区域、向心布置的核心区域等，其平面坐标方向应由设计者另行规定并在图上明确表示。

5.2 板块集中标注

5.2.1 板块集中标注的内容：板块编号，板厚，上部贯通纵筋，下部纵筋以及当板面标高不同时的标高高差。

对于普通楼面，两向均以一跨为一板块；对于密肋楼盖，

两向主梁(框架梁)均以一跨为一板块(非主梁密肋不计)。所有板块应逐一编号，相同编号的板块可择其一做集中标注，其他仅注写置于圆圈内的板编号，以及当板面标高不同时的标高高差。

板块编号按表5.2.1的规定。

表5.2.1 板块编号

板类型	代号	序号
楼面板	LB	××
屋面板	WB	××
悬挑板	XB	××

板厚注写为h=×××(为垂直于板面的厚度)；当悬挑板的端部改变截面厚度时，用斜线分隔根部与端部的高度值，注写为h=×××/×××；当设计已在图中统一注明板厚时，此项可不注。

纵筋按板块的下部纵筋和上部贯通纵筋分别注写(当板块上部不设贯通纵筋时则不注)，并以B代表下部纵筋，以T代表上部贯通纵筋，B&T代表下部与上部；x向纵筋以X打头，y向纵筋以Y打头，两向纵筋配置相同时则以X&Y打头。

当为单向板时，分布筋可不必注写，而在图中统一注明。

当在某些板内(例如在悬挑板XB的下部)配置有构造钢筋时，则x向以Xc，y向以Yc打头注写。

当y向采用放射配筋时(切向为x向，径向为y向)，设计者应注明配筋间距的定位尺寸。

图8-1　22G101-1图集中对板平法制图规则的规定（一）

总则
平法制图规则
柱
平法制图规则
剪力墙
平法制图规则
梁
平法制图规则
板
平法制图规则
其他相关构造

当纵筋采用两种规格钢筋"隔一布一"方式时，表达为xx/yy@×××，表示直径为xx的钢筋和直径为yy的钢筋间距相同，两者组合后的实际间距为×××。直径xx的钢筋的间距为×××的2倍，直径yy的钢筋的间距为×××的2倍。

板面标高高差，系指相对于结构层楼面标高的高差，应将其注写在括号内，且有高差则注，无高差不注。

【例】有一楼面板块注写为：LB5 $h=110$
　　　　B：XΦ12@125；YΦ10@110
表示5号楼面板，板厚110mm，板下部配置的纵筋x向为Φ12@125，y向为Φ10@110；板上部未配置贯通纵筋。

【例】有一楼面板块注写为：LB5 $h=110$
　　　　B：XΦ10/12@100；YΦ10@110
表示5号楼面板，板厚110mm，板下部配置的纵筋x向为Φ10、Φ12隔一布一、Φ10与Φ12之间间距为100mm；y向为Φ10@110；板上部未配置贯通纵筋。

【例】有一悬挑板注写为：XB2 $h=150/100$
　　　　B：Xc&Yc Φ8@200
表示2号悬挑板，板根部厚150mm，端部厚100mm，板下部配置构造钢筋双向均为Φ8@200(上部受力钢筋见板支座原位标注)。

5.2.2 同一编号板块的类型、板厚和贯通纵筋应相同，但板面标高、跨度、平面形状以及板支座上部非贯通纵筋可以不同，如同一编号板块的平面形状可为矩形、多边形及其他形状等。施工预算时，应根据其实际平面形状，分别计算各块板的混凝土与钢材用量。

设计与施工应注意：

Ⅰ 单向或双向板的中间支座上部同向贯通纵筋，不应在支座位置连接或分别锚固。当相邻两跨的板上部贯通纵筋配置相同，且跨中部位有足够空间连接时，可在两跨任意一跨的跨中连接部位连接；当相邻两跨的上部贯通纵筋配置不同时，应将配置较大者越过其标注的跨数终点或起点伸至相邻跨的跨中连接区域连接。

设计应注意板中间支座两侧上部纵筋的协调配置，施工及预算应按具体设计和相应标准构造详图实施。当等跨与不等跨板上部纵筋的连接有特殊要求时，其连接部位及方式应由设计者注明。

Ⅱ 对于梁板式转换层楼板，板下部纵筋在支座内的锚固长度不应小于l_{aE}。

Ⅲ 悬挑板需要考虑竖向地震作用时，下部纵筋伸入支座内长度不应小于l_{aE}。

5.3 板支座原位标注

5.3.1 板支座原位标注的内容：板支座上部非贯通纵筋和悬挑板上部受力钢筋。

板支座原位标注的钢筋，应在配置相同跨的第一跨表达(当在梁悬挑部位单独配置时则在原位表达)。在配置相同跨的第一跨(或梁悬挑部位)，垂直于板支座(梁或墙)绘制一段适宜长度的中粗实线(当该筋通长设置在悬挑板或短跨板上部时，

图8-2　22G101-1图集中对板平法制图规则的规定（二）

实线段应画至对边或贯通短跨），以该线段代表支座上部非贯通纵筋，并在线段上方注写钢筋编号（如①、②等）、配筋值、横向连续布置的跨数（注写在括号内，当为一跨时可不注），以及是否横向布置到梁的悬挑端。

【例】（××）为连续布置的跨数，（××A）为连续布置的跨数及一端的悬挑梁部位，（××B）为连续布置的跨数及两端的悬挑梁部位。

板支座上部非贯通纵筋自支座边线向跨内的伸出长度，注写在线段的下方位置。

当中间支座上部非贯通纵筋向支座两侧对称伸出时，可仅在支座一侧线段下方标注伸出长度，另一侧不注，见图5.3.1-1。

当支座两侧非对称伸出时，应分别在支座两侧线段下方注写伸出长度，见图5.3.1-2。

图5.3.1-1 板支座上部
非贯通纵筋对称伸出

图5.3.1-2 板支座上部
非贯通纵筋非对称伸出

对线段画至对边贯通全跨或贯通全悬挑长度的上部通长纵筋，贯通全跨或伸出至全悬挑一侧的长度值不注，只注明非贯通筋另一侧的伸出长度值，见图5.3.1-3。

图5.3.1-3 板支座非贯通纵筋贯通全跨或伸出至悬挑端

当板支座为弧形，支座上部非贯通纵筋呈放射状分布时，设计者应注明配筋间距的度量位置并加注"放射分布"字样，必要时应补绘平面配筋图，见图5.3.1-4。

关于悬挑板的注写方式见图5.3.1-5。当悬挑板端部厚度不小于150mm时，本图集第2-54页提供了"无支承板端部封边构造"，施工应按标准构造详图执行。当设计采用与本标准构造详图不同的做法时，应另行注明。

此外，悬挑板的悬挑阳角、阴角上部放射钢筋的表示方法，详见本规则第7.2.9条、第7.2.10条。

有梁楼盖平法施工图制图规则 | 图集号 | 22G101-1
审核 郁银泉 | 校对 高志强 | 设计 曹爽 | 页 1-36

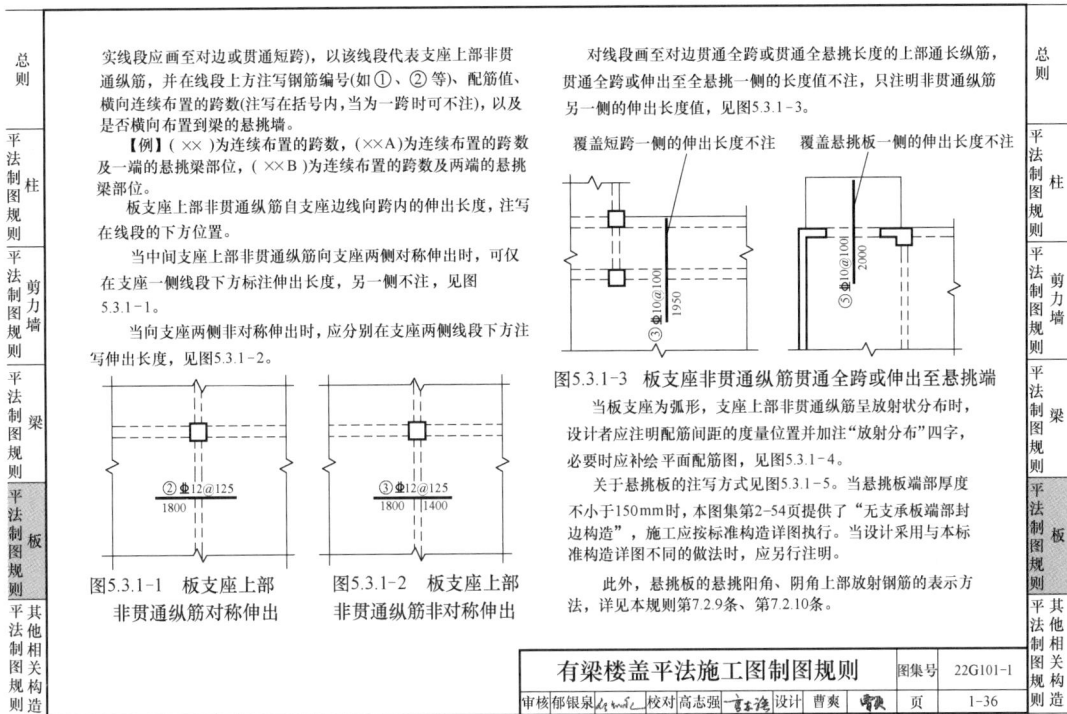

图8-3 22G101-1图集中对板平法制图规则的规定（三）

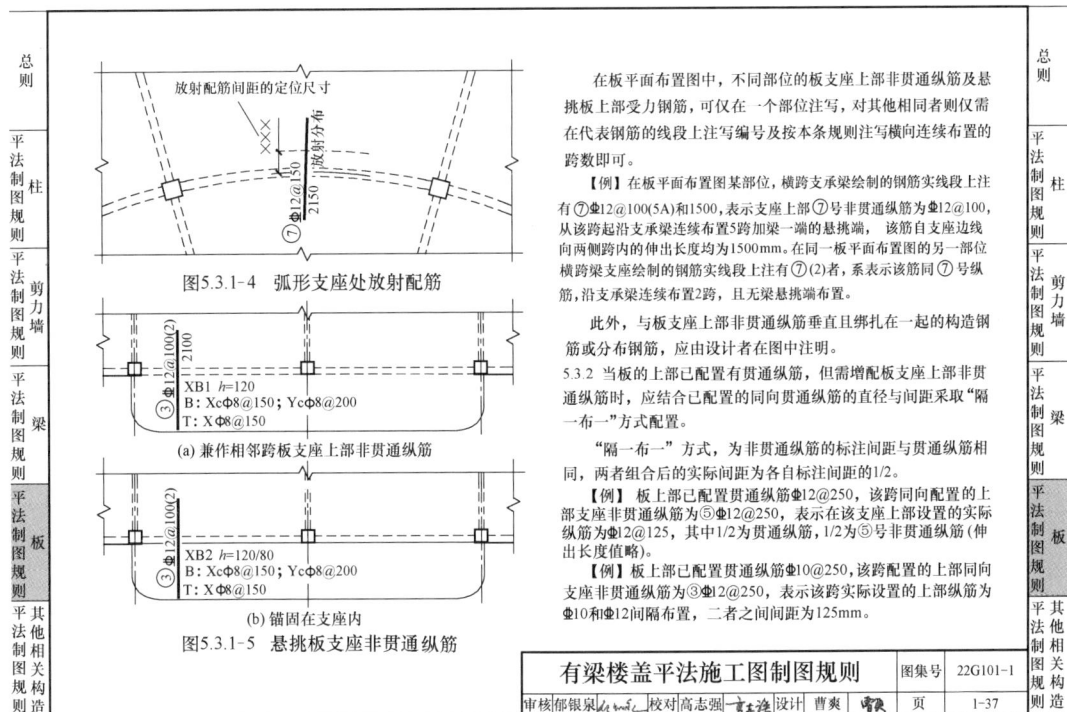

图5.3.1-4 弧形支座处放射配筋

(a) 兼作相邻跨板支座上部非贯通纵筋

(b) 锚固在支座内

图5.3.1-5 悬挑板支座非贯通纵筋

在板平面布置图中，不同部位的板支座上部非贯通纵筋及悬挑板上部受力钢筋，可仅在一个部位注写，对其他相同者则仅需在代表钢筋的线段上注写编号及按本条规则注写横向连续布置的跨数即可。

【例】在板平面布置图某部位，横跨支承梁绘制的钢筋实线段上注有⑦⊈12@100(5A)和1500，表示支座上部⑦号非贯通纵筋为⊈12@100，从该跨起沿支承梁连续布置5跨加梁一端的悬挑端，该筋自支座边线向两侧跨内的伸出长度均为1500mm。在同一板平面布置图的另一部位横跨梁支座绘制的钢筋实线段上注有⑦(2)者，系表示该筋同⑦号纵筋，沿支承梁连续布置2跨，且无梁悬挑端布置。

此外，与板支座上部非贯通纵筋垂直且绑扎在一起的构造钢筋或分布钢筋，应由设计者在图中注明。

5.3.2 当板的上部已配置有贯通纵筋，但需增配板支座上部非贯通纵筋时，应结合已配置的同向贯通纵筋的直径与间距采取"隔一布一"方式配置。

"隔一布一"方式，为非贯通纵筋的标注间距与贯通纵筋相同，两者组合后的实际间距为各自标注间距的1/2。

【例】板上部已配置贯通纵筋⊈12@250，该跨同向配置的上部支座非贯通纵筋为⑤⊈12@250，表示在该支座上部设置的实际纵筋为⊈12@125，其中1/2为贯通纵筋，1/2为⑤号支座非贯通纵筋（伸出长度值略）。

【例】板上部已配置贯通纵筋⊈10@250，该跨配置的上部同向支座非贯通纵筋为③⊈12@250，表示该跨实际设置的上部纵筋为⊈10和⊈12间隔布置，二者之间间距为125mm。

有梁楼盖平法施工图制图规则 | 图集号 | 22G101-1
审核 郁银泉 | 校对 高志强 | 设计 曹爽 | 页 1-37

图8-4 22G101-1图集中对板平法制图规则的规定（四）

113

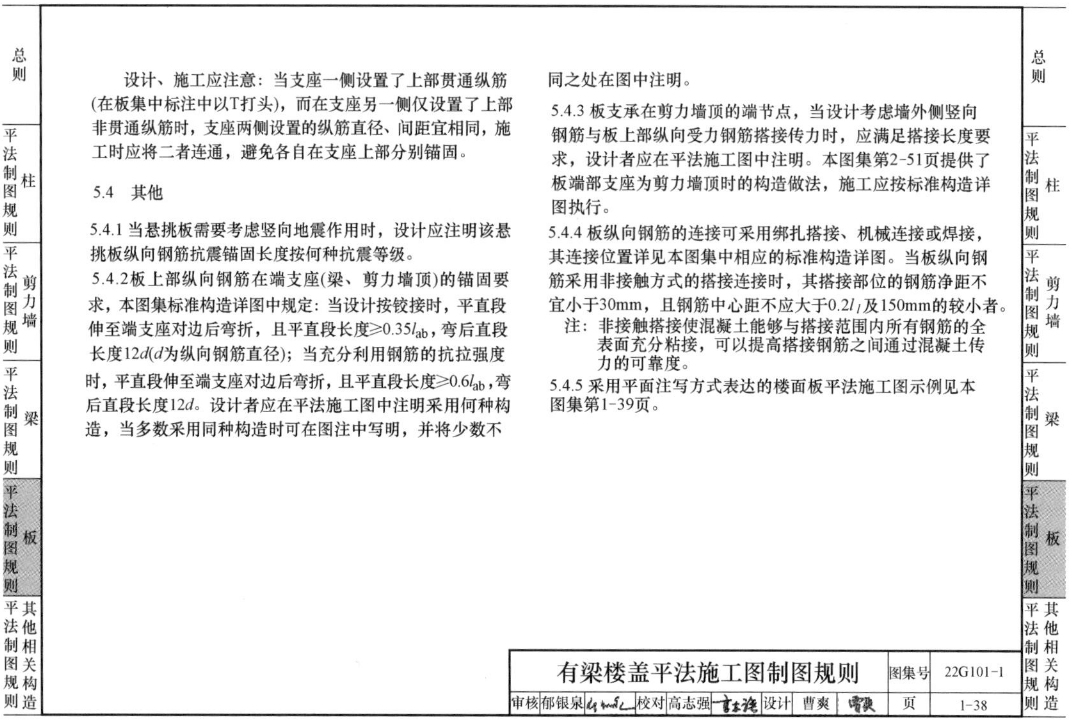

设计、施工应注意：当支座一侧设置了上部贯通纵筋（在板集中标注中以T打头），而在支座另一侧仅设置了上部非贯通纵筋时，支座两侧设置的纵筋直径、间距宜相同，施工时应将二者连通，避免各自在支座上部分别锚固。

5.4 其他

5.4.1 当悬挑板需要考虑竖向地震作用时，设计应注明该悬挑板纵向钢筋抗震锚固长度按何种抗震等级。

5.4.2 板上部纵向钢筋在端支座(梁、剪力墙顶)的锚固要求，本图集标准构造详图中规定：当设计按铰接时，平直段伸至端支座对边后弯折，且平直段长度≥$0.35l_{ab}$，弯后直段长度12d(d为纵向钢筋直径)；当充分利用钢筋的抗拉强度时，平直段伸至端支座对边后弯折，且平直段长度≥$0.6l_{ab}$，弯后直段长度12d。设计者应在平法施工图中注明采用何种构造，当多数采用同种构造时可在图注中写明，并将少数不同之处在图中注明。

5.4.3 板支承在剪力墙顶的端节点，当设计考虑墙外侧竖向钢筋与板上部纵向受力钢筋搭接传力时，应满足搭接长度要求，设计者应在平法施工图中注明。本图集第2-51页提供了板端部支座为剪力墙顶时的构造做法，施工应按标准构造详图执行。

5.4.4 板纵向钢筋的连接可采用绑扎搭接、机械连接或焊接，其连接位置详见本图集中相应的标准构造详图。当板纵向钢筋采用非接触方式的搭接连接时，其搭接部位的钢筋净距不宜小于30mm，且钢筋中心距不应大于$0.2l_l$及150mm的较小者。

注：非接触搭接使混凝土能够与搭接范围内所有钢筋的全表面充分粘接，可以提高搭接钢筋之间通过混凝土传力的可靠度。

5.4.5 采用平面注写方式表达的楼面板平法施工图示例见本图集第1-39页。

有梁楼盖平法施工图制图规则	图集号	22G101-1
审核 郁银泉 校对 高志强 设计 曹爽	页	1-38

总则
平法制图规则 柱
平法制图规则 剪力墙
平法制图规则 梁
平法制图规则 板
平法制图规则 其他相关构造

图 8-5 22G101-1 图集中对板平法制图规则的规定（五）

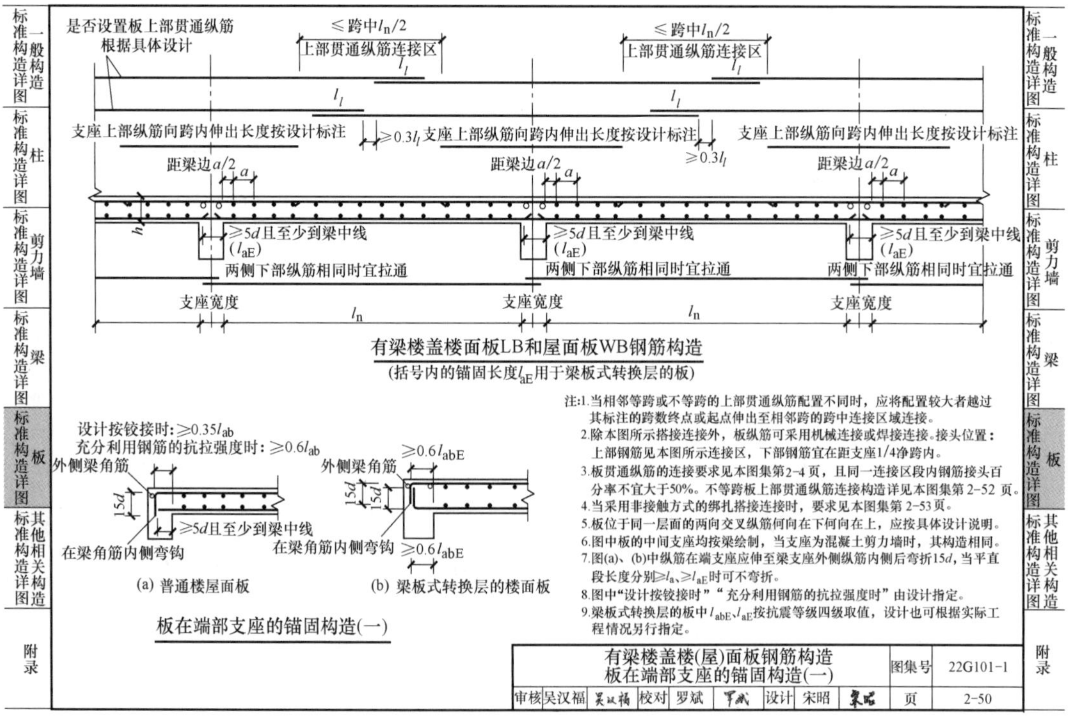

是否设置板上部贯通纵筋根据具体设计
≤跨中$l_n/2$
上部贯通纵筋连接区
l_l
支座上部纵向筋向跨内伸出长度按设计标注
≥$0.3l_l$
距梁边$a/2$
a
≥5d且至少到梁中线
(l_{aE})
两侧下部纵筋相同时宜拉通
支座宽度
l_n
有梁楼盖楼面板LB和屋面板WB钢筋构造
(括号内的锚固长度l_{aE}用于梁板式转换层的板)
设计按铰接时：≥$0.35l_{ab}$
充分利用钢筋的抗拉强度时：≥$0.6l_{ab}$
外侧梁角筋
15d
≥5d且至少到梁中线
在梁角筋内侧弯钩
(a) 普通楼屋面板
≥$0.6l_{abE}$
(b) 梁板式转换层的楼面板
板在端部支座的锚固构造(一)
注:1.当相邻等跨或不等跨的上部贯通纵筋配置不同时，应将配置较大者越过其标注的跨数终点或起点伸出至相邻跨的跨中连接区域连接。
2.除本图所示搭接连接外，板纵筋可采用机械连接或焊接连接。接头位置：上部钢筋见本图所示连接区，下部钢筋宜在距支座1/4净跨内。
3.板贯通纵筋的连接要求见本图集第2-4页，且同一连接区段内钢筋接头百分率不宜大于50%。不等跨板上部贯通纵筋连接构造详见本图集第2-52页。
4.当采用非接触方式的绑扎搭接连接时，要求见本图集第2-53页。
5.板位于同一层面的两向交叉纵筋何向在下何向在上，应按具体设计说明。
6.图中板的中间支座均按梁绘制，当支座为混凝土剪力墙时，其构造相同。
7.图(a)、(b)中纵筋在端支座应伸至梁支座外侧纵筋内侧后弯折15d，当平直段长度分别≥l_a、≥l_{aE}时可不弯折。
8.图中“设计按铰接时”“充分利用钢筋的抗拉强度时”由设计指定。
9.梁板式转换层的板中l_{abE}、l_{aE}按抗震等级四级取值，设计也可根据实际工程情况另行指定。
有梁楼盖楼(屋)面板钢筋构造
板在端部支座的锚固构造(一)
图集号 22G101-1
审核 吴汉福 校对 罗斌 设计 宋昭 页 2-50
标准构造详图 一般构造
标准构造详图 柱
标准构造详图 剪力墙
标准构造详图 梁
标准构造详图 板
标准构造详图 其他相关构造
附录

图 8-6 22G101-1 图集中对板配筋的构造详图示例（一）

墙外侧竖向分布筋

≥0.4l_{ab}(≥0.4l_{abE})

伸至墙外侧水平分布筋内侧弯钩

15d

≥5d且至少到墙中线(l_{aE})

墙外侧水平分布筋

(括号内的数值用于梁板式转换层的板。当板下部纵筋直锚长度不足时，可弯锚，见图1)

(a) 端部支座为剪力墙中间层

伸至墙外侧水平分布筋内侧弯钩 ≥0.35l_{ab}

15d

≥5d且至少到墙中线

墙外侧水平分布筋

(1)板端按铰接设计时

伸至墙外侧水平分布筋内侧弯钩 ≥0.6l_{ab}

15d

≥5d且至少到墙中线

墙外侧水平分布筋

(2)板端上部纵筋按充分利用钢筋的抗拉强度时

l_l

15d

≥5d至少到墙中线且伸至板底

(3)搭接连接

(b) 端部支座为剪力墙顶

板在端部支座的锚固构造(二)

板上部钢筋

下翻边尺寸详见具体设计 ≤300

板上部钢筋

(仅上部配筋)

板上部钢筋
同板上部钢筋

下翻边尺寸具体设计 ≤300

l_a

板下部钢筋

(上、下均配筋)

板上部钢筋

上翻边尺寸详见具体设计 ≤300

l_a

同板上部钢筋

(仅上部配筋)

板上部钢筋

上翻边尺寸详见具体设计 ≤300

l_a

板下部钢筋

(上、下均配筋)

板翻边FB构造

（翻边长度大于300mm时应由设计另行确定）

剪力墙边线

15d

≥0.4l_{abE}

板下部纵筋

图1 板下部纵筋弯锚

（用于梁板式转换层的板下部纵筋）

注：1.板端部支座为剪力墙墙顶时，图(1)、(2)、(3)做法由设计指定。

2.板在端部支座的锚固构造(二)中，纵筋在端支座应伸至墙外侧水平分布筋内侧后弯折15d，当平直段长度分别≥l_a或≥l_{aE}时可不弯折。

3.梁板式转换层的板中，l_{abE}、l_{aE}按抗震等级四级取值，设计也可根据实际工程情况另行指定。

板在端部支座的锚固构造(二) 板翻边FB构造	图集号	22G101-1
审核 吴汉福 吴汉福 校对 罗斌 罗斌 设计 宋昭 宋昭	页	2-51

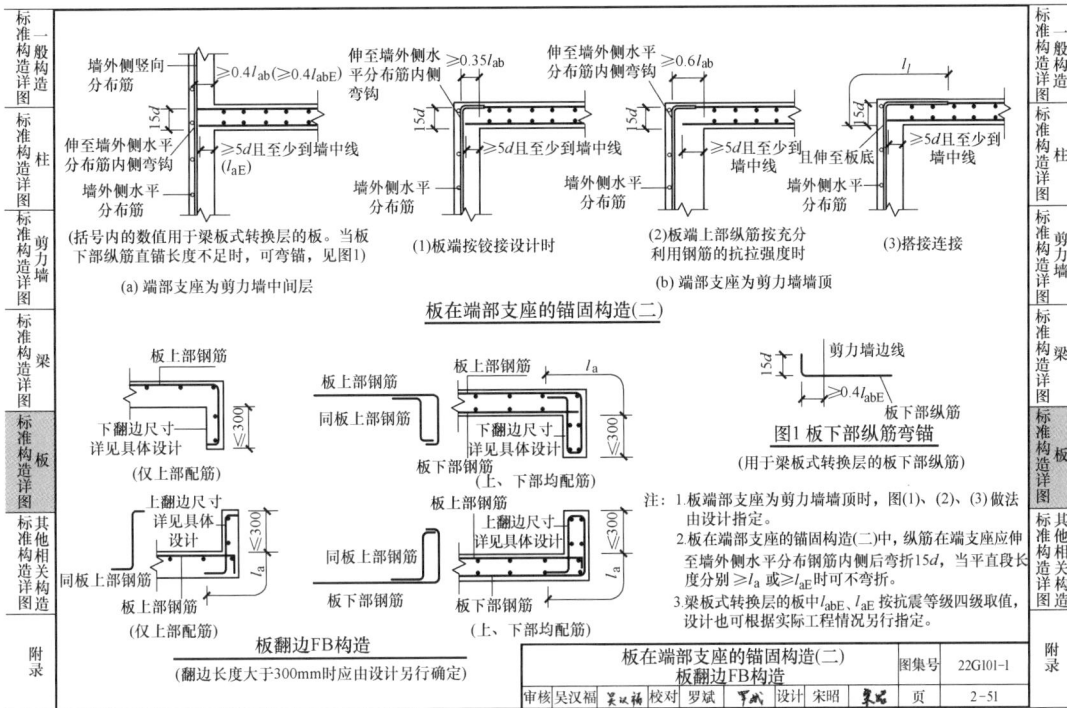

图8-7　22G101-1图集中对板配筋的构造详图示例（二）

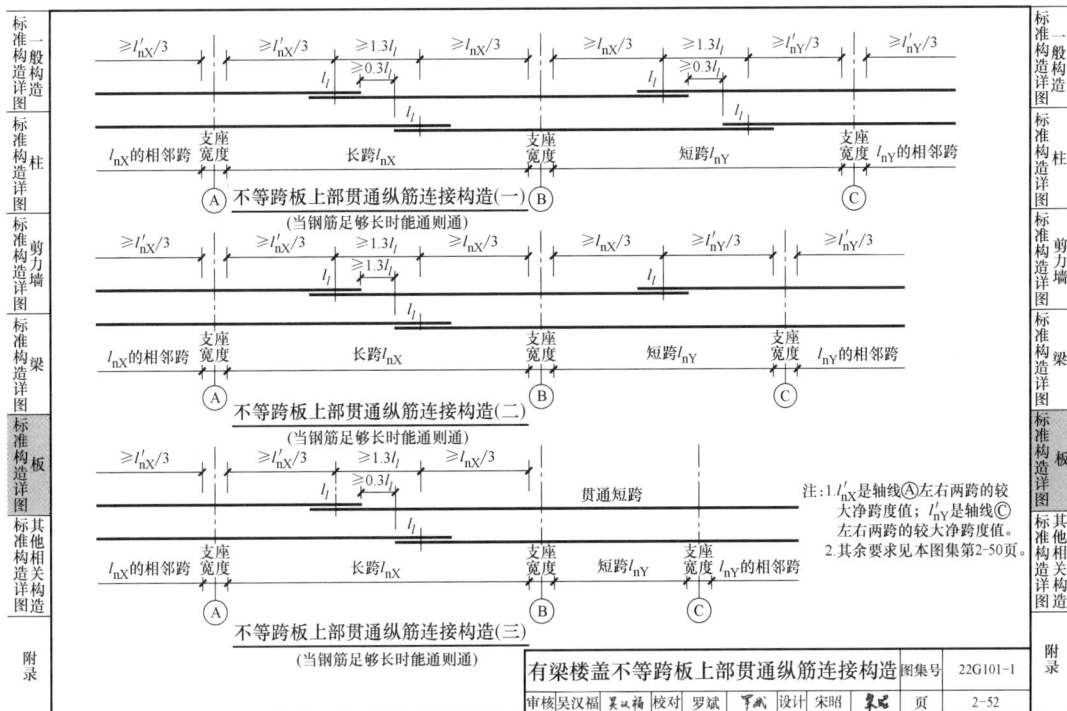

≥$l'_{nX}/3$　≥$l'_{nX}/3$　≥1.3l_l　≥$l'_{nX}/3$　≥$l'_{nX}/3$　≥1.3l_l　≥$l'_{nY}/3$　≥$l'_{nY}/3$

≥0.3l_l

l_l　l_l

l_{nX}的相邻跨　支座宽度　长跨l_{nX}　支座宽度　短跨l_{nY}　支座宽度　l_{nY}的相邻跨

Ⓐ　Ⓑ　Ⓒ

不等跨板上部贯通纵筋连接构造(一)

（当钢筋足够长时能通则通）

≥$l'_{nX}/3$　≥$l'_{nX}/3$　≥1.3l_l　≥$l'_{nX}/3$　≥$l'_{nX}/3$　≥$l'_{nY}/3$　≥$l'_{nY}/3$

≥1.3l_l

l_l

l_{nX}的相邻跨　支座宽度　长跨l_{nX}　支座宽度　短跨l_{nY}　支座宽度　l_{nY}的相邻跨

Ⓐ　Ⓑ　Ⓒ

不等跨板上部贯通纵筋连接构造(二)

（当钢筋足够长时能通则通）

≥$l'_{nX}/3$　≥$l'_{nX}/3$　≥1.3l_l　≥$l'_{nX}/3$

≥0.3l_l

l_l　贯通短跨

l_l

l_{nX}的相邻跨　支座宽度　长跨l_{nX}　短跨l_{nY}　支座宽度　l_{nY}的相邻跨

Ⓐ　Ⓑ　Ⓒ

不等跨板上部贯通纵筋连接构造(三)

（当钢筋足够长时能通则通）

注：1.l'_{nX}是轴线Ⓐ左右两跨的较大净跨度值；l'_{nY}是轴线Ⓒ左右两跨的较大净跨度值。

2.其余要求见本图集第2-50页。

有梁楼盖不等跨板上部贯通纵筋连接构造	图集号	22G101-1
审核 吴汉福 吴汉福 校对 罗斌 罗斌 设计 宋昭 宋昭	页	2-52

图8-8　22G101-1图集中对板配筋的构造详图示例（三）

115

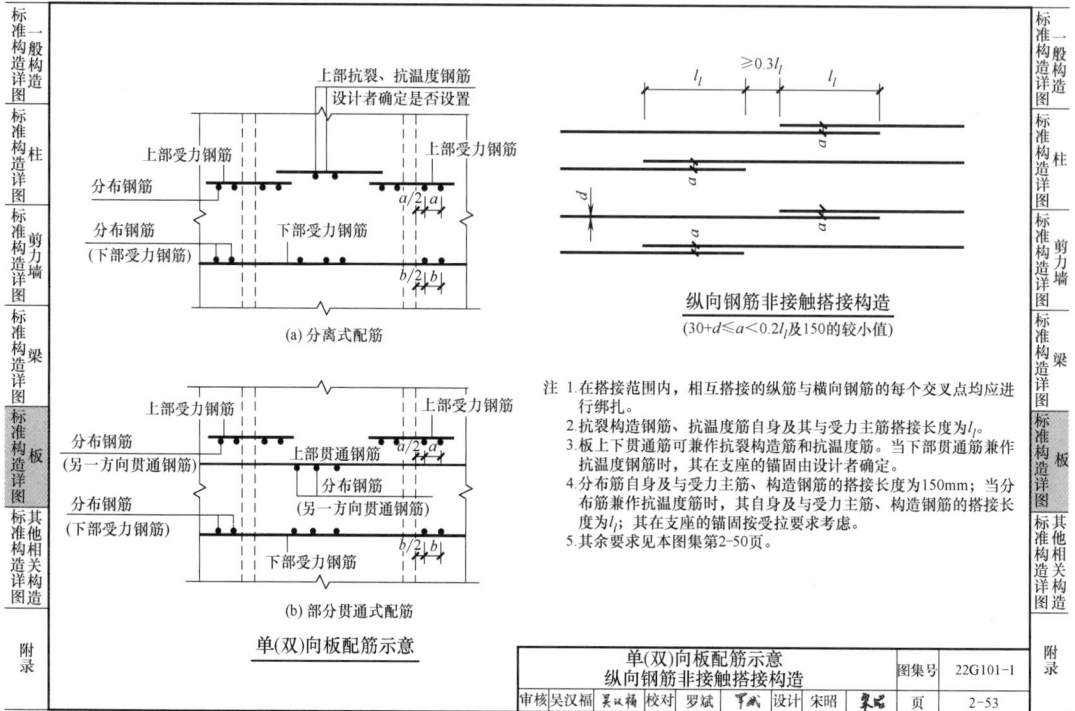

图 8-9　22G101-1 图集中对板配筋的构造详图示例（四）

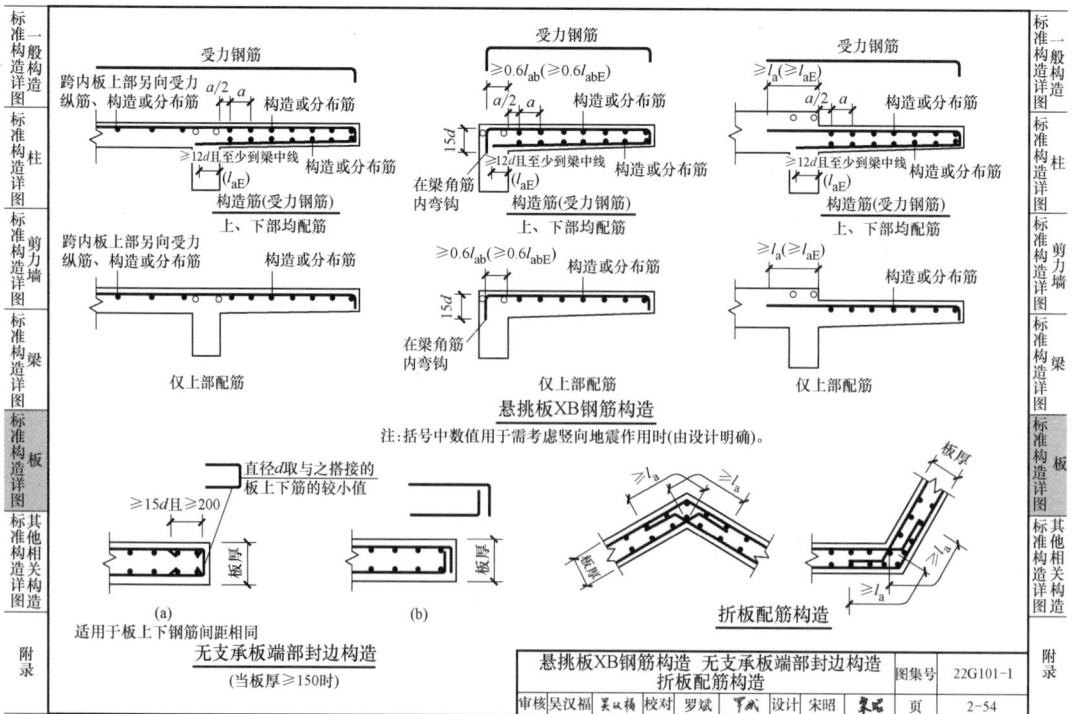

图 8-10　22G101-1 图集中对板配筋的构造详图示例（五）

8.3 楼板计算

1）进入"混凝土施工图"模块下的"板"选项卡，如图 8-11 所示。

图 8-11 "混凝土施工图"模块下的"板"选项卡界面

由于第一层没有板，不必考虑板计算。这里需要作一下说明，第 2 自然层是由第 2 标准层组装的，第 3～5 自然层是由第 3 标准层组装的，两个屋面层分别由第 4、5 标准层组装。由同一个标准层组装的各个自然层，由于楼板布置相同，板面荷载相同，其楼板计算结果是一样的，因此只需要任选其中一个自然层去计算即可（图 8-12）。

2）点击"计算参数"按钮，将弹出"计算参数"对话框，参数设置如下：

计算参数页如图 8-13 所示。

计算方法：既可以选择弹性算法也可以选择塑性算法，方法的选择与设计人员的设计理念有关，塑性算法即考虑楼板的塑性内力重分布。这里选择弹性算法。

边界条件：边缘梁、剪力墙处由于楼板支座负筋的锚固做法达不到充分利用钢筋的抗拉强度，有错层处楼板钢筋需要断开，因此边界条件通常选择按简支计算。

钢筋级别：选择 HRB400。

配筋率：不勾选最小配筋率用户指定，由软件自动确定即可。

3）点击按钮"绘图参数"对话框，参数设置如图 8-14 所示。

按上述设置可以使软件绘制的施工图比较简洁，读者也可以自行更改上述设置，对比一下在不同的绘图参数设置下，软件绘制的施工图有何区别。

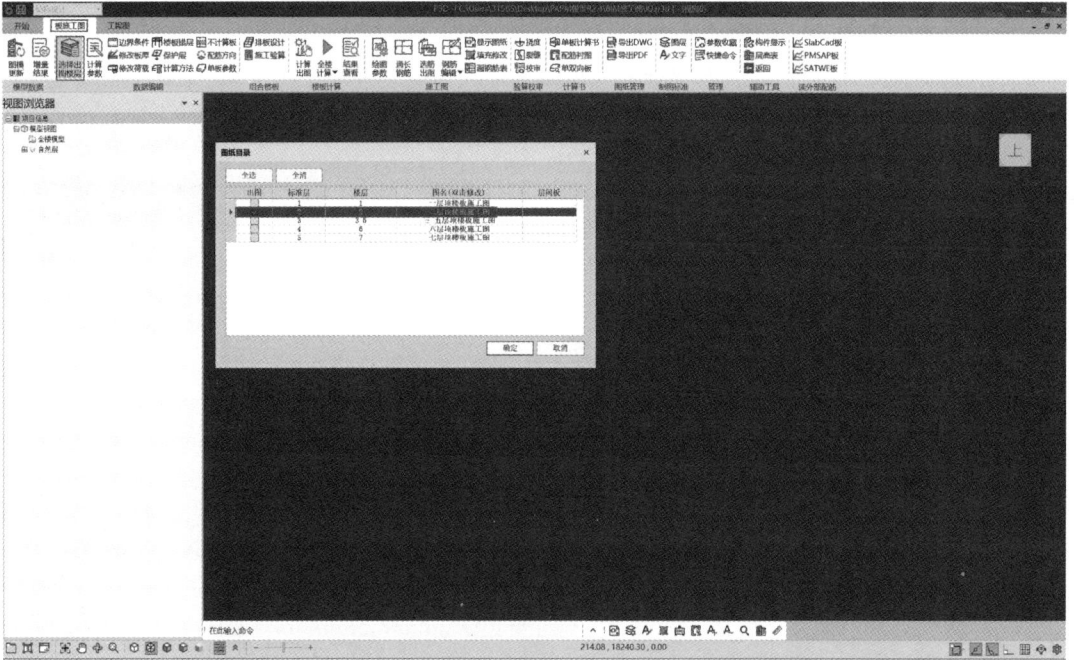

图 8-12　楼板计算标准层的选择

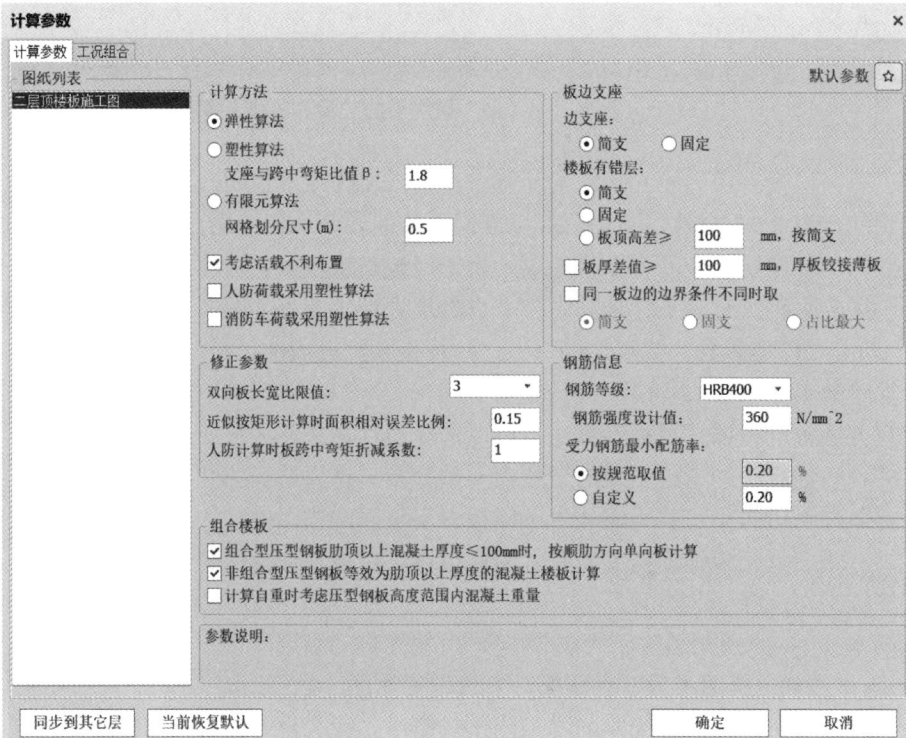

图 8-13　计算参数页

绘图参数 ✕

绘图模式
- ◉ 平法
- ○ 传统

通长钢筋
- ☐ 通长筋用填充注写
- ☑ 附加底筋画出钢筋线

默认参数 ☆

顶筋标注
- 界线位置: ◉ 梁(墙)边线　○ 梁(墙)中线
- 标注方式: ◉ 文字标注　○ 尺寸标注
- ☑ 中支座两侧钢筋长度相同, 只标一侧
- ☐ 端支座负筋标注钢筋总长度

钢筋加钩
- ☐ 顶筋　　☑ 底筋

顶筋长度
- 普通支座筋　◉ 1/4跨长　○ 1/3跨长
- 附加支座筋　○ 1/5跨长　◉ 1/4跨长
- 顶筋自动拉通距离　[200]　mm
- 两支座间距≤　[1800]　mm时, 板顶钢筋贯通
- 标注长度取整模数　[50]　mm
- 板顶最小长度　[300]　mm
- 板顶高差超过　[30]　mm, 顶筋断开
- ☑ 中支座顶筋两侧长度取大值
- ☐ 顶筋长度采用净跨计算

钢筋编号
- ☐ 顶筋
  - ☐ 考虑钢筋长度
- ☐ 底筋

缺省标注
- ☑ 顶筋
- ☑ 底筋
- ☐ 画钢筋线

支座两侧板顶标高相同时
- ☐ 两侧均为简支, 顶筋打断
- ☐ 一侧固定, 另一侧简支时, 顶筋打断
- ☑ 绘制外伸通长筋
- ☐ 绘制悬挑板顶部分布钢筋
- ☐ 标注配筋方向坐标
- 悬挑板顶筋内伸长度取　[1.2]　倍悬挑长度
- ☑ 板填充绘制

简化标注
- ☐ 钢筋简化标注　[设置]

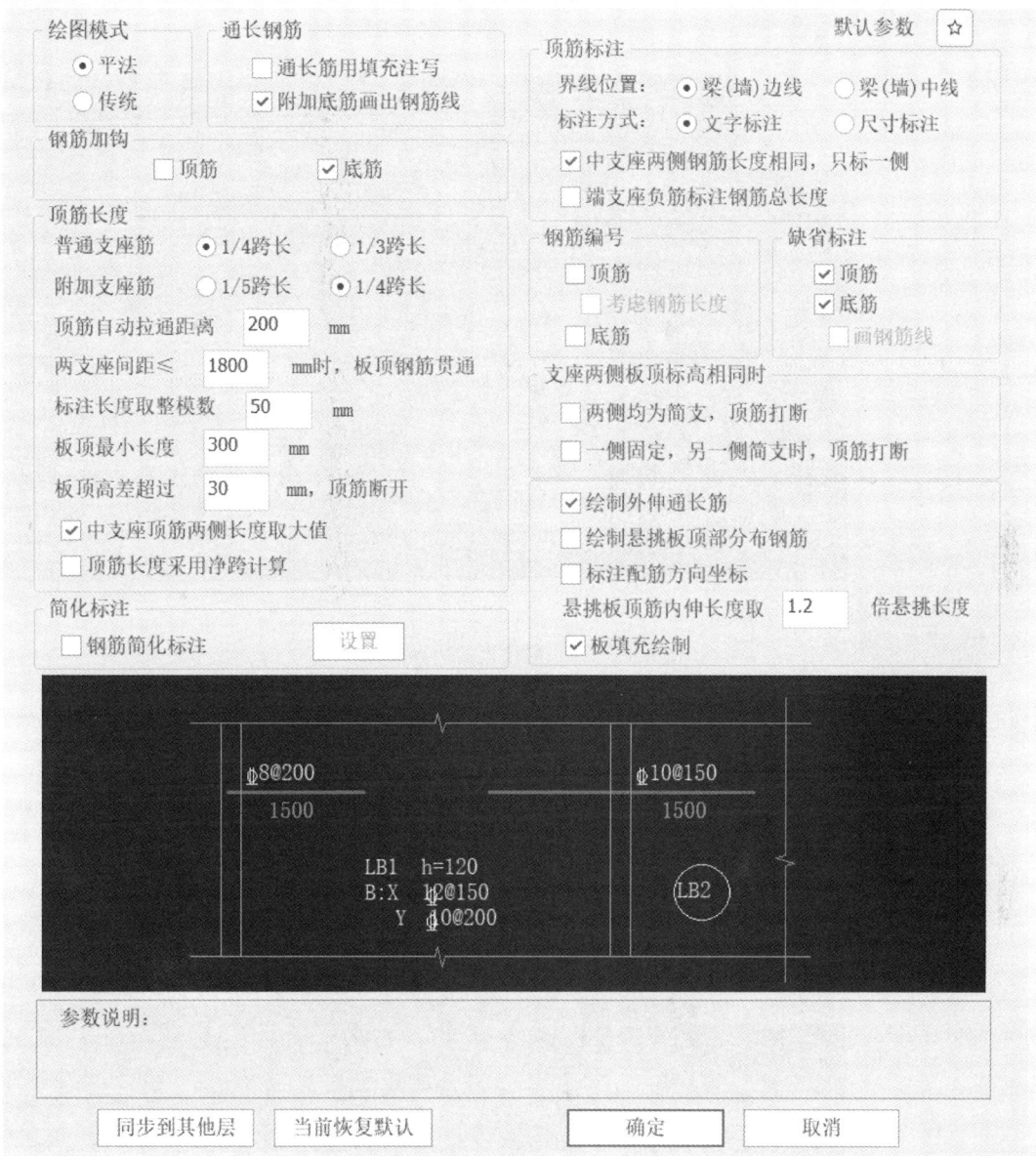

φ8@200
1500

φ10@150
1500

LB1　h=120
B:X　φ12@150
　　Y　φ10@200

(LB2)

参数说明:

[同步到其他层]　[当前恢复默认]　　　[确定]　[取消]

图 8-14 "绘图参数"对话框

4)接下来点击"边界条件"按钮,查看软件自动生成的边界条件,如果不符合用户的需求,还可以人为地修改边界条件。第 2 层楼板的边界条件如图 8-15 所示。

5)点击"全楼计算""本层计算"按钮,软件自动进行楼板的计算,计算完成后,显示配筋的计算结果如图 8-16 所示。

配筋结果局部放大如图 8-17 所示。

图中板跨中部位 X 向文字表示 X 向的板底钢筋每延米的计算面积,Y 向文字表示 Y 向的板底钢筋每延米的计算面积;支座附近的文字,表示支座负筋每延米的计算面积,单位均为 mm^2。

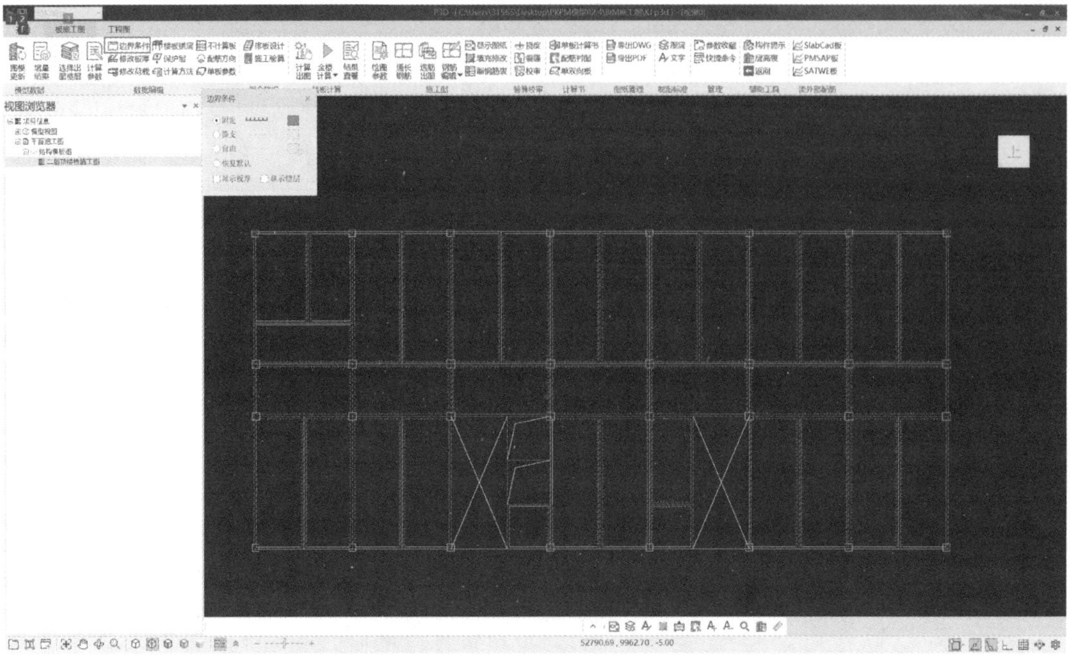

图 8-15　第二层楼板的边界条件

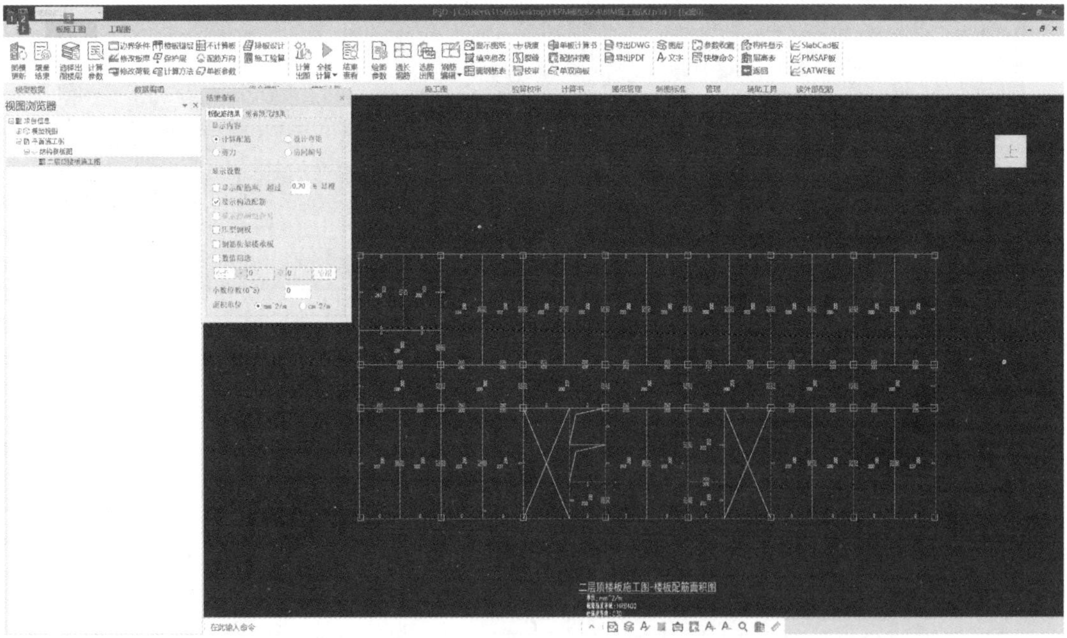

图 8-16　楼板的配筋计算结果

　　6）点击"裂缝"计算结果如图 8-18 所示。

　　当楼板的裂缝验算不满足规范要求时，可以通过增加配筋来满足规范要求。楼板的裂缝宽度限值与后面讲的梁的裂缝宽度限值是一致的，具体规定详见后述内容。

　　7）选择"挠度"计算结果如图 8-19 所示。

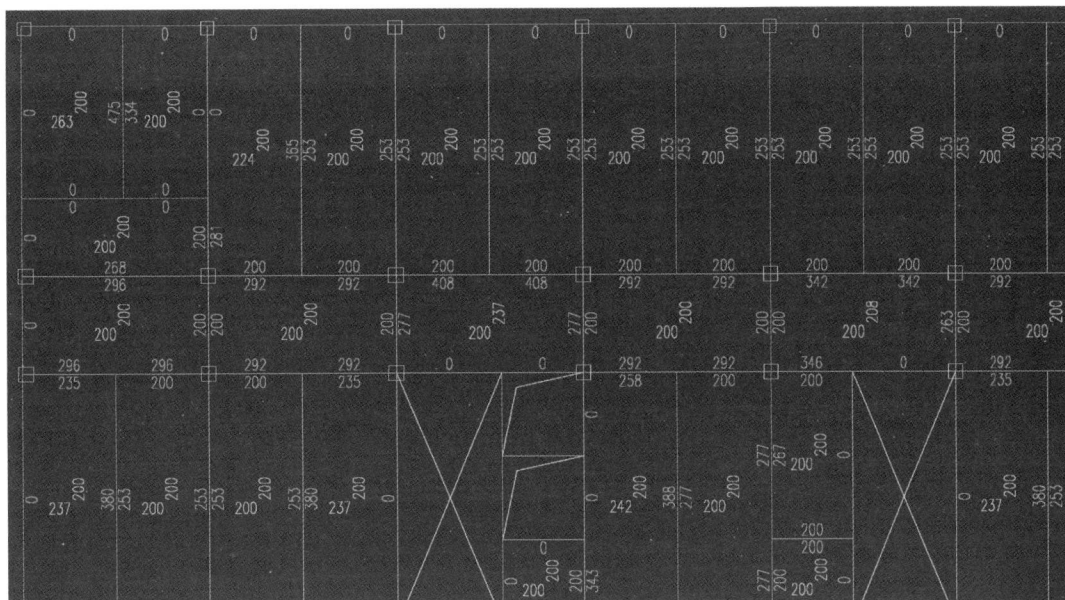

图 8-17　配筋结果局部放大图

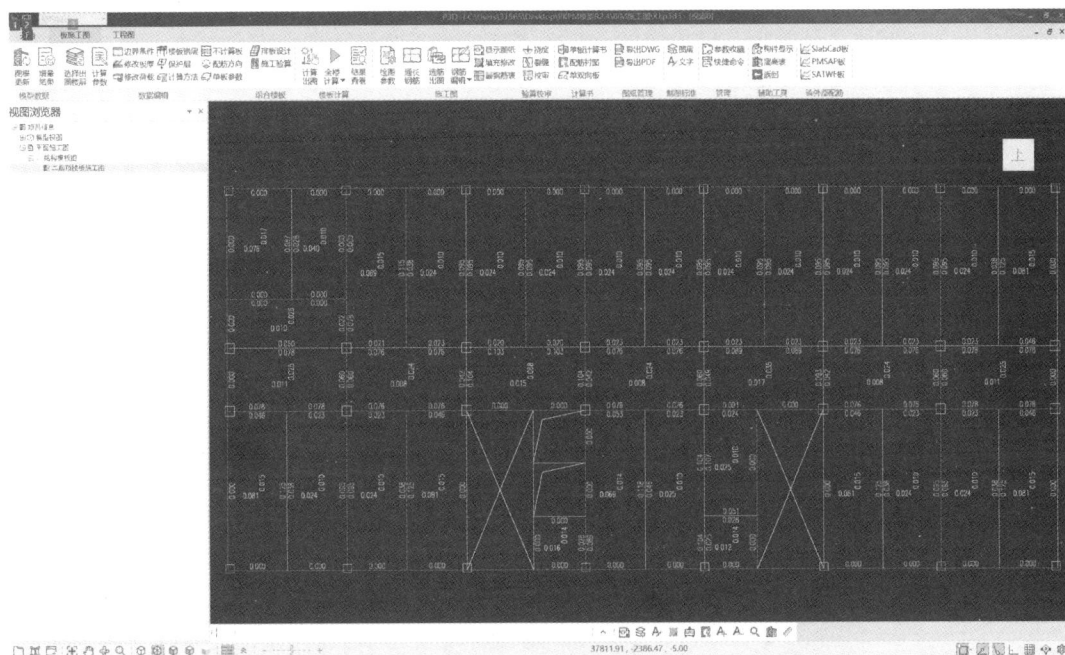

图 8-18　裂缝计算结果

图 8-19 中显示挠度参考计算结果的房间是由于该房间的边界条件出现了混合边界，即在某一边上既有简支边界也有固定边界，笔者建议将混合边界修改为单一的简支边界，再重新进行计算，这样挠度计算值相对保守一点。

当楼板的挠度不满足规范要求时，可以通过增加板厚来减小挠度，从而满足规范要求。楼板的挠度限值与后面讲的梁的挠度限值是一致的，具体规定详见后述内容。

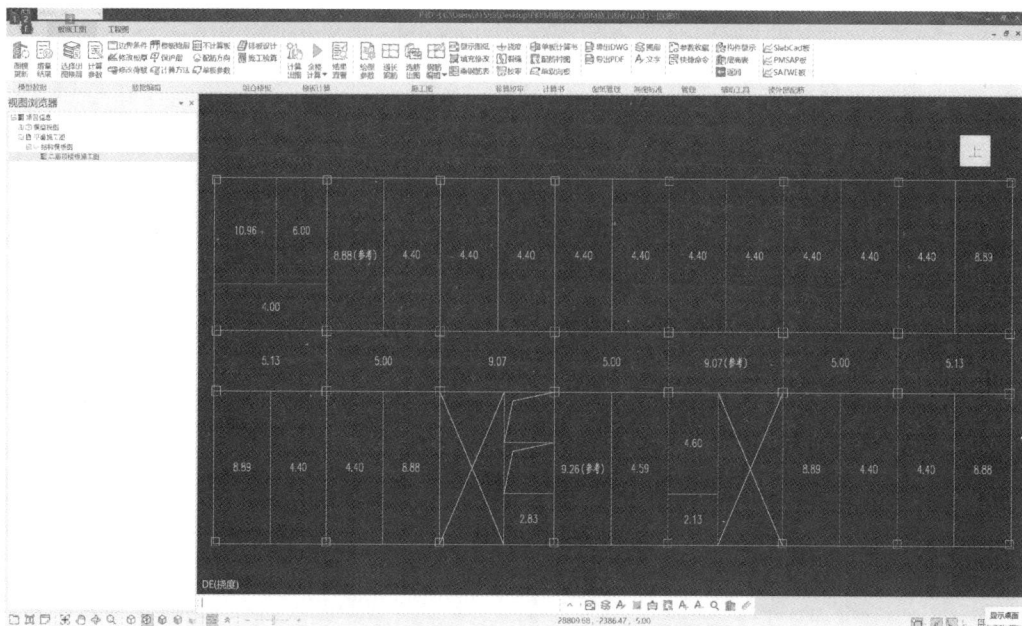

图 8-19　挠度计算结果

8.4　结构平面布置图及板施工图绘制

在计算完楼板，有了楼板的配筋结果，并且检查了裂缝和挠度均没有问题后，便可进行施工图绘制了。

点击"计算出图"按钮，软件自动绘制板施工图，如图 8-20 所示。

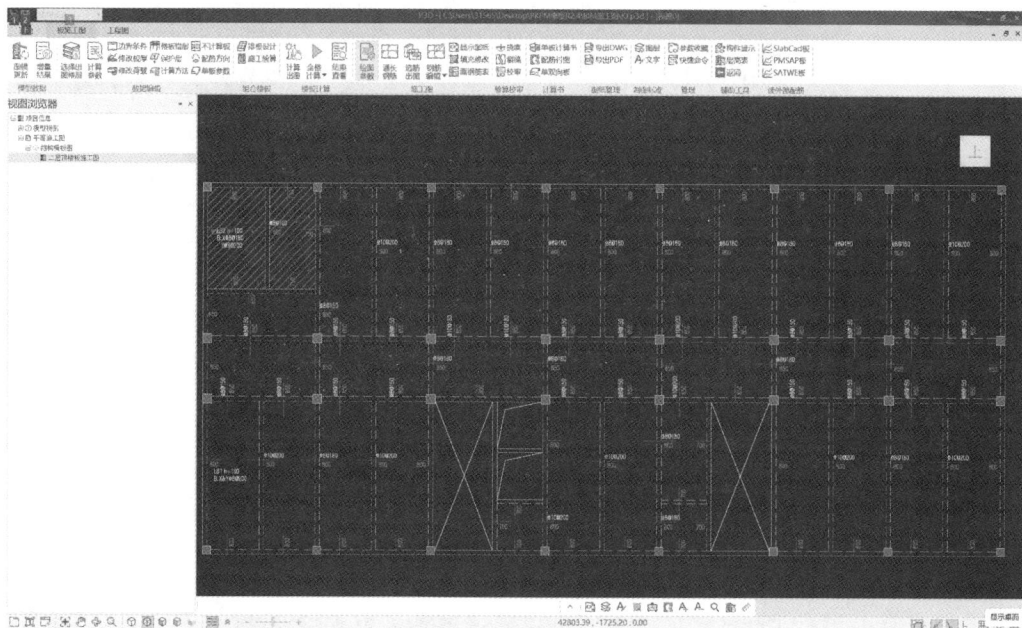

图 8-20　板施工图

以上是第 2 层楼板的计算和绘图流程，对于第 3～5 层，也可以按上述流程进行，第 2 层与第 3～5 层的区别仅在于出入口雨篷处，这点区别并不影响板施工图，因此第 2 层和第 3～5 层的板施工图可以共用一张图。对于屋面层和楼梯间屋面层，计算流程与上述相同，但绘制施工图时屋面板的面筋可以选择先双向拉通，局部不足的位置再选择另外附加钢筋即可。

思考题：

1. 为什么单向板在活载大于恒载的 3 倍时，面筋需要配置通长筋？

答：当单向板活载大于恒载的 3 倍时，考虑活载的不利布置，可能会出现板面全部受拉的情形，因此面筋需要配置通长筋。

2. 为什么双向板在支座处的负筋两边分别伸入板内长度有的时候需要一样，有的时候可以不一样？

答：当支座两侧的板跨度相差较大时，考虑活载的不利布置，较小跨度的板可能会出现板面全部受拉的情形，此时支座处的负筋伸入板内的长度需要按较大的板跨来，两边取一样；当支座两侧的板跨度相差不大时，支座处负筋伸入板内的长度则可以不一样，按各自板跨的 1/4 长度伸入跨内。

9 梁施工图绘制

在绘制完结构平面布置图后，就可以着手绘制梁施工图了，梁施工图比起板施工图需要注意的细节要更多些，在整个施工图绘制过程中，通常也是工作量最大的一块了。这里要先介绍一下规范中对梁配筋的构造要求。

9.1 规范条文链接

9.1.1 框架梁的配筋要求

《混凝土结构通用规范》GB 55008—2021（以下简称《混通规》）4.4.8 条规定：房屋建筑混凝土框架梁设计应符合下列规定：

1 计入受压钢筋作用的梁端截面混凝土受压区高度与有效高度之比值，一级不应大于 0.25，二级、三级不应大于 0.35。

2 纵向受拉钢筋的最小配筋率不应小于表 4.4.8-1 规定的数值。

表 4.4.8-1 梁纵向受拉钢筋最小配筋率（%）

抗震等级	位置	
	支座（取较大值）	跨中（取较大值）
一级	0.40 和 $80f_t/f_y$	0.30 和 $65f_t/f_y$
二级	0.30 和 $65f_t/f_y$	0.25 和 $55f_t/f_y$
三、四级	0.25 和 $55f_t/f_y$	0.20 和 $45f_t/f_y$

3 梁端截面的底面和顶面纵向钢筋截面面积的比值，除按计算确定外，一级不应小于 0.5，二级、三级不应小于 0.3。

4 梁端箍筋的加密区长度、箍筋最大间距和最小直径应符合表 4.4.8-2 的要求；一级、二级抗震等级框架梁，当箍筋直径大于 12mm、肢数不少于 4 肢且肢距不大于 150mm 时，箍筋加密区最大间距应允许放宽到不大于 150mm。

表 4.4.8-2 框架梁梁端箍筋加密区的构造要求

抗震等级	加密区长度（取较大值）（mm）	箍筋的最大间距（取较小值）（mm）	最小直径（mm）
一级	$2h_b$ 和 500	$1/4h_b$,$6d$,100	10
二级		$1/4h_b$,$8d$,100	8
三级	$1.5h_b$ 和 500	$1/4h_b$,$8d$,150	8
四级		$1/4h_b$,$8d$,150	6

注：表中 d 为纵向钢筋直径，h_b 为梁截面高度。

本条第一款保证的是梁延性破坏的要求，通常并不需要人工验算，软件的计算结果已做到满足相应的要求。但是当手动配筋与软件计算配筋误差较大时，此条有可能不满足，特别要注意。本条第二款规定的是最小配筋率的要求，通常并不需要人工验算，软件的计算结果已做到满足相应的要求。本条第三款规定的是梁端底部和顶部纵向受力钢筋截面面积的比值要求，这一点需要注意，软件的计算结果本来是满足此要求的，但由于实际配筋与软件的计算结果存在一些出入（实际配筋结果可能比软件的计算结果偏大一点或偏小一点），因此有可能在施工图中违反此条的规定。本条第四款规定的是加密区箍筋的要求。

《混规》11.3.7条规定：梁端纵向受拉钢筋的配筋率不宜大于2.5%。沿梁全长顶面和底面至少应各配置两根通长的纵向钢筋，对一、二级抗震等级，钢筋直径不应小于14mm，且分别不应少于梁两端顶面和底面纵向受力钢筋中较大截面面积的1/4；对三、四级抗震等级，钢筋直径不应小于12mm。

本条规定了梁端的最大配筋率，如果软件的计算结果超过最大配筋率限值，计算结果会显红，需要注意的是，如果软件的计算结果已经接近最大配筋率，而实配时又在计算结果的基础上多配了一点，这会导致实配筋超过最大配筋率。本条还规定了通长筋的要求，绘制施工图时也需要注意。

《混规》11.3.8条规定：梁箍筋加密区长度内的箍筋肢距：一级抗震等级，不宜大于200mm和20倍箍筋直径的较大值；二、三级抗震等级，不宜大于250mm和20倍箍筋直径的较大值；各抗震等级下，均不宜大于300mm。

本条规定了箍筋最大肢距的要求，实际上就是确定了箍筋的最少肢数。

《混规》11.3.9条规定：梁端设置的第一个箍筋距框架节点边缘不应大于50mm。非加密区的箍筋间距不宜大于加密区箍筋间距的2倍。

沿梁全长箍筋的面积配筋率 ρ_{sv} 应符合下列规定：

一级抗震等级

$$\rho_{sv} \geqslant 0.30 \frac{f_t}{f_{yv}} \qquad (11.3.9\text{-}1)$$

二级抗震等级

$$\rho_{sv} \geqslant 0.28 \frac{f_t}{f_{yv}} \qquad (11.3.9\text{-}2)$$

三、四级抗震等级

$$\rho_{sv} \geqslant 0.26 \frac{f_t}{f_{yv}} \qquad (11.3.9\text{-}3)$$

本条规定了箍筋的最小配箍率，软件的计算结果会自动满足上述要求，不必人为验算。

9.1.2 非框架梁的配筋要求

对于非框架梁，《混规》在9.2节也作了相应的规定。相关规范如下：

《混规》9.2.1条规定：梁的纵向受力钢筋应符合下列规定：

1　伸入梁支座范围内的钢筋不应少于2根。

2　梁高不小于300mm时，钢筋直径不应小于10mm；梁高小于300mm时，钢筋直径不应小于8mm。

3 梁上部钢筋水平方向的净间距不应小于30mm和1.5d；梁下部钢筋水平方向的净间距不应小于25mm和d。当下部钢筋多于2层时，2层以上钢筋水平方向的中距应比下面2层的中距增大一倍；各层钢筋之间的净间距不应小于25mm和d，d为钢筋的最大直径。

4 在梁的配筋密集区域宜采用并筋的配筋形式。

本条规定了梁纵向受力钢筋的最小直径和最小净距，对于钢筋的净距，框架梁也需要满足上述规定的要求。

《混规》9.2.4条规定：在钢筋混凝土悬臂梁中，应有不少于2根上部钢筋伸至悬臂梁外端，并向下弯折不小于12d；其余钢筋不应在梁的上部截断，而应按本规范第9.2.8条规定的弯起点位置向下弯折，并按本规范第9.2.7条的规定在梁的下边锚固。

此条规定了悬臂梁的配筋构造要求。

《混规》9.2.5条规定：梁内受扭纵向钢筋的最小配筋率$\rho_{tl,\min}$应符合下列规定：

$$\rho_{tl,\min}=0.6\sqrt{\frac{T}{Vb}}\frac{f_t}{f_y} \tag{9.2.5}$$

当$T/(Vb)>2.0$时，取$T/(Vb)=2.0$。

式中 $\rho_{tl,\min}$——受扭纵向钢筋的最小配筋率，取$A_{stl}/(bh)$；

b——受剪的截面宽度，按本规范第6.4.1条的规定取用，对箱形截面构件，b应以b_h代替；

A_{stl}——沿截面周边布置的受扭纵向钢筋总截面面积。

本条规定了梁内受扭纵筋的最小配筋率要求，软件的计算结果会自动满足上述构造要求。

《混规》9.2.6条规定：梁的上部纵向构造钢筋应符合下列要求：

1 当梁端按简支计算但实际受到部分约束时，应在支座区上部设置纵向构造钢筋。其截面面积不应小于梁跨中下部纵向受力钢筋计算所需截面面积的1/4，且不应少于2根。该纵向构造钢筋自支座边缘向跨内伸出的长度不应小于$l_0/5$，l_0为梁的计算跨度。

2 对架立钢筋，当梁的跨度小于4m时，直径不宜小于8mm；当梁的跨度为4m～6m时，直径不应小于10mm；当梁的跨度大于6m时，直径不宜小于12mm。

本条规定了梁中架立筋的最小直径要求。

《混规》9.2.9条规定：梁中箍筋的配置应符合下列规定：

1 按承载力计算不需要箍筋的梁，当截面高度大于300mm时，应沿梁全长设置构造箍筋；当截面高度h=150mm～300mm时，可仅在构件端部$l_0/4$范围内设置构造箍筋，l_0为跨度。但当在构件中部$l_0/2$范围内有集中荷载作用时，则应沿梁全长设置箍筋。当截面高度小于150mm时，可以不设置箍筋。

2 截面高度大于800mm的梁，箍筋直径不宜小于8mm；对截面高度不大于800mm的梁，不宜小于6mm。梁中配有计算需要的纵向受压钢筋时，箍筋直径尚不应小于$d/4$，d为受压钢筋最大直径。

3 梁中箍筋的最大间距宜符合表9.2.9的规定；梁$V>0.7f_tbh_0+0.05N_{p0}$时，箍

筋的配筋率 ρ_{sv} $[\rho_{sv} = A_{sv}/(bs)]$ 尚不应小于 $0.24f_t/f_{yv}$。

表 9.2.9　梁中箍筋的最大间距 (mm)

梁高 h	$V > 0.7f_t bh_0 + 0.05N_{p0}$	$V \leq 0.7f_t bh_0 + 0.05N_{p0}$
$150 < h \leq 300$	150	200
$300 < h \leq 500$	200	300
$500 < h \leq 800$	250	350
$h > 800$	300	400

4　当梁中配有按计算需要的纵向受压钢筋时，箍筋应符合以下规定：

1) 箍筋应做成封闭式，且弯钩直线段长度不应小于 $5d$，d 为箍筋直径。

2) 箍筋的间距不应大于 $15d$，并不应大于 400mm。当一层内的纵向受压钢筋多于 5 根且直径大于 18mm 时，箍筋间距不应大于 $10d$，d 为纵向受压钢筋的最小直径。

3) 当梁的宽度大于 400mm 且一层内的纵向受压钢筋多于 3 根时，或当梁的宽度不大于 400mm 但一层内的纵向受压钢筋多于 4 根时，应设置复合箍筋。

《混规》9.2.10 条规定：在弯剪扭构件中，箍筋的配筋率 ρ_{sv} 不应小于 $0.28f_t/f_{yv}$。

箍筋间距应符合本规范表 9.2.9 的规定，其中受扭所需的箍筋应做成封闭式，且应沿截面周边布置。当采用复合箍筋时，位于截面内部的箍筋不应计入受扭所需的箍筋面积。受扭所需箍筋的末端应做成 135° 弯钩，弯钩端头平直段长度不应小于 $10d$，d 为箍筋直径。

在超静定结构中，考虑协调扭转而配置的箍筋，其间距不宜大于 $0.75b$，此处 b 按本规范第 6.4.1 条的规定取用，但对箱形截面构件，b 均应以 b_h 代替。

《混规》9.2.13 条规定：梁的腹板高度 h_w 不小于 450mm 时，在梁的两个侧面应沿高度配置纵向构造钢筋。每侧纵向构造钢筋（不包括梁上、下部受力钢筋及架立钢筋）的间距不宜大于 200mm，截面面积不应小于腹板截面面积（bh_w）的 0.1%，但当梁宽较大时可以适当放松。此处，腹板高度 h_w 按本规范第 6.3.1 条的规定取用。

本条规定了梁侧面构造腰筋的要求，实际配筋时，需要人为根据梁腹板高度配足腰筋。

9.2　图集链接

9.2.1　梁平法制图规则

在 22G101-1 图集中对梁平法制图规则作了如图 9-1～图 9-5 所示的规定。

9.2.2　梁配筋的构造详图

在 22G101-1 图集中，对梁配筋的构造详图也给了示例，如图 9-6～图 9-10 所示。

图 9-1 22G101-1 图集中对梁平法制图规则的规定（一）

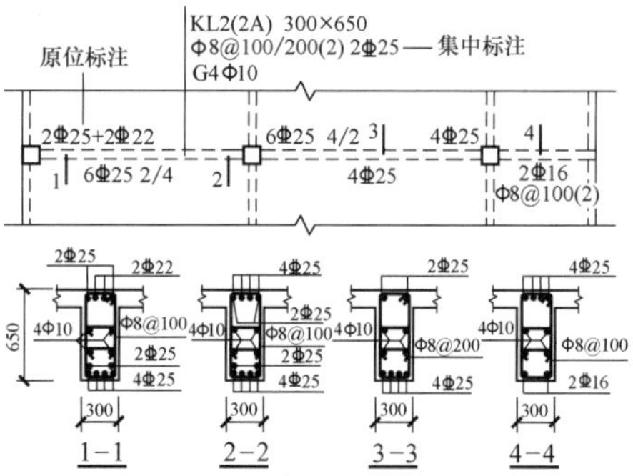

图 9-2 22G101-1 图集中对梁平法制图规则的规定（二）

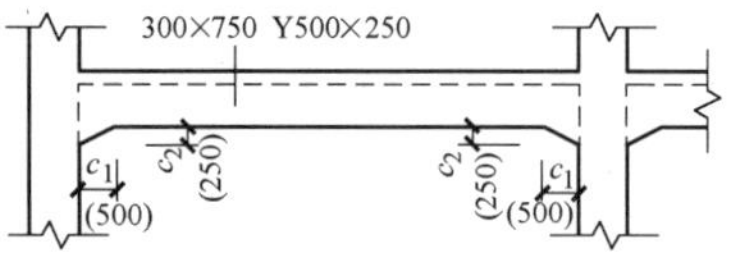

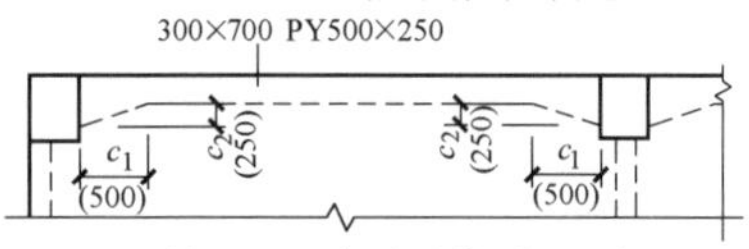

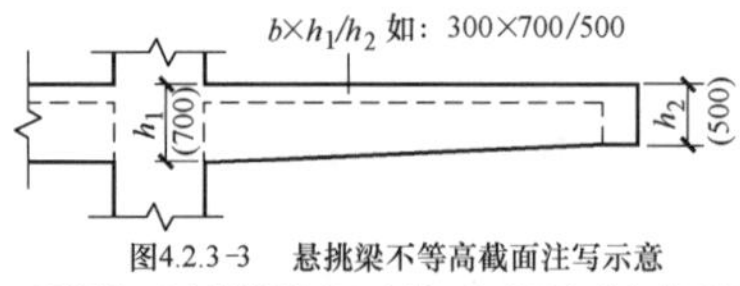

距及肢数,该项为必注值。箍筋加密区与非加密区的不同间距及肢数需要用斜线"/"分隔;当梁箍筋为同一种间距及肢数时,则不需用斜线;当加密区与非加密区的箍筋肢数相同时,则将肢数注写一次;箍筋肢数应写在括号内。加密区范围见相应抗震等级的标准构造详图。

【例】Φ10@100/200(4),表示箍筋为HPB300钢筋,直径为10 mm,加密区间距为100 mm,非加密区间距为200 mm,均为四肢箍。

【例】Φ8@100(4)/150(2),表示箍筋为HPB300钢筋,直径为8 mm,加密区间距为100 mm,四肢箍;非加密区间距为150 mm,两肢箍。

非框架梁、悬挑梁、井字梁采用不同的箍筋间距及肢数时,也用斜线"/"将其分隔开来。注写时,先注写梁支座端部的箍筋(包括箍筋的箍数、钢筋种类、直径、间距与肢数),在斜线后注写梁跨中部分的箍筋间距及肢数。

【例】13Φ10@150/200(4),表示箍筋为HPB300钢筋,直径为10 mm,梁的两端各有13个四肢箍,间距为150 mm;梁中部间距为200 mm,四肢箍。

【例】18Φ12@150(4)/200(2),表示箍筋为HPB300钢筋,直径为12 mm,梁的两端各有18个四肢箍,间距为150 mm;梁中部间,间距为200 mm,两肢箍。

4) 梁上部通长筋或架立筋配置(通长筋可为相同或不同直径采用搭接连接、机械连接或焊接的钢筋),该项为必注值。所注规格与根数应根据结构受力要求及箍筋肢数等构造要求而定。当同排纵筋中既有通长筋又有架立筋时,应用加号"+"将通长筋和架立筋相联。注写时需将角部纵筋写在加号的前面,架立筋写在加号后面的括号内,以示不同直径及

与通长筋的区别。当全部采用架立筋时,则将其写入括号内。

【例】2Φ22用于双肢箍;2Φ22+(4Φ12)用于六肢箍,其中2Φ22为通长筋,4Φ12为架立筋。

当梁的上部纵向钢筋和下部纵向钢筋为全跨相同,且多数跨配筋相同时,此项可加注下部纵筋的配筋值,用分号";"将上部与下部纵筋的配筋值分隔开来,少数跨不同者,按本规则第4.2.1条的规定处理。

【例】3Φ22;3Φ20,表示梁的上部配置3Φ22的通长筋,梁的下部配置3Φ20的通长筋。

5) 梁侧面纵向构造钢筋或受扭钢筋配置,该项为必注值。

当梁腹板高度$h_w \geq 450$ mm时,需配置纵向构造钢筋,所注规格与根数应符合规范规定。此项注写值以大写字母G打头,接续注写设置在梁两个侧面的总配筋值,且对称配置。

【例】G4Φ12,表示梁的两个侧面共配置4Φ12的纵向构造钢筋,每侧各配置2Φ12。

当梁侧面需配置受扭向钢筋时,此项注写值以大写字母N打头,接续注写配置在梁两个侧面的总配筋值,且对称配置。受扭纵向钢筋应满足梁侧面纵向构造钢筋的间距要求,且不再重复配置纵向构造钢筋。

【例】N6Φ22,表示梁的两个侧面共配置6Φ22的受扭纵向钢筋,每侧各配置3Φ22。

注:1.当为梁侧面构造钢筋时,其搭接与锚固长度可取为15d。

2.当为梁侧面受扭纵向钢筋时,其搭接长度为l_l或l_{lE},锚

梁平法施工图制图规则		图集号	22G101-1
审核 郁银泉	校对 高志强	设计 曹俊	页 1-24

图9-3 22G101-1图集中对梁平法制图规则的规定(三)

固长度为l_a或l_{aE};其锚固方式同框架梁下部纵筋。

6) 梁顶面标高高差,该项为选注值。

梁顶面标高高差,系指相对于结构层楼面标高的高差值,对于位于结构夹层的梁,则指相对于结构夹层楼面标高的高差。有高差时,需将其写入括号内,无高差时不注。

注:当某梁的顶面高于所在结构层的楼面标高时,其标高高差为正值,反之为负值。

【例】某结构标准层的楼面的楼面标高分别为44.950m和48.250m,当这两个标准层中某梁的梁顶面标高高差注写为(-0.100)时,即表明该梁顶面标高分别相对于44.950m和48.250m低0.100m。

4.2.4 梁原位标注的内容规定如下:

1) 梁支座上部纵筋,该部位含通长筋在内的所有纵筋:

① 当上部纵筋多于一排时,用斜线"/"将各排纵筋自上而下分开。

【例】梁支座上部纵筋注写为6Φ25 4/2,则表示上一排纵筋为4Φ25,下一排纵筋为2Φ25。

② 当同排纵筋有两种直径时,用加号"+"将两种直径的纵筋相联,注写时将角部纵筋写在前面。

【例】梁支座上部有4根纵筋,2Φ25放在角部,2Φ22放在中部,在梁支座上部应注写为2Φ25+2Φ22。

③ 当梁中间支座两边的上部纵筋不同时,需在支座两边分别标注;当梁中间支座两边的上部纵筋相同时,可仅在支座的一边标注配筋值,另一边省去不注(见图4.2.4-1)。

④ 对于端部带悬挑的梁,其上部纵筋注写在悬挑梁根部

KL7(3) 300×700
Φ10@100/200(2)
2Φ25
N4Φ18
(-0.100)

端支座截面示意

4Φ25
N4Φ18 Φ10@100
4Φ25

4Φ25	6Φ25 4/2	6Φ25 4/2	6Φ25 4/2	4Φ25
4Φ25	4Φ25	4Φ25	4Φ25	
			G4Φ10	

图4.2.4-1 大小跨梁的注写示例

支座部位。当支座两边的上部纵筋相同时,可仅在支座的一边标注配筋值。

设计时应注意:

Ⅰ.对于支座两边不同配筋值的上部纵筋,宜尽可能选用相同的直径(不同根数),使大跨梁的钢筋能够贯穿支座,避免支座两边不同直径的上部纵筋均在支座内锚固。

Ⅱ.对于以边柱、角柱为端支座的屋面框架梁,当配筋截面面积能够满足结构计算要求时,其梁的上部钢筋应尽可能只配置一层,以避免梁柱纵筋在柱顶由因层数过多、钢筋过密导致不便施工和影响混凝土浇筑质量。

2) 梁下部纵筋:

① 当下部纵筋多于一排时,用斜线"/"将各排纵筋自上而下分开。

【例】梁下部纵筋注写为6Φ25 2/4,则表示上排纵筋为2Φ25,下排纵筋为4Φ25,全部伸入支座。

梁平法施工图制图规则		图集号	22G101-1
审核 郁银泉	校对 高志强	设计 曹俊	页 1-25

图9-4 22G101-1图集中对梁平法制图规则的规定(四)

② 当同排纵筋有两种直径时，用加号"+"将两种直径的纵筋相联，注写时角筋写在前面。

③ 当梁下部纵筋不全部伸入支座时，将不伸入梁支座的下部筋数量写在括号内。

【例】梁下部纵筋注写为6Φ25 2(-2)/4，则表示上排纵筋为2Φ25，且不伸入支座；下排纵筋为4Φ25，全部伸入支座。

【例】梁下部纵筋注写为2Φ25+3Φ22(-3)/5Φ25，表示上排纵筋为2Φ25和3Φ22，其中3Φ22不伸入支座；下排纵筋为5Φ25，全部伸入支座。

④ 当梁的集中标注中已按本规则第4.2.3条第4)款的规定分别注写了梁上部和下部均为通长的纵筋值时，则不需在梁下部重复做原位标注。

⑤ 当梁设置竖向加腋时，加腋部位下部斜纵筋应在支座下部以Y打头注写在括号内(图4.2.4-2)，本图集中框架梁竖向加腋构造适用于加腋部位参与框架梁计算，其他情况设计者应另行给出构造。当梁设置水平加腋时，水平加腋内上、下部斜纵筋应在加腋支座上部以Y打头注写在括号内，上、下部斜纵筋之间用"/"分隔(图4.2.4-3)。

3) 当在梁上集中标注的内容(即梁截面尺寸、箍筋、上部通长筋或架立筋，梁侧面纵向构造钢筋及受扭纵向钢筋及梁顶面标高高差中的某一项或几项数值)不适用于某跨或某悬挑部分时，则将其不同数值原位标注在该跨或该悬挑部位，施工时应按原位标注数值取用。

当在多跨梁的集中标注中已注明加腋，而该梁某跨的根部却不需要加腋时，则应在该跨原位标注等截面的b×h，以修正

集中标注中的加腋信息(图4.2.4-2)。

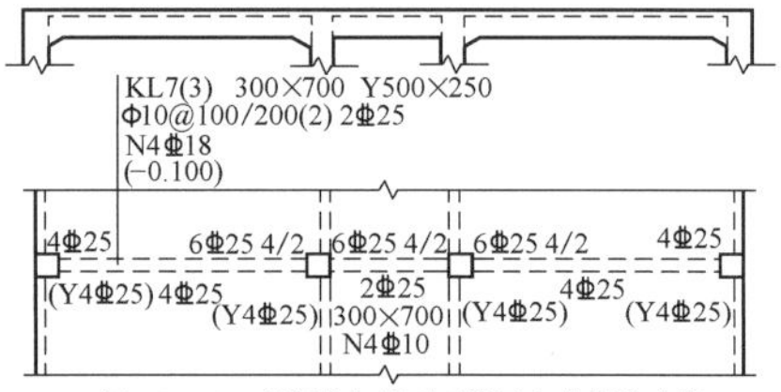

KL7(3)　300×700 Y500×250
Φ10@100/200(2) 2Φ25
N4Φ18
(-0.100)

4Φ25　6Φ25 4/2　6Φ25 4/2　4Φ25
(Y4Φ25) 4Φ25 (Y4Φ25) (Y4Φ25) (Y4Φ25)
(Y4Φ25) 4Φ25 300×700 (Y4Φ25)
N4Φ10

图4.2.4-2　梁竖向加腋平面注写方式表达示例

KL2(2A)　300×650
Φ8@100/200(2) 2Φ25
G4Φ10
(-0.100)

4Φ25　6Φ25 4/2　6Φ25 4/2　4Φ25
(Y2Φ25/2Φ25) (Y2Φ25/2Φ25) 4Φ25
6Φ25 2/4　4Φ25　2Φ16
300×700 PY500×250　Φ8@100(2)

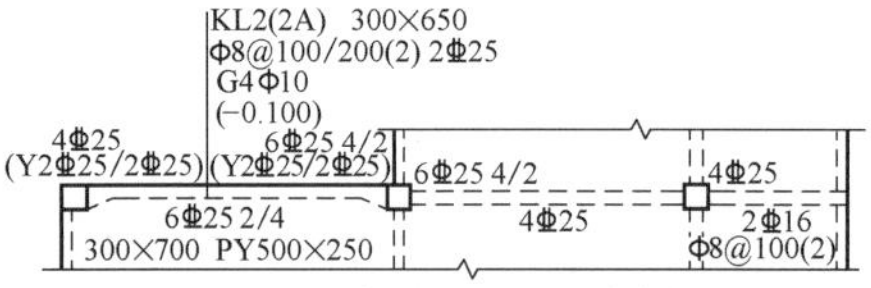

图4.2.4-3　梁水平加腋平面注写方式表达示例

4) 附加箍筋或吊筋，将其直接画在平面布置图中的主梁上，用线引注总配筋值。对于附加箍筋，设计尚应注明附加箍筋的肢数，箍筋肢数注在括号内(图4.2.4-4)。当多数附加箍筋或吊筋相同时，可在梁平法施工图上统一注明，少数与统一注明值不同时，再原位引注，设计、施工时应注意：附加箍筋或吊筋的几何尺寸应按照标准构造详图，结合其所在

梁平法施工图制图规则	图集号	22G101-1
审核 郁银泉 校对 高志强 设计 曹俊	页	1-26

图9-5　22G101-1图集中对梁平法制图规则的规定（五）

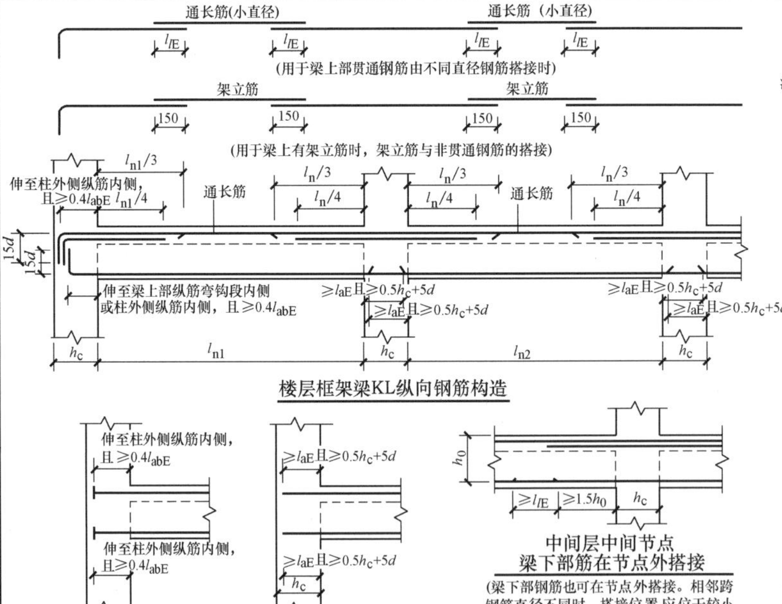

通长筋(小直径)　通长筋(小直径)
(用于梁上部贯通钢筋由不同直径钢筋搭接时)
架立筋　架立筋
(用于梁上有架立筋时，架立筋与非贯通钢筋的搭接)

伸至柱外侧纵筋内侧≥0.4labE ln1/3
通长筋
伸至梁上部纵筋弯钩段内侧或柱外侧纵筋内侧，且≥0.4labE
hc　ln1　ln2　hc
楼层框架梁KL纵向钢筋构造

伸至柱外侧纵筋内侧，且≥0.4labE
端支座加锚头(锚板)锚固
端支座直锚
中间层中间节点梁下部筋在节点外搭接
(梁下部钢筋也可在节点外搭接。相邻跨钢筋直径不同时，搭接位置应位于较小直径一跨)

注：1.跨度值ln为左跨ln和右跨ln_{j}之较大值，其中i=1,2,3……
2.图中hc为柱截面沿框架方向的高度。
3.梁上部通长钢筋与非贯通钢筋的连接位置宜位于跨中ln_{j}/3范围内；梁下部钢筋连接位置宜位于支座ln_{j}/3范围内；且在同一连接区段内钢筋接头面积百分率不宜大于50%。
4.钢筋连接要求见本图集第2-4页。
5.梁纵筋(不包括侧面G打头的构造筋及架立筋)采用绑扎搭接连接时，搭接区内箍筋直径及间距要求见本图集第2-4页。
6.梁侧面构造钢筋要求见本图集第2-41页。
7.当上柱截面尺寸小于下柱截面尺寸时，梁上部钢筋的锚固长度起算位置应为上柱内边缘，梁下纵筋的锚固长度起算位置为下柱内边缘。

楼层框架梁KL纵向钢筋构造	图集号	22G101-1
审核 吴汉福 吴汉福 校对 罗斌 罗斌 设计 徐莉 徐莉	页	2-33

图9-6　22G101-1图集中对梁配筋构造详图的示例（一）

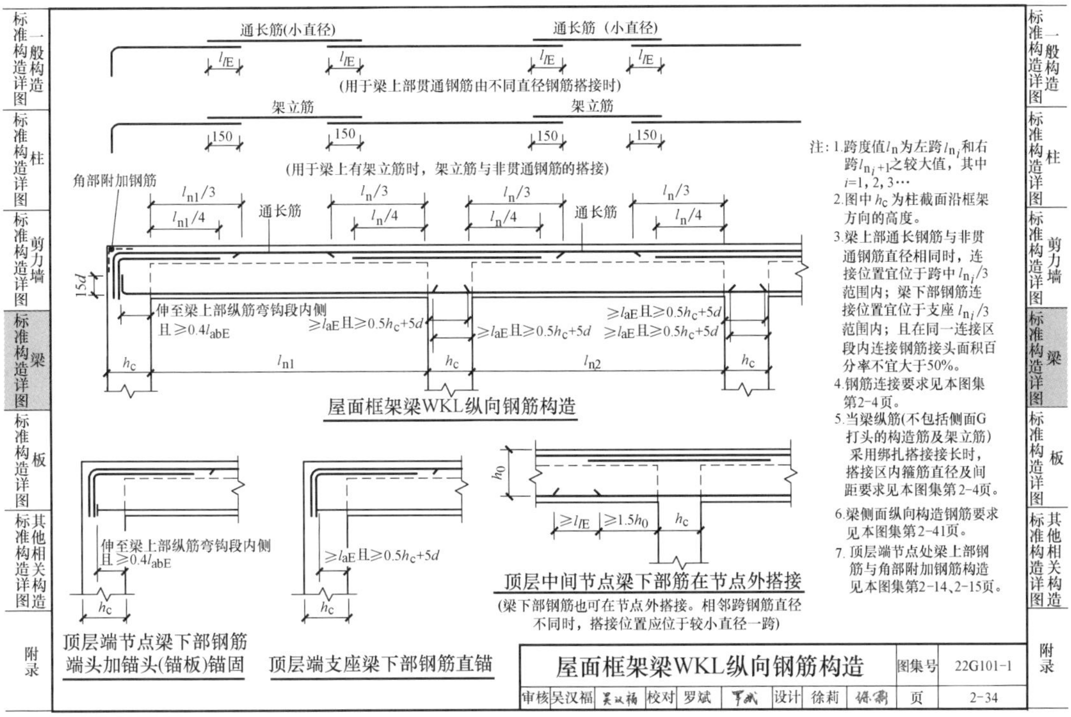

通长筋(小直径)　通长筋(小直径)

l_{lE}　l_{lE}　l_{lE}

(用于梁上部贯通钢筋由不同直径钢筋搭接时)

架立筋　架立筋

150　150　150　150

(用于梁上有架立筋时,架立筋与非贯通钢筋的搭接)

角部附加钢筋

$l_{n1}/3$　$l_n/3$　$l_n/3$　$l_n/3$

$l_{n1}/4$　通长筋　$l_n/4$　$l_n/4$　通长筋　$l_n/4$

伸至梁上部纵筋弯钩段内侧 且≥0.4l_{abE}

≥l_{aE}且 ≥0.5h_c+5d　≥l_{aE}且≥0.5h_c+5d　≥l_{aE}且≥0.5h_c+5d　≥l_{aE}且≥0.5h_c+5d

15d　h_c　l_{n1}　h_c　l_{n2}　h_c

屋面框架梁WKL纵向钢筋构造

伸至梁上部纵筋弯钩段内侧 且≥0.4l_{abE}

≥l_{aE}且≥0.5h_c+5d　h_c

h_0　≥l_{lE}且1.5h_0　h_c

顶层中间节点梁下部筋在节点外搭接
(梁下部钢筋也可在节点外搭接。相邻跨钢筋直径 不同时,搭接位置应位于较小直径一跨)

顶层端节点梁下部钢筋 端头加锚头(锚板)锚固　h_c

顶层端支座梁下部钢筋直锚　h_c

注:1.跨度值l_n为左跨l_{ni}和右 跨l_{ni+1}之较大值,其中 $i=1,2,3\cdots$
2.图中h_c为柱截面沿框架 方向的高度。
3.梁上部通长钢筋与非贯 通钢筋直径相同时,连 接位置宜位于跨中$l_{ni}/3$ 范围内;梁下部钢筋连 接位置宜位于支座$l_{ni}/3$ 范围内;且在同一连接区 段内连接钢筋接头面积百 分率不宜大于50%。
4.钢筋连接要求见本图集 第2-4页。
5.当纵筋(不包括侧面G 打头的构造筋及架立筋) 采用绑扎搭接时,搭接 区内箍筋直径及间 距要求见本图集第2-4页。
6.梁侧面纵向构造钢筋要求 见本图集第2-41页。
7.顶层端节点处梁上部钢 筋与角部附加钢筋构造 见本图集第2-14、2-15页。

	屋面框架梁WKL纵向钢筋构造	图集号	22G101-1
审核 吴汉福 吴汉福 校对 罗斌 罗斌 设计 徐莉 徐莉		页	2-34

图9-7　22G101-1图集中对梁配筋构造详图的示例(二)

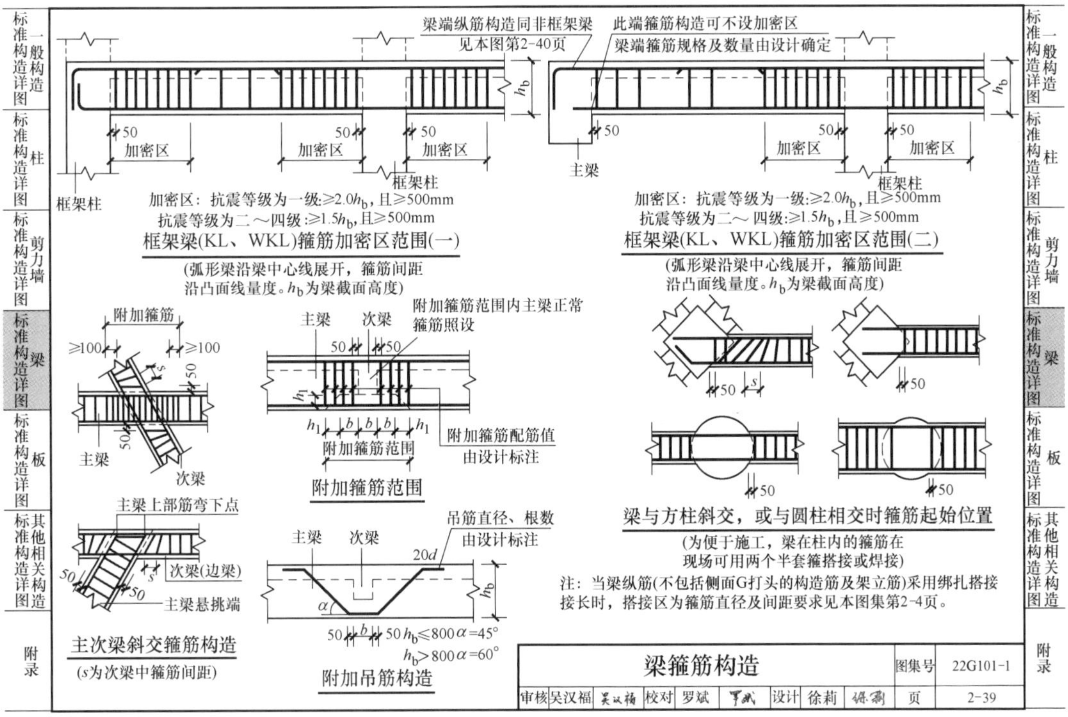

梁端纵筋构造同非框架梁 见本图第2-40页　此端箍筋构造可不设加密区 梁端箍筋规格及数量由设计确定

h_b　h_b

框架柱　50　50　50　50　50　50　主梁

加密区　加密区　加密区　加密区　加密区　加密区

框架梁(KL、WKL)箍筋加密区范围(一)
加密区:抗震等级为一级:≥2.0h_b,且≥500mm
抗震等级为二～四级:≥1.5h_b,且≥500mm
(弧形梁沿梁中心线展开,箍筋间距 沿凸面线量度。h_b为梁截面高度)

框架梁(KL、WKL)箍筋加密区范围(二)
加密区:抗震等级为一级:≥2.0h_b,且≥500mm
抗震等级为二～ 四级:≥1.5h_b,且≥500mm
(弧形梁沿梁中心线展开,箍筋间距 沿凸面线量度。h_b为梁截面高度)

附加箍筋　≥100　≥100　s　50

主梁　次梁

附加箍筋范围
(s为次梁中箍筋间距)

附加箍筋范围内主梁正常 箍筋照设

主梁　次梁　50

h_1　h_1　b b b　附加箍筋范围

附加箍筋配筋值 由设计标注

附加箍筋范围

主梁上部筋弯下点 次梁(边梁)

50 50 s0 s 主梁悬挑端

主次梁斜交箍筋构造
(s为次梁中箍筋间距)

h_b　50　s

h_b　50

h_b　50

梁与方柱斜交,或与圆柱相交时箍筋起始位置
(为便于施工,梁在柱内的箍筋在 现场可用两个半套箍筋搭接或焊接)

注:当梁纵筋(不包括侧面G打头的构造筋及架立筋)采用绑扎搭 接长时,搭接区为箍筋直径及间距要求见本图集第2-4页。

主梁　次梁　20d

吊筋直径、根数 由设计标注

50 b 50 h_b≤800 α=45° h_b>800 α=60°

附加吊筋构造

	梁箍筋构造	图集号	22G101-1
审核 吴汉福 吴汉福 校对 罗斌 罗斌 设计 徐莉 徐莉		页	2-39

图9-8　22G101-1图集中对梁配筋构造详图的示例(三)

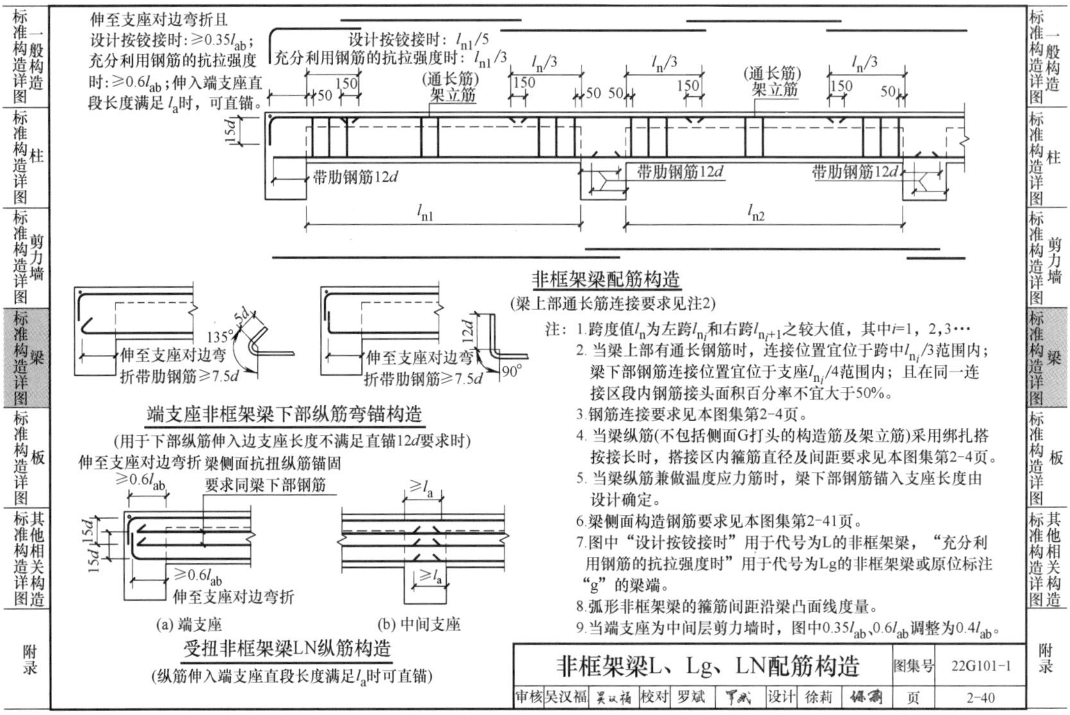

非框架梁配筋构造
（梁上部通长筋连接要求见注2）

设计按铰接时：≥0.35l_{ab}；
充分利用钢筋的抗拉强度时：≥0.6l_{ab}；伸入端支座直段长度满足l_a时，可直锚。

通长筋 架立筋 带肋钢筋12d

伸至支座对边弯折带肋钢筋≥7.5d 135°
伸至支座对边弯折带肋钢筋≥7.5d 90°

端支座非框架梁下部纵筋弯锚构造
（用于下部纵筋伸入边支座长度不满足直锚12d要求时）

梁侧面抗扭纵筋锚固要求同梁下部钢筋
伸至支座对边弯折
≥0.6l_{ab}

(a) 端支座 (b) 中间支座
受扭非框架梁LN纵筋构造
（纵筋伸入端支座直段长度满足l_a时可直锚）

注：
1. 跨度值l_n为左跨l_n和右跨l_{n+1}之较大值，其中i=1，2，3…
2. 当梁上部有通长钢筋时，连接位置宜位于跨中l_n/3范围内；梁下部钢筋连接位置宜位于支座1/4范围内；且在同一连接区段内钢筋接头面积百分率不宜大于50%。
3. 钢筋连接要求见本图集第2-4页。
4. 当梁纵筋（不包括侧面G打头的构造筋及架立筋）采用绑扎搭接连接时，搭接区内箍筋直径及间距要求见本图集第2-4页。
5. 当梁纵筋兼做温度应力筋时，梁下部钢筋锚入支座长度由设计确定。
6. 梁侧面构造钢筋要求见本图集第2-41页。
7. 图中"设计按铰接时"用于代号为L的非框架梁，"充分利用钢筋的抗拉强度时"用于代号为Lg的非框架梁或原位标注"g"的梁端。
8. 弧形非框架梁的箍筋间距沿梁凸面线度量。
9. 当端支座为中间层剪力墙时，图中0.35l_{ab}、0.6l_{ab}调整为0.4l_{ab}。

非框架梁L、Lg、LN配筋构造		图集号	22G101-1
审核 吴汉福 校对 罗斌 设计 徐莉		页	2-40

图9-9 22G101-1图集中对梁配筋构造详图的示例（四）

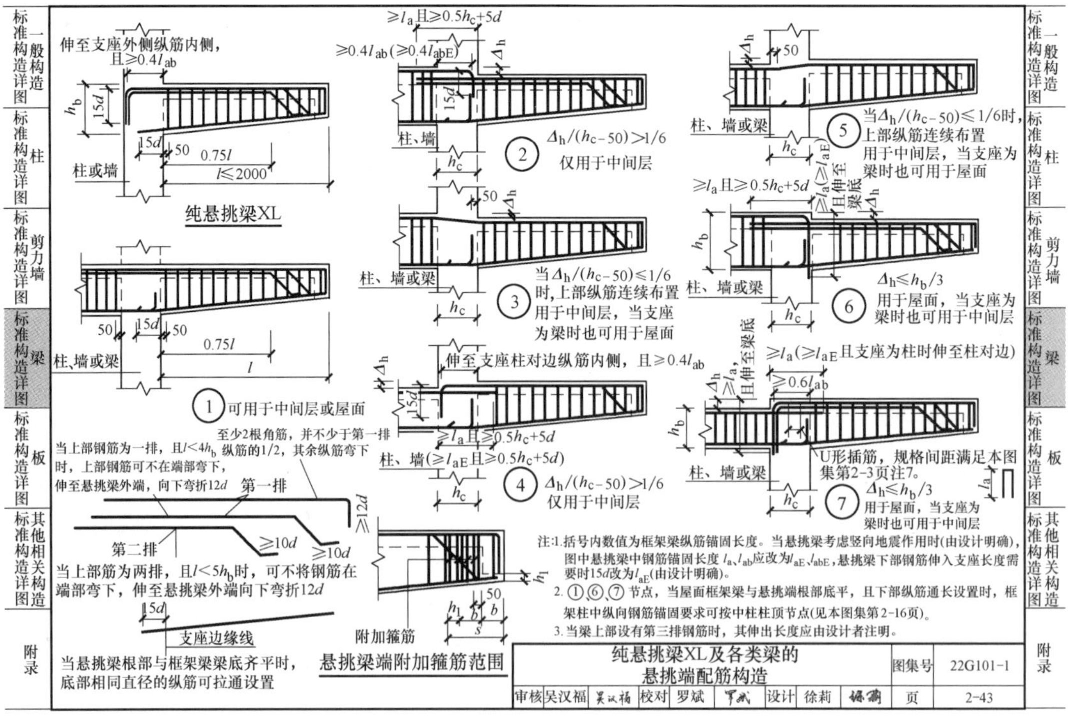

纯悬挑梁XL

伸至支座外侧纵筋内侧，且≥0.4l_{ab}
①可用于中间层或屋面
至少2根角筋，并不少于第一排纵筋的1/2，其余纵筋弯下，当l<4h_b时，上部钢筋可不在端部弯下，伸至悬挑梁外端，向下弯折12d
第一排
当上部钢筋为两排，且l<5h_b时，可不将钢筋在端部弯下，伸至悬挑梁外端向下弯折12d
第二排
支座边缘线
当悬挑梁根部与框架梁梁底平齐时，底部相同直径的纵筋可拉通设置

②当Δ_h/(h_c-50)>1/6时 仅用于中间层
③当Δ_h/(h_c-50)≤1/6时 上部纵筋连续布置 用于中间层，当支座为梁时也可用于屋面
④当Δ_h/(h_c-50)>1/6时 仅用于中间层
附加箍筋 悬挑梁端附加箍筋范围

⑤当Δ_h/(h_c-50)≤1/6时，上部纵筋连续布置，用于中间层，当支座为梁时也可用于屋面
⑥用于屋面，当支座为梁时也可用于中间层
⑦U形插筋，规格间距满足本图集2-3页注7。用于屋面，当支座为梁时也可用于中间层

注：1.括号内数值为框架梁纵筋锚固长度。当悬挑梁考虑竖向地震作用时（由设计明确），图中悬挑梁中钢筋锚固长度l_a、l_{ab}应改为l_{aE}、l_{abE}，悬挑梁下部纵筋伸入支座长度需将15d改为l_{aE}（由设计明确）。
2.①⑥⑦节点，当屋面框架梁与悬挑端根部底平，且上部纵筋连通设置时，框架柱中柱顶纵向锚固要求可按中柱柱顶节点（见本图集2-16页）。
3.当梁上部设有第三排钢筋时，其伸出长度应由设计注明。

纯悬挑梁XL及各类梁的悬挑端配筋构造		图集号	22G101-1
审核 吴汉福 校对 罗斌 设计 徐莉		页	2-43

图9-10 22G101-1图集中对梁配筋构造详图的示例（五）

132

9.3 梁挠度、裂缝的验算

9.3.1 梁挠度的验算

以第 2 层为例来验算梁的挠度和裂缝是否满足规范限值。切换至第 2 标准层，软件首先自动绘制了第 2 层的梁施工图，如图 9-11 所示。

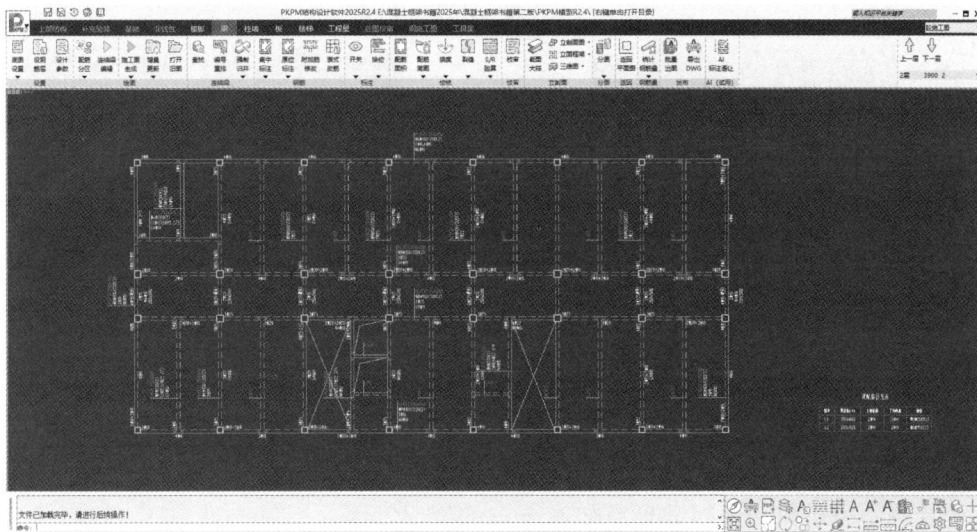

图 9-11　第 2 层的梁施工图

点击"参数"按钮，在弹出的"参数修改"对话框中，根据图中的梁绘图参数分别对"标注设置""纵筋参数""箍筋腰筋"等进行适当的设置即可，如果设计院有自己的标准也可以在此处参照修改。如图 9-12 所示。

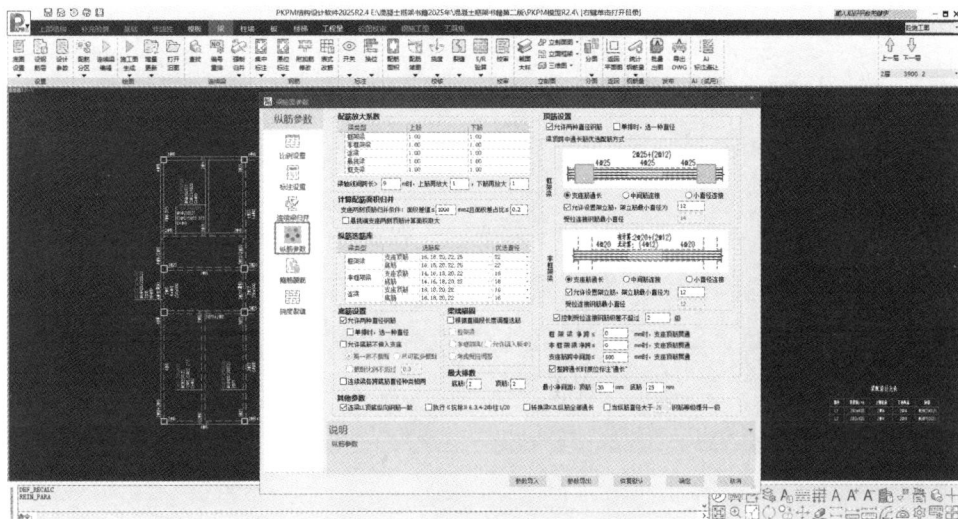

图 9-12　"参数修改"对话框

设置好"参数修改"对话框中的参数后，再点击"挠度"按钮，弹出"挠度计算参数"对话框，如图 9-13 所示。

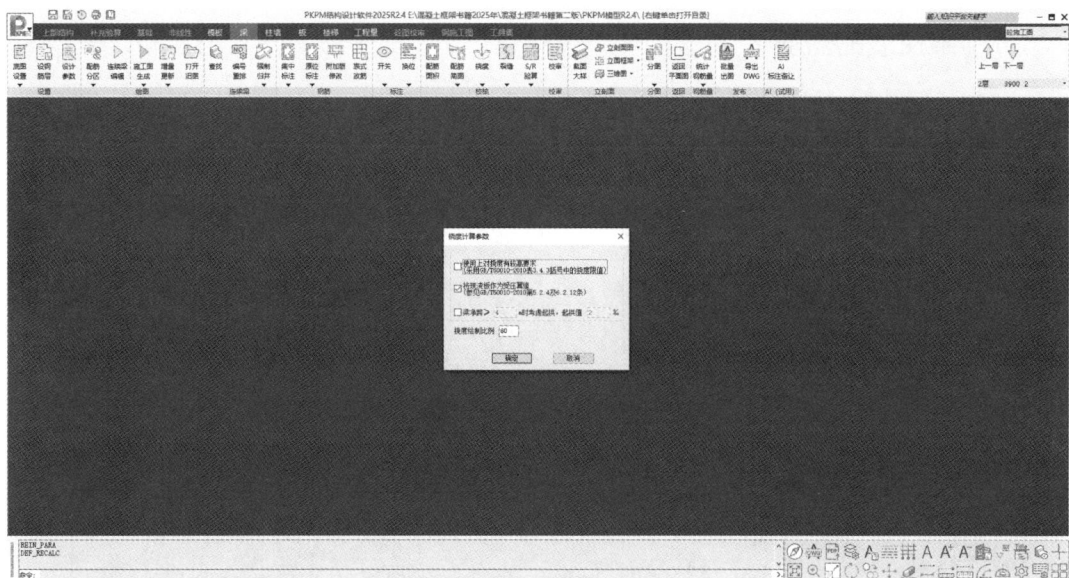

图 9-13　"挠度计算参数"对话框

本案例不属于使用上对挠度有较高要求的情况，因此不勾选第一项，可以将现浇板作为受压翼缘，因此勾选第二项，点击确定后软件计算出梁的挠度结果，如图 9-14 所示。

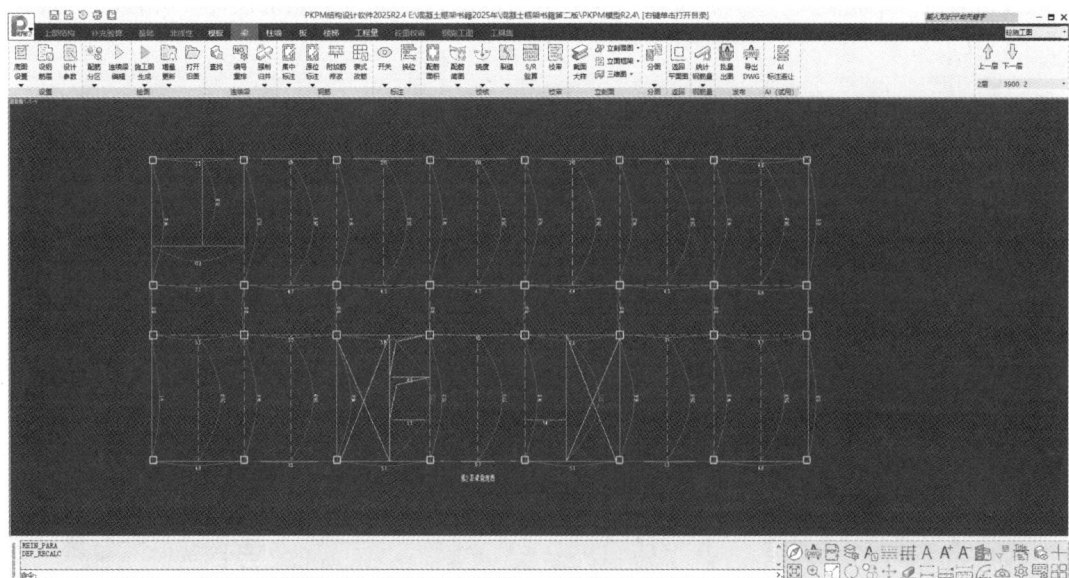

图 9-14　软件计算出梁的挠度结果

《混规》中对梁的挠度限值作了如下规定：

3.4.3 钢筋混凝土受弯构件的最大挠度应按荷载的准永久组合，预应力混凝土受弯构件的最大挠度应按荷载的标准组合，并均应考虑荷载长期作用的影响进行计算，其计算值不应超过表 3.4.3 规定的挠度限值。

表 3.4.3 受弯构件的挠度限值

构件类型		挠度限值
吊车梁	手动吊车	$l_0/500$
	电动吊车	$l_0/600$
屋盖、楼盖及楼梯构件	当 $l_0<7\mathrm{m}$ 时	$l_0/200(l_0/250)$
	当 $7\mathrm{m}\leqslant l_0\leqslant 9\mathrm{m}$ 时	$l_0/250(l_0/300)$
	当 $l_0>9\mathrm{m}$ 时	$l_0/300(l_0/400)$

注：1 表中 l_0 为构件的计算跨度；计算悬臂构件的挠度限值时，其计算跨度 l_0 按实际悬臂长度的 2 倍取用；
  2 表中括号内的数值适用于使用上对挠度有较高要求的构件；
  3 如果构件制作时预先起拱，且使用上也允许，则在验算挠度时，可将计算所得的挠度值减去起拱值；对预应力混凝土构件，尚可减去预加力所产生的反拱值；
  4 构件制作时的起拱值和预加力所产生的反拱值，不宜超过构件在相应荷载组合作用下的计算挠度值。

如果梁的挠度不满足要求，可以通过增大截面尺寸或起拱来解决。

9.3.2 梁裂缝的验算

点击"裂缝"按钮，下拉菜单弹出"梁裂缝计算参数"对话框，如图 9-15 所示。

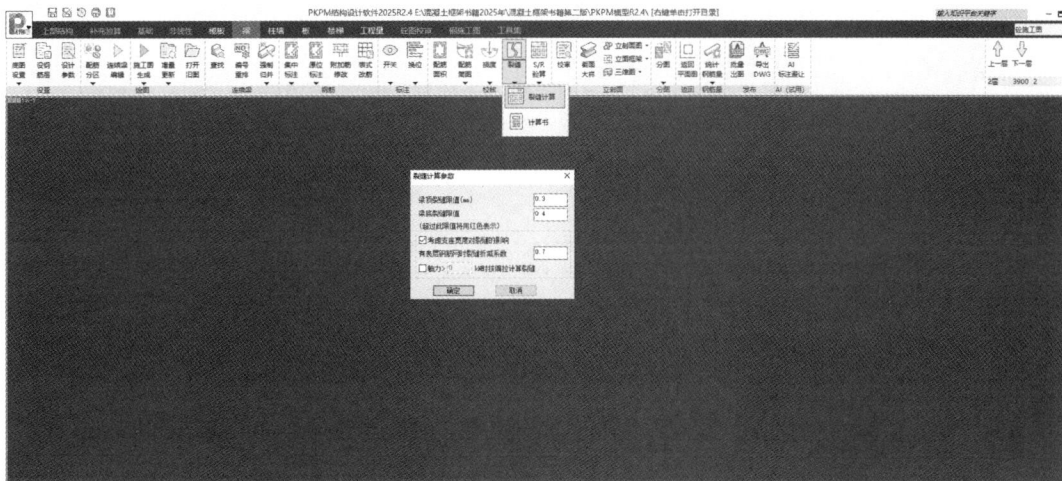

图 9-15 "梁裂缝计算参数"对话框

《混规》中对梁裂缝宽度限值作了如下规定：

3.4.5 结构构件应根据结构类型和本规范第 3.5.2 条规定的环境类别，按表 3.4.5 的规定选用不同的裂缝控制等级及最大裂缝宽度限值 $w_{\lim}$。

表 3.4.5　结构构件的裂缝控制等级及最大裂缝宽度的限值（mm）

环境类别	钢筋混凝土结构		预应力混凝土结构	
	裂缝控制等级	w_{lim}	裂缝控制等级	w_{lim}
一	三级	0.30(0.40)	三级	0.20
二 a				0.10
二 b		0.20	二级	—
三 a、三 b			一级	—

注：1　对处于年平均相对湿度小于60%地区一类环境下的受弯构件，其最大裂缝宽度限值可采用括号内的数值；
　　2　在一类环境下，对钢筋混凝土屋架、托架及需作疲劳验算的吊车梁，其最大裂缝宽度限值应取为0.20mm；对钢筋混凝土屋面梁和托梁，其最大裂缝宽度限值应取为0.30mm；
　　3　在一类环境下，对预应力混凝土屋架、托架及双向板体系，应按二级裂缝控制等级进行验算；对一类环境下的预应力混凝土屋面梁、托梁、单向板，应按表中二 a 类环境的要求进行验算；在一类和二 a 类环境下需作疲劳验算的预应力混凝土吊车梁，应按裂缝控制等级不低于二级的构件进行验算；
　　4　表中规定的预应力混凝土构件的裂缝控制等级和最大裂缝宽度限值仅适用于正截面的验算；预应力混凝土构件的斜截面裂缝控制验算应符合本规范第7章的有关规定；
　　5　对于烟囱、筒仓和处于液体压力下的结构，其裂缝控制要求应符合专门标准的有关规定；
　　6　对于处于四、五类环境下的结构构件，其裂缝控制要求应符合专门标准的有关规定；
　　7　表中的最大裂缝宽度限值为用于验算荷载作用引起的最大裂缝宽度。

3.5.2　混凝土结构暴露的环境类别应按表 3.5.2 的要求划分。

表 3.5.2　混凝土结构的环境类别

环境类别	条件
一	室内干燥环境； 无侵蚀性静水浸没环境
二 a	室内潮湿环境； 非严寒和非寒冷地区的露天环境； 非严寒和非寒冷地区与无侵蚀性的水或土壤直接接触的环境； 严寒和寒冷地区的冰冻线以下与无侵蚀性的水或土壤直接接触的环境
二 b	干湿交替环境； 水位频繁变动环境； 严寒和寒冷地区的露天环境； 严寒和寒冷地区冰冻线以上与无侵蚀性的水或土壤直接接触的环境
三 a	严寒和寒冷地区冬季水位变动区环境； 受除冰盐影响环境； 海风环境
三 b	盐渍土环境； 受除冰盐作用环境； 海岸环境
四	海水环境
五	受人为或自然的侵蚀性物质影响的环境

　　本案例梁的环境类别属于一类，因此梁上部和下部的裂缝限值均为0.3mm，同时勾选"考虑支座宽度对裂缝的影响"后点击确定按钮，软件计算的梁裂缝结果如图9-16所示。

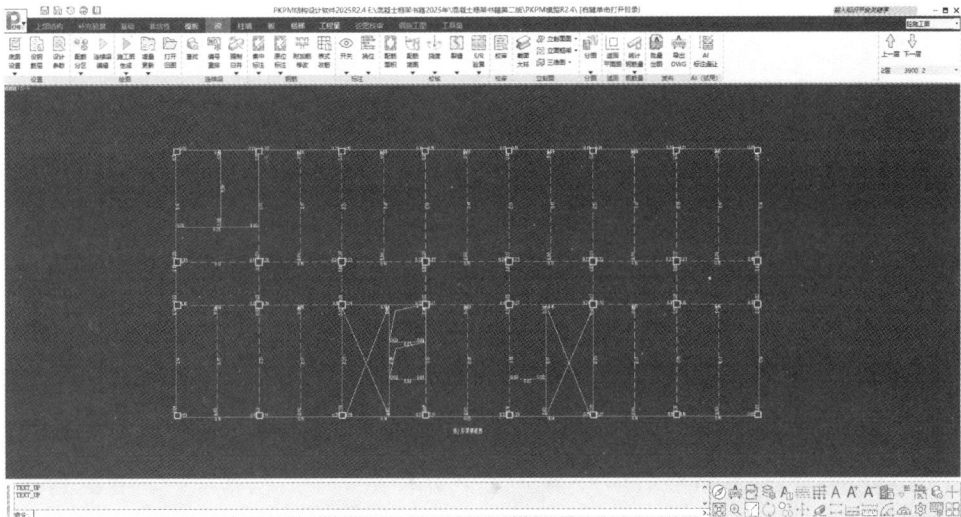

图 9-16　软件计算的梁裂缝结果

梁裂缝验算不满足要求时可以通过增加配筋来减小裂缝计算结果,从而满足规范要求。

在验算了梁的挠度和裂缝宽度均满足规范要求后,便可绘制最终的梁施工图了。

9.4　梁施工图的绘制

点击"梁"按钮,点击"施工图生成"按钮,显示结果如图 9-17 所示。

可以将上述施工图导出为 dwg 格式后进行后处理,形成最终的施工图。

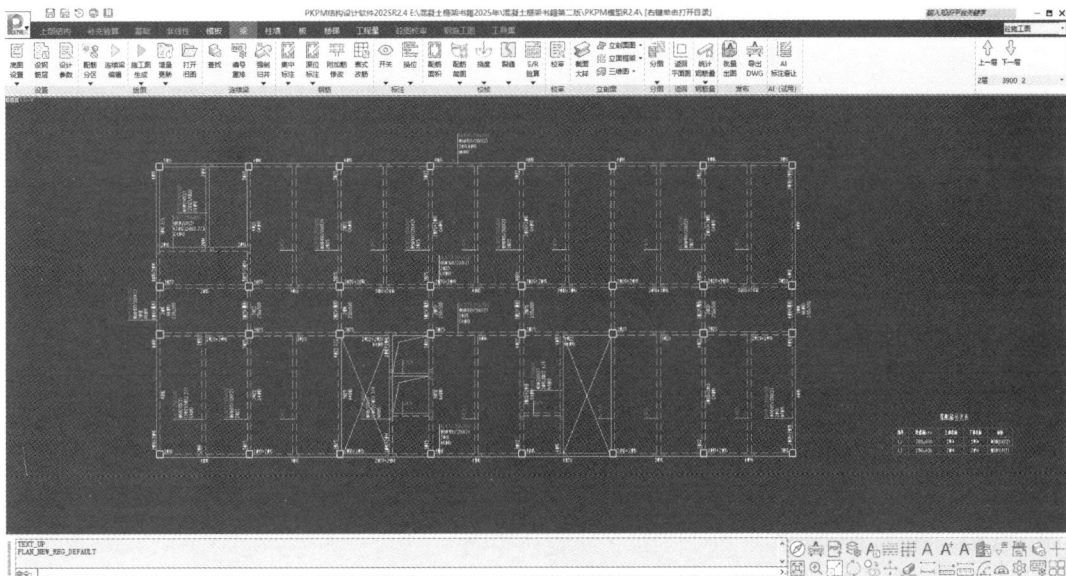

图 9-17　软件绘制的梁平法施工图

10 柱施工图绘制

在绘制完梁的平法施工图后，就要着手进行柱施工图的绘制了，将模板图复制一张出来，删去其中的梁线并定位好柱子便有了柱定位图，在此基础上再绘制柱平法施工图。

10.1 规范条文链接

《混通规》4.4.9条规定：混凝土柱纵向钢筋和箍筋配置应符合下列规定：

1 柱全部纵向普通钢筋的配筋率不应小于表4.4.9-1的规定，且柱截面每一侧纵向普通钢筋配筋率不应小于0.20%；当柱的混凝土强度等级为C60以上时，应按表中规定值增加0.10%采用；当采用400MPa级纵向受力钢筋时，应按表中规定值增加0.05%采用。

柱纵向受力钢筋最小配筋率（%）　　　　　　　　　　　表4.4.9-1

柱类型	抗震等级			
	一级	二级	三级	四级
中柱、边柱	0.90(1.00)	0.70(0.80)	0.60(0.70)	0.50(0.60)
角柱、框支柱	1.10	0.90	0.80	0.70

注：表中括号内数值用于房屋建筑纯框架结构柱。

本条规定了柱纵筋的最小配筋率，软件的计算结果会自动满足上述要求，只需要根据软件的计算结果配置纵筋即可，无须人工验算柱的最小配筋率是否满足要求。

2 柱箍筋在规定的范围内应加密，且加密区的箍筋间距和直径应符合下列规定：

1) 箍筋加密区的箍筋最大间距和最小直径应按表4.4.9-2采用。

柱端箍筋加密区的构造要求　　　　　　　　　　　　表4.4.9-2

抗震等级	箍筋最大间距(mm)	箍筋最小直径(mm)
一级	6d倍和100中的较小值	10
二级	8d倍和100中的较小值	8
三级、四级	8d倍和150(柱根100)中的较小值	8

注：表中d为柱纵向普通钢筋的直径(mm)；柱根指柱底部嵌固部位的加密区范围。

2) 一级框架柱的箍筋直径大于12mm且箍筋肢距不大于150mm及二级框架柱箍筋直径不小于10mm且肢距不大于200mm时，除柱根外加密区箍筋最大间距应允许采用150mm；三级、四级框架柱的截面尺寸不大于400mm时，箍筋最小直径应允许采用6mm。

3) 剪跨比不大于2的柱，箍筋应全高加密，且箍筋间距不应大于100mm。

本条第一款规定的是柱箍筋加密区的构造要求，绘制施工图时需要人工控制。本条第二款规定的是柱箍筋间距放松以及箍筋最小直径采用 6mm 的条件。本条第三款规定的是短柱的箍筋加密要求，绘制施工图时需要人工控制，尤其是被楼梯间的层间梯梁打断而形成的短柱，需要人工注意柱子箍筋全高加密的要求。

《混规》11.4.13 条规定：框架边柱、角柱及剪力墙端柱在地震组合下处于小偏心受拉时，柱内纵向受力钢筋总截面面积应比计算值增加 25%。

框架柱、框支柱中全部纵向受力钢筋配筋率不应大于 5%。柱的纵向钢筋宜对称配置。截面尺寸大于 400mm 的柱，纵向钢筋的间距不宜大于 200mm。当按一级抗震等级设计，且柱的剪跨比不大于 2 时，柱每侧纵向钢筋的配筋率不宜大于 1.2%。

本条规定了小偏拉的柱子受力钢筋总截面面积应比计算值增加 25% 的要求，偏拉的柱子在软件的计算结果中会显示偏拉的符号，软件的计算结果已经比计算值增加了 25%，实际配筋时只需要按软件的计算结果去配筋即可；同时本条还规定了最大配筋率的要求，软件的计算结果会自动满足最大配筋率的要求。

《混规》11.4.14 条规定：框架柱的箍筋加密区长度，应取柱截面长边尺寸（或圆形截面直径）、柱净高的 1/6 和 500mm 中的最大值；一、二级抗震等级的角柱应沿柱全高加密箍筋。底层柱根箍筋加密区长度应取不小于该层柱净高的 1/3；当有刚性地面时，除柱端箍筋加密区外尚应在刚性地面上、下各 500mm 的高度范围内加密箍筋。

本条规定了箍筋加密区的范围。

《混规》11.4.15 条规定：柱箍筋加密区内的箍筋肢距：一级抗震等级不宜大于 200mm；二、三级抗震等级不宜大于 250mm 和 20 倍箍筋直径中的较大值；四级抗震等级不宜大于 300mm。每隔一根纵向钢筋宜在两个方向有箍筋或拉筋约束；当采用拉筋且箍筋与纵向钢筋有绑扎时，拉筋宜紧靠纵向钢筋并勾住箍筋。

本条规定了加密区内的箍筋肢距要求，需要设计人员在绘制施工图时自行控制。

《混规》11.4.17 条规定：箍筋加密区箍筋的体积配筋率应符合下列规定：

1 柱箍筋加密区箍筋的体积配筋率，应符合下列规定：

$$\rho_v \geqslant \lambda_v \frac{f_c}{f_{yv}} \tag{11.4.17}$$

式中 ρ_v——柱箍筋加密区的体积配筋率，按本规范第 6.6.3 条的规定计算，计算中应扣除重叠部分的箍筋体积；

f_{yv}——箍筋抗拉强度设计值；

f_c——混凝土轴心抗压强度设计值；当强度等级低于 C35 时，按 C35 取值；

λ_v——最小配箍特征值，按表 11.4.17 采用。

2 对一、二、三、四级抗震等级的柱，其箍筋加密区的箍筋体积配筋率分别不应小于 0.8%、0.6%、0.4% 和 0.4%。

3 框支柱宜采用复合螺旋箍或井字复合箍，其最小配箍特征值应按表 11.4.17 中的数值增加 0.02 采用，且体积配筋率不应小于 1.5%。

4 当剪跨比 λ 不大于 2 时，宜采用复合螺旋箍或井字复合箍，其箍筋体积配筋率不应小于 1.2%；9 度设防烈度一级抗震等级时，不应小于 1.5%。

表 11.4.17　柱箍筋加密区的箍筋最小配箍特征值 λ_v

抗震等级	箍筋形式	轴压比								
		≤0.3	0.4	0.5	0.6	0.7	0.8	0.9	1.0	1.05
一级	普通箍、复合箍	0.10	0.11	0.13	0.15	0.17	0.20	0.23	—	—
	螺旋箍、复合或连续复合矩形螺旋箍	0.08	0.09	0.11	0.13	0.15	0.18	0.21	—	—
二级	普通箍、复合箍	0.08	0.09	0.11	0.13	0.15	0.17	0.19	0.22	0.24
	螺旋箍、复合或连续复合矩形螺旋箍	0.06	0.07	0.09	0.11	0.13	0.15	0.17	0.20	0.22
三、四级	普通箍、复合箍	0.06	0.07	0.09	0.11	0.13	0.15	0.17	0.20	0.22
	螺旋箍、复合或连续复合矩形螺旋箍	0.05	0.06	0.07	0.09	0.11	0.13	0.15	0.18	0.20

注：1　普通箍指单个矩形箍筋或单个圆形箍筋；螺旋箍指单个螺旋箍筋；复合箍指由矩形、多边形、圆形箍筋或拉筋组成的箍筋；复合螺旋箍指由螺旋箍与矩形、多边形、圆形箍筋或拉筋组成的箍筋；连续复合矩形螺旋箍指全部螺旋箍为同一根钢筋加工成的箍筋；

　　　2　在计算复合螺旋箍的体积配筋率时，其中非螺旋箍筋的体积应乘以系数 0.8；

　　　3　混凝土强度等级高于 C60 时，箍筋宜采用复合箍、复合螺旋箍或连续复合矩形螺旋箍，当轴压比不大于 0.6 时，其加密区的最小配箍特征值宜按表中数值增加 0.02；当轴压比大于 0.6 时，宜按表中数值增加 0.03。

　　本条规定了柱箍筋的体积配箍率的要求，软件的计算结果会自动满足上述要求。

　　《混规》11.4.18 条规定：在箍筋加密区外，箍筋的体积配筋率不宜小于加密区配筋率的一半；对一、二级抗震等级，箍筋间距不应大于 $10d$；对三、四级抗震等级，箍筋间距不应大于 $15d$，此处，d 为纵向钢筋直径。

　　本条规定了柱箍筋加密区范围之外的箍筋间距要求。

　　《混规》9.3.1 条规定：柱中纵向钢筋的配置应符合下列规定：

　　1　纵向受力钢筋直径不宜小于 12mm；全部纵向钢筋的配筋率不宜大于 5%；

　　2　柱中纵向钢筋的净间距不应小于 50mm，且不宜大于 300mm；

　　3　偏心受压柱的截面高度不小于 600mm 时，在柱的侧面上应设置直径不小于 10mm 的纵向构造钢筋，并相应设置复合箍筋或拉筋；

　　4　圆柱中纵向钢筋不宜少于 8 根，不应少于 6 根，且宜沿周边均匀布置；

　　5　在偏心受压柱中，垂直于弯矩作用平面的侧面上的纵向受力钢筋以及轴心受压柱中各边的纵向受力钢筋，其中距不宜大于 300mm。

　　注：水平浇筑的预制柱，纵向钢筋的最小净间距可按本规范第 9.2.1 条关于梁的有关规定取用。

　　需要注意的是本条第 2 款的要求，本条第 2 款规定了柱纵筋的最小净间距。

10.2　图集链接

10.2.1　柱平法制图规则

　　见图 10-1～图 10-5。

140

2 柱平法施工图制图规则

2.1 柱平法施工图的表示方法

2.1.1 柱平法施工图系在柱平面布置图上采用列表注写方式或截面注写方式表达。

2.1.2 柱平面布置图可采用适当比例单独绘制，也可与剪力墙平面布置图合并绘制(剪力墙平法施工图制图规则见本图集第1-9页～第1-17页)。

2.1.3 在柱平法施工图中，应按本规则第1.0.8条的规定注明各结构层的楼面标高、结构层高及相应的结构层号，尚应注明上部结构嵌固部位位置。

2.1.4 上部结构嵌固部位的注写：

1)框架柱嵌固部位在基础顶面时，无须注明。

2)框架柱嵌固部位不在基础顶面时，在层高表嵌固部位标高下使用双细线注明，并在层高表下注明上部结构嵌固部位标高。

3)框架柱嵌固部位不在地下室顶板，但仍需考虑地下室顶板对上部结构实际存在嵌固作用时，可在层高表地下室顶板标高下使用双虚线注明，此时首层柱端箍筋加密区长度范围及纵向钢筋(也称“纵筋”)连接位置均按嵌固部位要求设置。

2.2 列表注写方式

2.2.1 列表注写方式，系在柱平面布置图上(一般只需采用适当比例绘制一张柱平面布置图，包括框架柱、转换柱、芯柱等)，分别在同一编号的柱中选择一个(有时需要选择几个)截面标注几何参数代号；在柱表中注写柱编号、柱段起止标高、几何尺寸(含柱截面对轴线的定位情况)与配筋的具体数值，并配以柱截面形状及其箍筋类型的方式来表达柱平法施工图(如本图集第1-7页所示)。

2.2.2 柱表注写内容规定如下：

1)注写柱编号，柱编号由类型代号和序号组成，应符合表2.2.2-1的规定。

表2.2.2-1 柱编号

柱类型	类型代号	序号
框架柱	KZ	××
转换柱	ZHZ	××
芯柱	XZ	××

注：编号时，当柱的总高、分段截面尺寸和配筋均对应相同，仅截面与轴线的关系不同时，仍可将其编为同一柱号，但应在图中注明截面与轴线的关系。

2)注写各段柱的起止标高，自柱根部往上以变截面位置或截面未变但配筋改变处为界分段注写。

梁上起框架柱的根部标高系指梁顶面标高；剪力墙上起框架柱的根部标高为墙顶面标高。从基础起的柱，其根部标高系指基础顶面标高。

当屋面框架梁上翻时，框架柱顶标高应为梁顶面标高。

柱平法施工图制图规则							图集号	22G101-1
审核	郁银泉	校对	高志强	设计	曹俊		页	1-3

总则 平法制图规则 柱 平法制图规则 剪力墙 平法制图规则 梁 平法制图规则 板 平法制图规则 其他相关构造

图 10-1 柱平法制图规则（一）

芯柱的根部标高系指根据结构实际需要而定的起始位置标高。

注：当框架柱生根在剪力墙上时，本图集提供了“柱与墙重叠一层”“柱纵筋锚固在墙顶部时柱根构造”的构造做法(见本图集第2-12页)，设计应注明选用何种做法。

3)对于矩形柱，注写柱截面尺寸$b \times h$及与轴线关系的几何参数代号b_1、b_2和h_1、h_2的具体数值，需对应于各段柱分别注写。其中$b=b_1+b_2$，$h=h_1+h_2$。当截面的某一边收缩变化至与轴线重合或偏到轴线的另一侧时，b_1、b_2、h_1、h_2中的某项为零或为负值。

对于圆柱，表中$b \times h$一栏改用在圆柱直径数字前加d表示。为表达简单，圆柱截面与轴线的关系也用b_1、b_2和h_1、h_2表示，并使$d=b_1+b_2=h_1+h_2$。

设计人员也可在柱平面布置图中注明柱截面尺寸及与轴线的关系，此时柱表中无需重复注写。

对于芯柱，根据结构需要，可以在某些框架柱的一定高度范围内，在其内部的中心位置设置(分别引注其柱编号)。芯柱中心应与柱中心重合，并标注其截面尺寸，按本图集标准构造详图施工；当设计者采用与本图集不同的做法时，应另行注明。芯柱定位随框架柱，不需要注写其与轴线的几何关系。

4)注写柱纵筋。当柱纵筋直径相同，各边根数也相同时(包括矩形柱、圆柱的芯柱)，将纵筋注写在“全部纵筋”一栏中；除此之外，柱纵筋分角筋、截面b边中部筋和h边中部筋三项分别注写(对于采用对称配筋的矩形截面柱，可仅注写一侧中部筋，对称边省略不注；对于采用非对称配筋的矩形截面柱，必须每侧均注写中部筋)。

5)注写箍筋类型编号及箍筋肢数，在箍筋类型栏内注写按表2.2.2-2规定的箍筋类型编号和箍筋肢数。箍筋肢数可有多种组合，应在表中注明具体的数值：m、n及Y等。

6)注写柱箍筋，包括钢筋种类、直径与间距。

用斜线“/”区分柱端箍筋加密区与柱身非加密区长度范围内箍筋的不同间距。施工人员需根据标准构造详图的规定，在规定的几种长度值中取其最大者作为加密区长度。当框架节点核心区内箍筋与柱端箍筋设置不同时，应在括号中注明核心区箍筋直径及间距。

【例】Φ10@100/200，表示箍筋为HPB300钢筋，直径为10mm，加密区间距为100mm，非加密区间距为200mm。

Φ10@100/200(Φ12@100)，表示柱中箍筋为HPB300钢筋，直径为10mm，加密区间距为100mm，非加密区间距为200mm。框架节点核心区箍筋为HPB300钢筋，直径为12mm，间距为100mm。

当箍筋沿柱全高为一种间距时，则不使用“/”线。

【例】Φ10@100，表示沿柱全高范围内箍筋均为HPB300，钢筋直径为10mm，间距为100mm。

当圆柱采用螺旋箍筋时，需在箍筋前加“L”。

【例】LΦ10@100/200，表示采用螺旋箍筋，HPB300钢筋，直径为10mm，加密区间距为100mm，非加密区间距为200mm。

柱平法施工图制图规则							图集号	22G101-1
审核	郁银泉	校对	高志强	设计	曹俊		页	1-4

总则 平法制图规则 柱 平法制图规则 剪力墙 平法制图规则 梁 平法制图规则 板 平法制图规则 其他相关构造

图 10-2 柱平法制图规则（二）

表2.2.2-2 箍筋类型表

箍筋类型编号	箍筋肢数	复合方式
1	$m×n$	肢数m／肢数n／b
2	—	b
3	—	h／b
4	$Y+m×n$	圆形箍／肢数m／肢数n／d

注:1. 确定箍筋肢数时应满足对柱纵筋"隔一拉一"以及箍筋肢距的要求。
　　2. 具体工程设计时，若采用超出本表所列举的箍筋类型或标准构造详图中的箍筋复合方式(见本图集第2-17页、第2-18页)，应在施工图中另行绘制，并标注与施工图中对应的b和h。

2.2.3 采用列表注写方式表达的柱平法施工图示例见本图集第1-7页。

2.3 截面注写方式

2.3.1 截面注写方式，系在柱平面布置图的柱截面上，分别在同一编号的柱中选择一个截面，以直接注写截面尺寸和配筋

体数值的方式来表达柱平法施工图。

2.3.2 对除芯柱之外的所有柱截面按本规则第2.2.2条第1)款的规定进行编号，从相同编号的柱中选择一个截面，按另一种比例原位放大绘制柱截面配筋图，并在各配筋图上继其编号后再注写截面尺寸$b×h$、角筋或全部纵筋(当纵筋采用一种直径且能够图示清楚时)、箍筋的具体数值[箍筋的注写方式同本规则第2.2.2条第6)款]，以及在柱截面配筋图上标注柱截面与轴线关系b_1、b_2、h_1、h_2的具体数值。

当纵筋采用两种直径时，需再注写截面各边中部筋的具体数值(对于采用对称配筋的矩形截面柱，可仅在一侧注写中部筋，对称边省注)。

当在某些框架柱的一定高度范围内，在其内部的中心位置设置芯柱时，先按照本规则第2.2.2条第1)款的规定进行编号，继其编号之后注写芯柱的起止标高、全部纵筋及箍筋的具体数值[箍筋的注写方式同本规则第2.2.2条第6)款]；芯柱截面尺寸按构造确定，并按标准构造详图施工(本图集第2-18页)，设计不注；当采用与本构造详图不同的做法时，应另行注明。芯柱定位随框架柱，不需要注写其与轴线的几何关系。

2.3.3 在截面注写方式中，如柱的分段截面尺寸和配筋均相同，仅截面与轴线的关系不同时，可将其编为同一柱号。但此时应在未画配筋的柱截面上注写该柱截面与轴线关系的具体尺寸。

柱平法施工图制图规则				图集号	22G101-1
审核 郁银泉	校对 高志强	设计 曹俊		页	1-5

图10-3 柱平法制图规则(三)

结构层楼面标高 / 结构层高

层号	标高(m)	层高(m)
屋面2	65.670	
塔层2	62.370	3.30
屋面1(塔层1)	59.070	3.30
16	55.470	3.60
15	51.870	3.60
14	48.270	3.60
13	44.670	3.60
12	41.070	3.60
11	37.470	3.60
10	33.870	3.60
9	30.270	3.60
8	26.670	3.60
7	23.070	3.60
6	19.470	3.60
5	15.870	3.60
4	12.270	3.60
3	8.670	3.60
2	4.470	4.20
1	-0.030	4.50
-1	-4.530	4.50
-2	-9.030	4.50

注:上部结构嵌固部位:-4.530m。

柱表

柱编号	标高(m)	$b×h$(mm×mm)(圆柱直径D)	b_1(mm)	b_2(mm)	h_1(mm)	h_2(mm)	全部纵筋	角筋	b边一侧中部筋	h边一侧中部筋	箍筋类型号	箍筋	备注
KZ1	-4.530～-0.030	750×700	375	375	150	550	28Φ25				1(6×6)	Φ10@100/200	
	-0.030～19.470	750×700	375	375	150	550	24Φ25				1(5×4)	Φ10@100/200	—
	19.470～37.470	650×600	325	325	150	450		4Φ22	5Φ22	4Φ20	1(4×4)	Φ10@100/200	
	37.470～59.070	550×500	275	275	150	350		4Φ22	5Φ22	4Φ20	1(4×4)	Φ8@100/200	
XZ1	-4.530～8.670						8Φ25					Φ10@100	按标准构造详图;⑤×⑥轴KZ1中设置

-4.530～59.070柱平法施工图(局部)

注:1. 如采用非对称配筋，需在柱表中增加相应栏目分别表示各边的中部筋。
　　2. 箍筋对纵筋至少隔一拉一。
　　3. 本图示例中地下一层(-1层)、首层(1层)柱端箍筋加密区长度范围及纵筋连接位置均按嵌固部位要求设置。
　　4. 层高表中，竖向粗线表示本页柱的起止标高为-4.530m～59.070m，所在层为1~16层。

柱平法施工图列表注写方式示例				图集号	22G101-1
审核 郁银泉	校对 高志强	设计 曹俊		页	1-7

图10-4 柱平法制图规则(四)

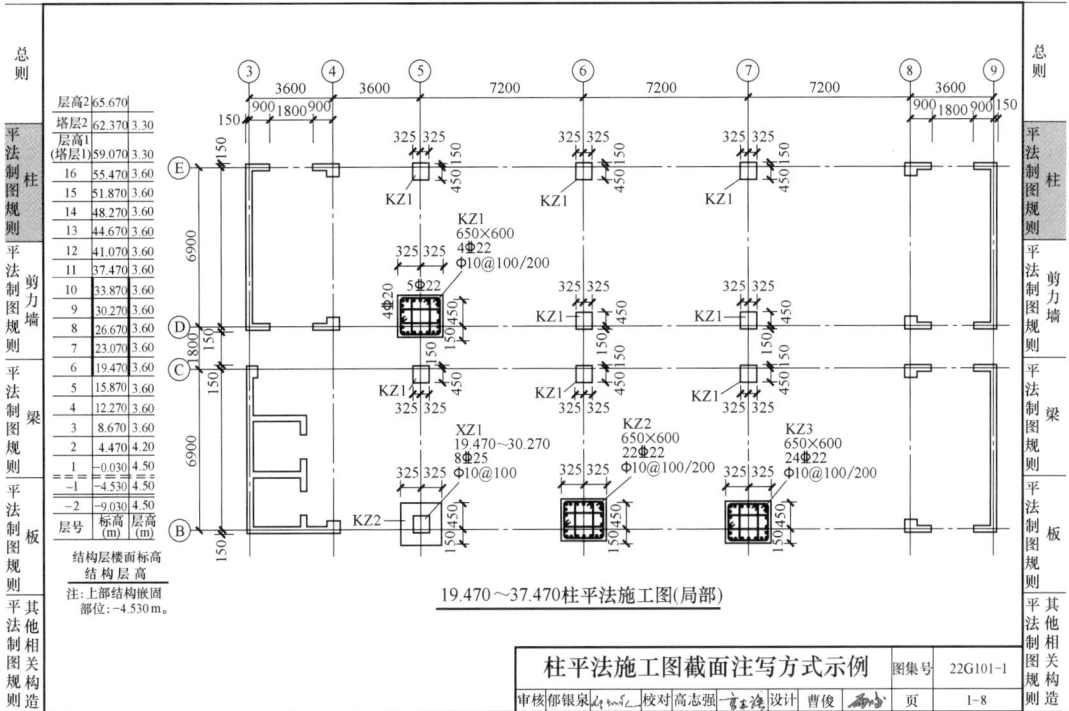

图 10-5　柱平法制图规则（五）

10.2.2　柱配筋构造详图

见图 10-6～图 10-8。

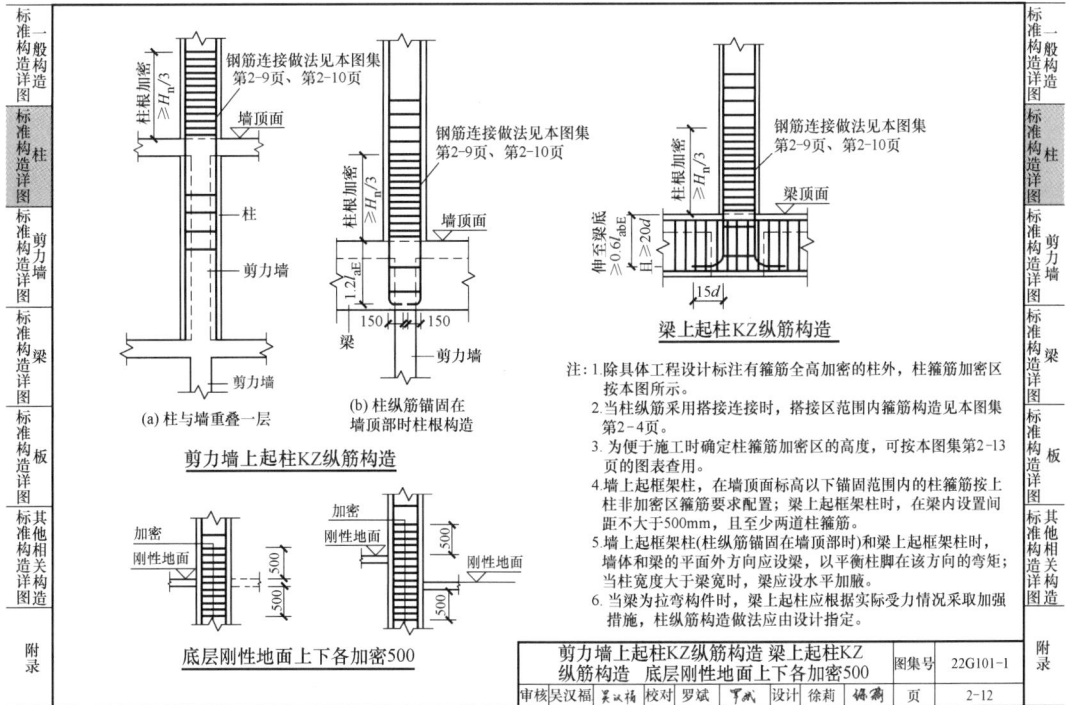

图 10-6　柱配筋构造详图（一）

143

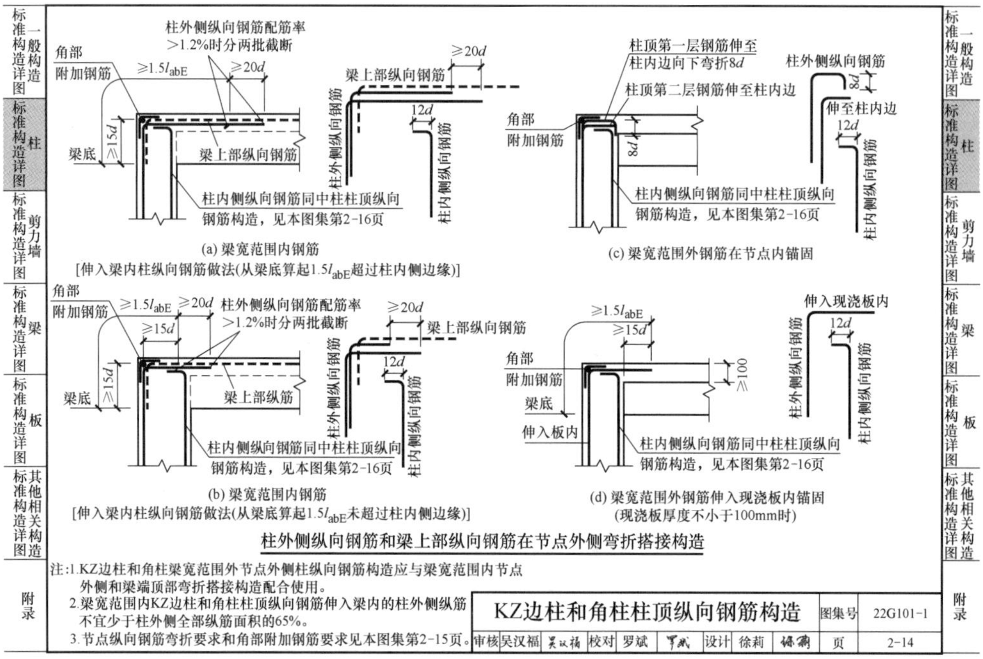

图 10-7 柱配筋构造详图（二）

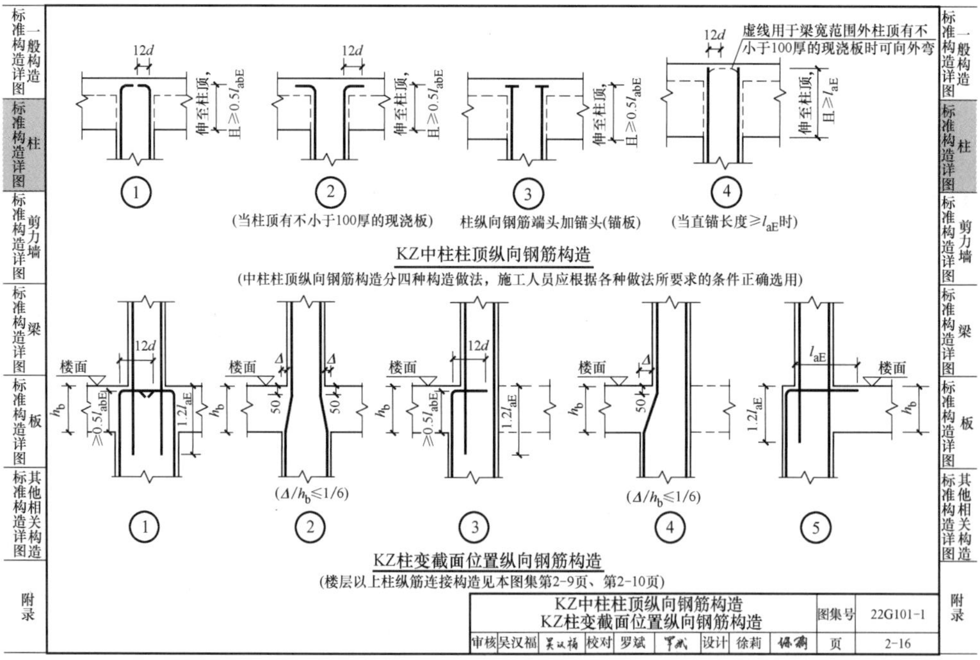

图 10-8 柱配筋构造详图（三）

10.3 柱双偏压验算

1）点击"墙柱""设计参数"选项卡，在弹出的墙柱绘图参数中设置好相应的参数，如图 10-9 所示。

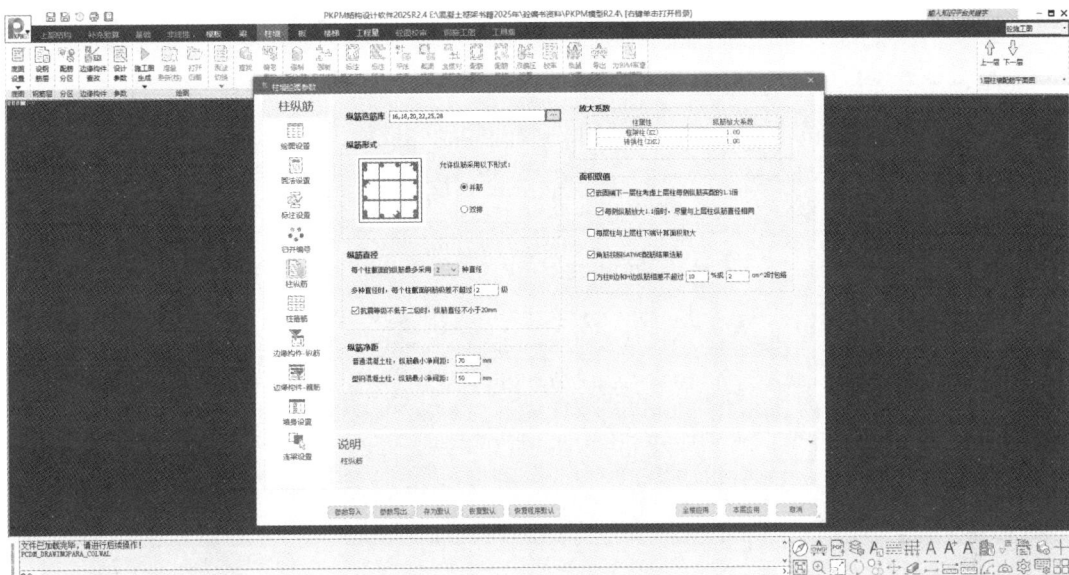

图 10-9 墙柱绘图参数

2）点击"双偏压验算"按钮，可以看到双偏压计算书及是否全部验算满足的判断。如图 10-10 所示。

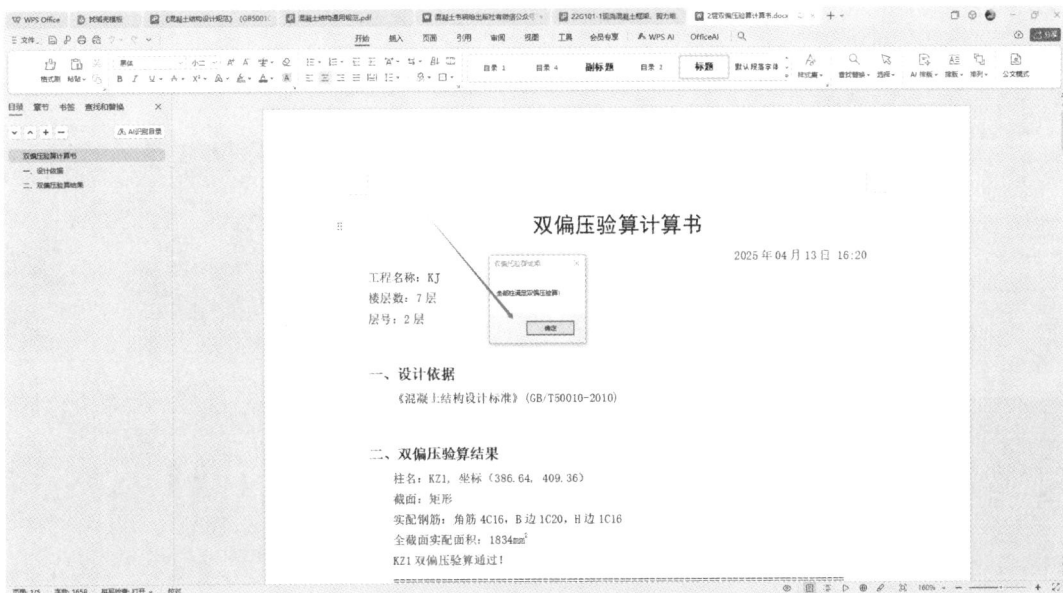

图 10-10 双偏压验算示意图

注意：在上述对话框中，施工图表示方法选择平法列表注写。

3）点击"强制归并（柱）"按钮，选择"全部构件"，软件将柱子归并后的结果如图 10-11 所示。若强制归并不满意，可选择"强制拆分（柱）"将不满意的柱拆出单独编号。

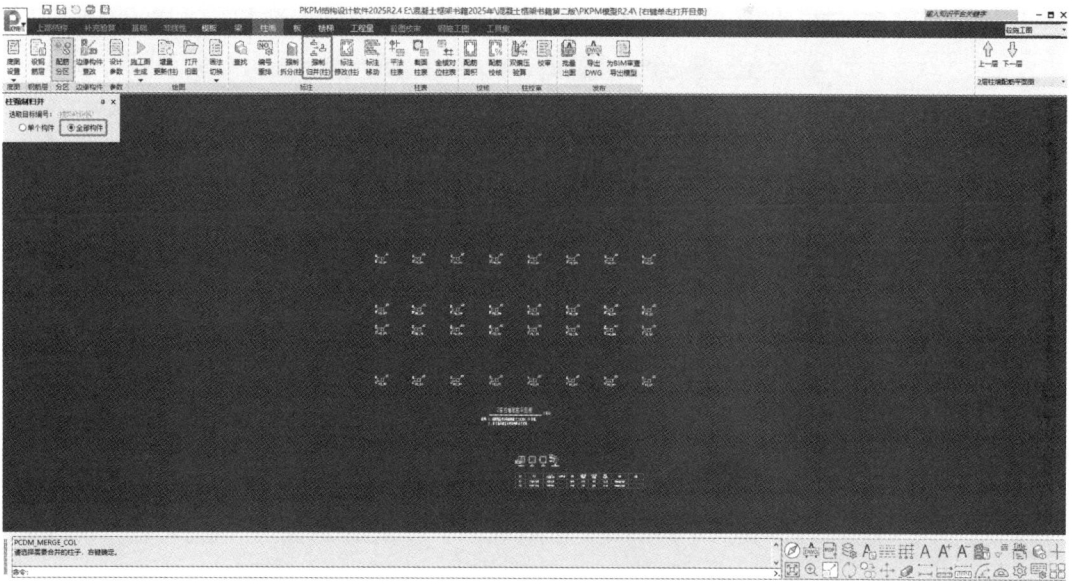

图 10-11　软件归并柱子后的结果

4）从验算结果可以看出，若双偏压验算不满足要求，点击"标注修改（柱）"按钮，如图 10-12 所示。

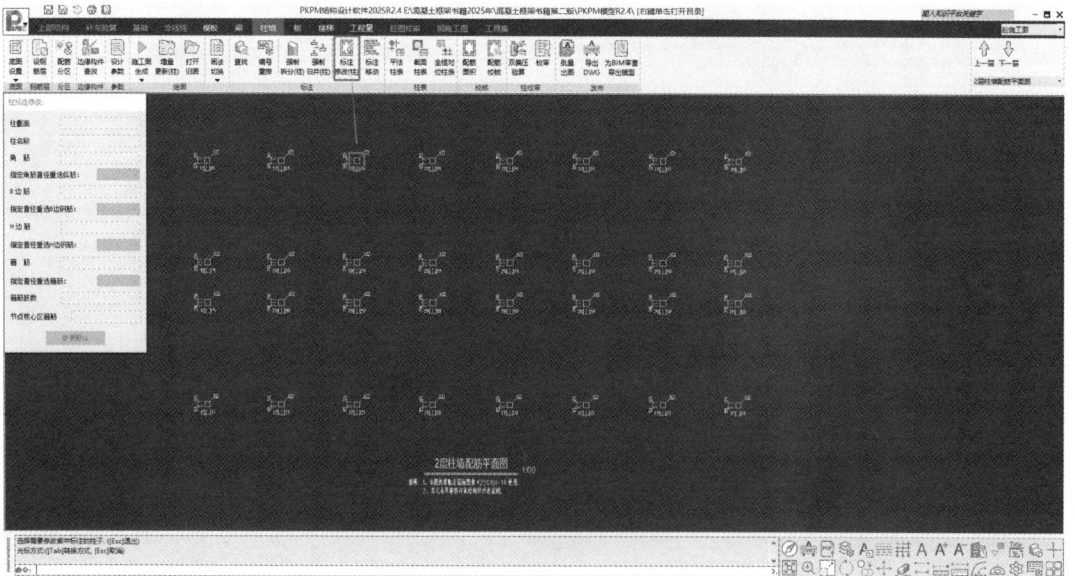

图 10-12　标注修改（柱）示意图

修改双偏压不满足的柱子的配筋，可以选择增大角筋，也可以选择增大中部钢筋，修改完钢筋后再点击"双偏压"验算，重新验算是否满足要求，如果不满足偏压验算的要求，可以继续修改直至满足要求，见图 10-13。

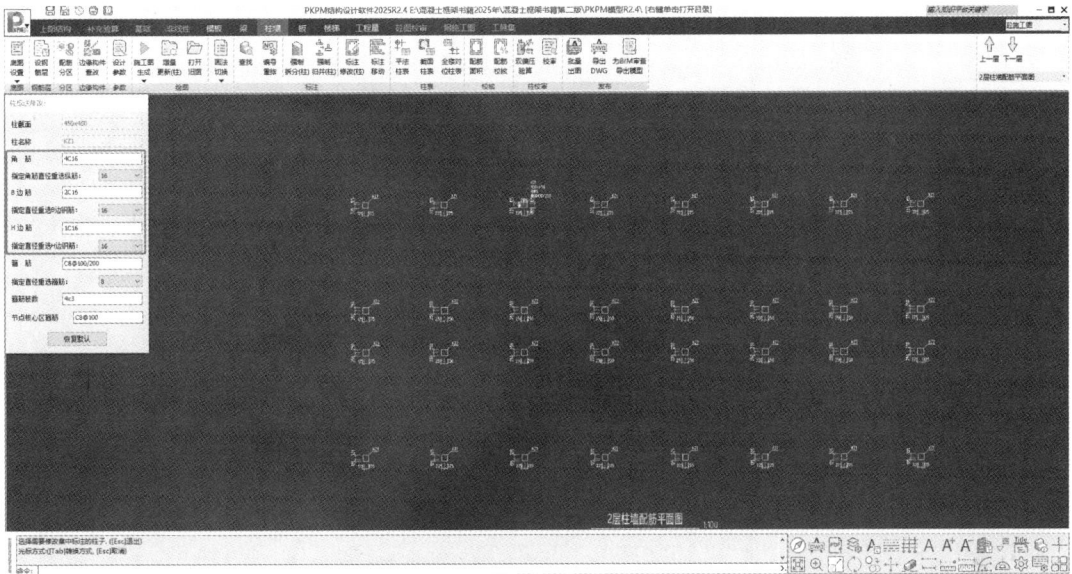

图 10-13　双偏压不满足修改

10.4　柱施工图绘制

验算完双偏压后便可进行最终的施工图绘制，点击"平法柱表"按钮，如图 10-14 所示。

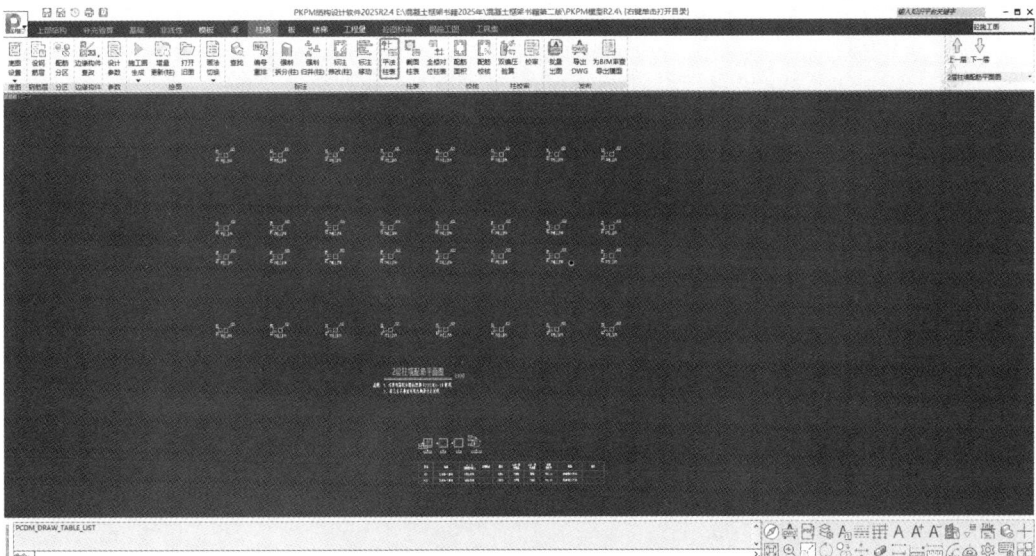

图 10-14　点击"平法柱表"按钮，绘制施工图

如果对平法柱表的表示方法不满意，还可以切换表示方法，点击"画法切换"按钮，在下拉菜单中选择"原位截面注写"，如图 10-15 所示。

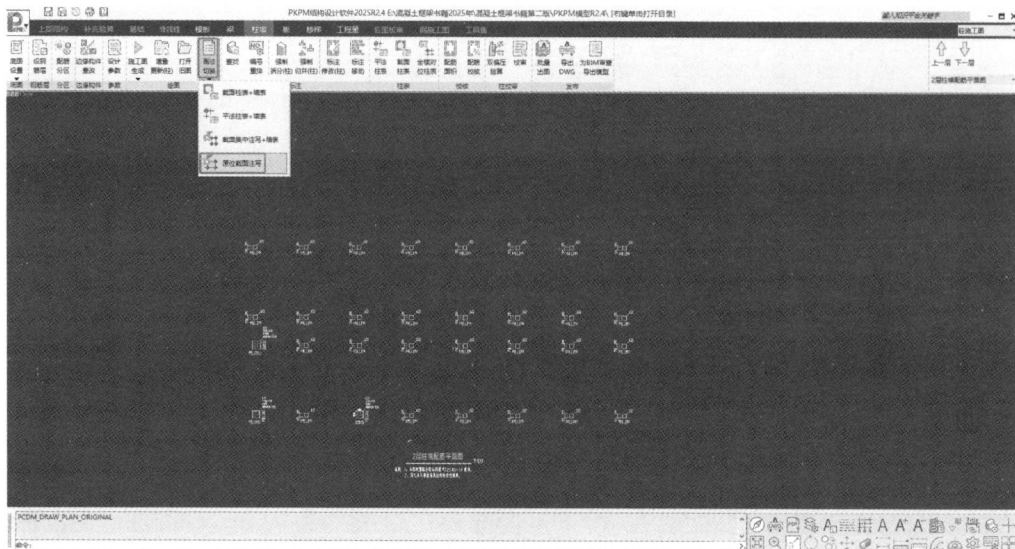

图 10-15　在"平法柱表"下绘制的柱表

还可以切换成截面集中注写的方式，如图 10-16 所示。

选择好自己比较习惯的表达方式后，再将上述施工图导出为 dwg 格式后进行后处理，形成最终的施工图。

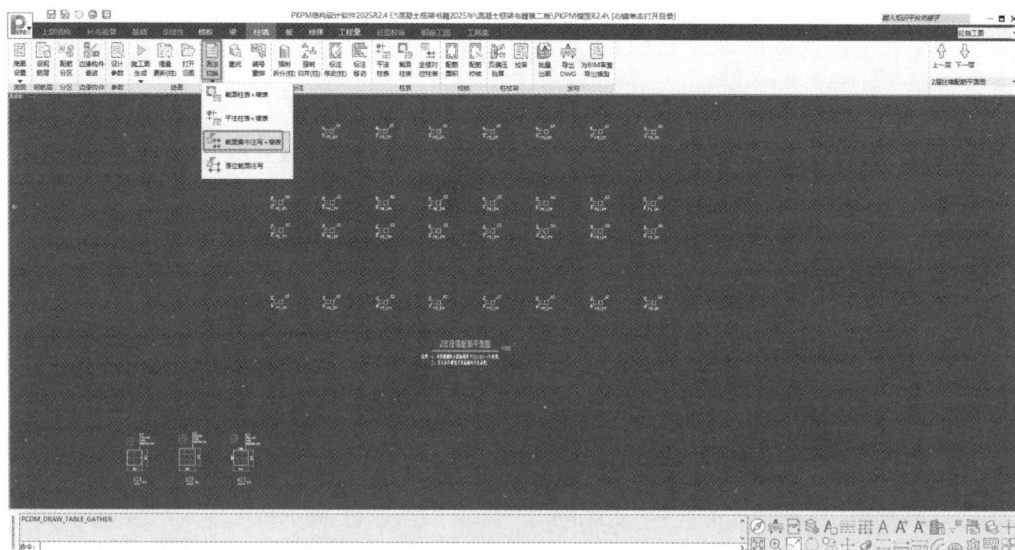

图 10-16　平法原位截面注写结果

11 基础设计及绘图

在完成了上部的计算与绘图后，接下来便是进行基础设计与绘图了，基础属于隐蔽工程，且支承着所有的上部结构，其重要性是不言而喻的，因此需要慎重对待基础的设计。

11.1 规范条文链接

重要性不同的基础有不同的设计要求，设计基础时，应当首先确定基础的持力层，也就是确定基础的埋深，有了持力层的承载力特征值后便可确定基础底面尺寸的大小，然后再预估一个基础高度进行冲切或剪切验算，最后进行基础配筋计算。

11.1.1 确定基础的设计等级

《建筑地基基础设计规范》GB 50007—2011（以下简称《地基规范》）将地基基础的设计等级分为三级，不同的等级有不同的设计要求，规定如下：

3.0.1 地基基础设计应根据地基复杂程度、建筑物规模和功能特征以及由于地基问题可能造成建筑物破坏或影响正常使用的程度分为三个设计等级，设计时应根据具体情况，按表3.0.1选用。

表 3.0.1 地基基础设计等级

设计等级	建筑和地基类型
甲级	重要的工业与民用建筑物 30层以上的高层建筑 体型复杂，层数相差超过10层的高低层连成一体建筑物 大面积的多层地下建筑物(如地下车库、商场、运动场等) 对地基变形有特殊要求的建筑物 复杂地质条件下的坡上建筑物(包括高边坡) 对原有工程影响较大的新建建筑物 场地和地基条件复杂的一般建筑物 位于复杂地质条件及软土地区的二层及二层以上地下室的基坑工程 开挖深度大于15m的基坑工程 周边环境条件复杂、环境保护要求高的基坑工程
乙级	防甲级、丙级以外的工业与民用建筑物 除甲级、丙级以外的基坑工程
丙级	场地和地基条件简单、荷载分布均匀的七层及七层以下民用建筑及一般工业建筑；次要的轻型建筑物 非软土地区且场地地质条件简单、基坑周边环境条件简单、环境保护要求不高且开挖深度小于5.0m的基坑工程

《建筑与市政地基基础通用规范》GB 55003—2021（以下简称《市政通用规范》）：

4.1.1 地基设计应符合下列规定：

1 地基计算均应满足承载力计算的要求；

2 对地基变形有控制要求的工程结构，均应按地基变形设计；

3 对受水平荷载作用的工程结构或位于斜坡上的工程结构，应进行地基稳定性验算。

从上述规定可以看出，本案例地基基础等级为丙级，不是对地基变形有控制要求的工程结构，地基计算只需要进行承载力计算即可，不必作变形验算。

地基基础设计时，不同的计算内容所采用的作用效应与相应的抗力限值有所不同。

《市政通用规范》：

2.2.2 地基基础设计时，所采用的作用效应与相应的抗力限值应符合下列规定：

1 按地基承载力确定基础底面积及埋深或按单桩承载力确定桩数时，传至基础或承台底面上的作用效应应按正常使用极限状态下作用的标准组合；相应的抗力应采用地基承载力特征值或单桩承载力特征值。

2 计算地基变形时，传至基础底面上的作用效应应按正常使用极限状态下作用的准永久组合，不应计入风荷载和地震作用；相应的限值应为地基变形允许值。

3 计算挡土墙、地基或滑坡稳定以及基础抗浮稳定时，作用效应应按承载能力极限状态下作用的基本组合，但其分项系数均为1.0。

4 在确定基础或桩基承台高度、支挡结构截面、计算基础或支挡结构内力、确定配筋和验算材料强度时，上部结构传来的作用效应和相应的基底反力、挡土墙土压力以及滑坡推力，应按承载能力极限状态下作用的基本组合，采用相应的分项系数；当需要验算基础裂缝宽度时，应按正常使用极限状态下作用的标准组合。

11.1.2 确定基础的持力层及底面积

规范对基础的最小埋深作了相应的规定，《地基规范》规定：

5.1.4 在抗震设防区，除岩石地基外，天然地基上的箱形和筏形基础其埋置深度不宜小于建筑物高度的1/15；桩箱或桩筏基础的埋置深度（不计桩长）不宜小于建筑物高度的1/18。

本案例选择第二层粉质黏土层作为独立基础的持力层，基底标高可初步确定为−1.500m，能够满足基础埋深的要求。

《地基规范》规定：

5.2.1 基础底面的压力，应符合下列规定：

1 当轴心荷载作用时

$$p_k \leqslant f_a \tag{5.2.1-1}$$

式中：p_k——相应于作用的标准组合时，基础底面处的平均压力值（kPa）；

f_a——修正后的地基承载力特征值（kPa）。

2 当偏心荷载作用时，除符合式（5.2.1-1）要求外，尚应符合下式规定：

$$p_{kmax} \leqslant 1.2 f_a \tag{5.2.1-2}$$

式中：p_{kmax}——相应于作用的标准组合时，基础底面边缘的最大压力值（kPa）。

5.2.2 基础底面的压力，可按下列公式确定：

1 当轴心荷载作用时

$$p_k = (F_k + G_k)/A \tag{5.2.2-1}$$

式中：F_k——相应于作用的标准组合时，上部结构传至基础顶面的竖向力值（kN）；

G_k——基础自重和基础上的土重（kN）；

A——基础底面面积（m²）。

2 当偏心荷载作用时

$$p_{kmax} = (F_k + G_k)/A + M_k/W \tag{5.2.2-2}$$

$$p_{kmin} = (F_k + G_k)/A - M_k/W \tag{5.2.2-3}$$

式中：M_k——相应于作用的标准组合时，作用于基础底面的力矩值（kN·m）；

W——基础底面的抵抗矩（m³）；

p_{kmin}——相应于作用的标准组合时，基础底面边缘的最小压力值（kPa）。

3 当基础底面形状为矩形且偏心距 $e > b/6$ 时（图 5.2.2），p_{kmax} 应按下式计算：

$$p_{kmax} = [2(F_k + G_k)]/3la \tag{5.2.2-4}$$

式中：l——垂直于力矩作用方向的基础底面边长（m）；

a——合力作用点至基础底面最大压力边缘的距离（m）。

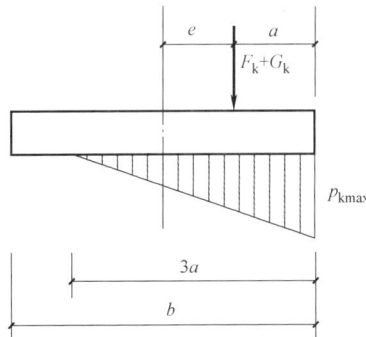

图 5.2.2 偏心荷载（$e > b/6$）下基底压力计算示意
b—力矩作用方向基础底面边长

5.2.4 当基础宽度大于 3m 或埋置深度大于 0.5m 时，从载荷试验或其他原位测试、经验值等方法确定的地基承载力特征值，尚应按下式修正：

$$f_a = f_{ak} + \eta_b \gamma (b-3) + \eta_d \gamma_m (d-0.5) \tag{5.2.4}$$

式中：f_a——修正后的地基承载力特征值（kPa）；

f_{ak}——地基承载力特征值（kPa），按本规范第 5.2.3 条的原则确定；

η_b、η_d——基础宽度和埋置深度的地基承载力修正系数，按基底下土的类别查表 5.2.4 取值；

γ——基础底面以下土的重度（kN/m^3），地下水位以下取浮重度；

b——基础底面宽度（m），当基础底面宽度小于 3m 时按 3m 取值，大于 6m 时按 6m 取值；

γ_m——基础底面以上土的加权平均重度（kN/m^3），位于地下水位以下的土层取有效重度；

d——基础埋置深度（m），宜自室外地面标高算起。在填方整平地区，可自填土地面标高算起，但填土在上部结构施工后完成时，应从天然地面标高算起。对于地下室，当采用箱形基础或筏基时，基础埋置深度自室外地面标高算起；当采用独立基础或条形基础时，应从室内地面标高算起。

表 5.2.4 承载力修正系数

土的类别		η_b	η_d
淤泥和淤泥质土		0	1.0
人工填土 e 或 I_L 大于等于 0.85 的黏性土		0	1.0
红黏土	含水比 $a_w>0.8$	0	1.2
红黏土	含水比 $a_w\leqslant0.8$	0.15	1.4
大面积压实填土	压实系数大于 0.95、黏粒含量 $\rho_c\geqslant10\%$ 的粉土	0	1.5
大面积压实填土	最大干密度大于 $2100kg/m^3$ 的级配砂石	0	2.0
粉土	黏粒含量 $\rho_c\geqslant10\%$ 的粉土	0.3	1.5
粉土	黏粒含量 $\rho_c<10\%$ 的粉土	0.5	2.0
e 及 I_L 均小于 0.85 的黏性土		0.3	1.6
粉砂、细砂(不包括很湿与饱和时的稍密状态)		2.0	3.0
中砂、粗砂、砾砂和碎石土		3.0	4.4

注：1　强风化和全风化的岩石，可参照所风化成的相应土类取值，其他状态下的岩石不修正；

2　地基承载力特征值按本规范附录 D 深层平板载荷试验确定时 η_d 取 0；

3　含水比是指土的天然含水量与液限的比值；

4　大面积压实填土是指填土范围大于两倍基础宽度的填土。

11.1.3　确定基础的高度

确定基础的高度也就是确定独立基础的冲切或剪力能够验算通过。

《地基规范》规定：

8.2.8　柱下独立基础的受冲切承载力应按下列公式验算：

$$F_l\leqslant0.7\beta_{hp}f_t a_m h_0 \tag{8.2.8-1}$$

$$a_m=(a_t+a_b)/2 \tag{8.2.8-2}$$

$$F_l=p_j A_l \tag{8.2.8-3}$$

式中：β_{hp}——受冲切承载力截面高度影响系数，当 h 不大于 800mm 时，β_{hp} 取 1.0；当 h 大于或等于 2000mm 时，β_{hp} 取 0.9，其间按线性内插法取用。

f_t——混凝土轴心抗拉强度设计值（kPa）。

h_0——基础冲切破坏锥体的有效高度（m）。

a_m——冲切破坏锥体最不利一侧计算长度（m）。

a_t——冲切破坏锥体最不利一侧斜截面的上边长（m），当计算柱与基础交接处的受冲切承载力时，取柱宽；当计算基础变阶处的受冲切承载力时，取上阶宽。

a_b——冲切破坏锥体最不利一侧斜截面在基础底面积范围内的下边长（m），当冲切破坏锥体的底面落在基础底面以内（图 8.2.8a、b），计算柱与基础交接处的受冲切承载力时，取柱宽加两倍基础有效高度；当计算基础变阶处的受冲切承载力时，取上阶宽加两倍该处的基础有效高度。

p_j——扣除基础自重及其上土重后相应于作用的基本组合时的地基土单位面积净反力（kPa），对偏心受压基础可取基础边缘处最大地基土单位面积净反力。

A_l——冲切验算时取用的部分基底面积（m²）（图 8.2.8a、b 中的阴影面积 $ABCDEF$）。

F_l——相应于作用的基本组合时作用在 A_l 上的地基土净反力设计值（kPa）。

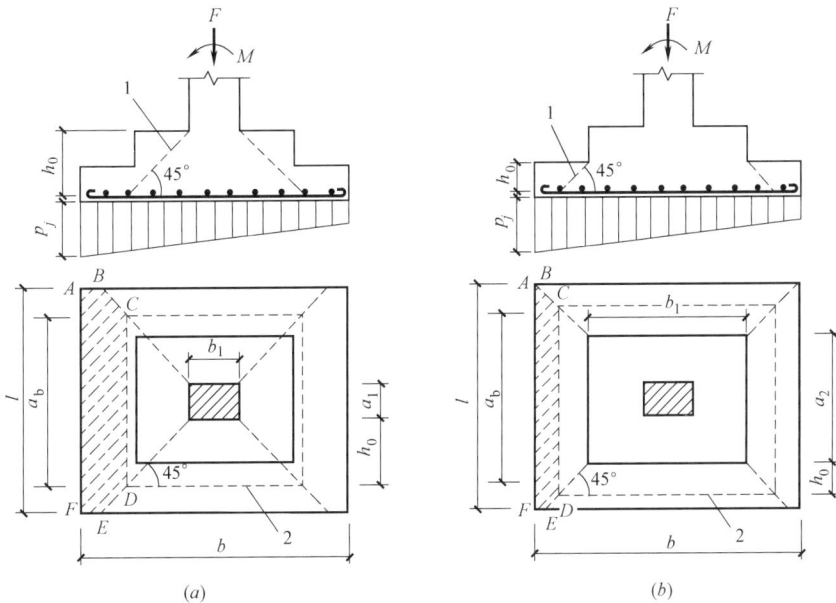

图 8.2.8 计算阶形基础的受冲切承载力截面位置

（a）柱与基础交接处；（b）基础变阶处

1—冲切破坏锥体最不利一侧的斜截面；2—冲切破坏锥体的底面线

8.2.9 当基础底面短边尺寸小于或等于柱宽加两倍基础有效高度时，应按下列公式验算柱与基础交接处截面受剪承载力：

$$V_s \leqslant 0.7\beta_{hs} f_t A_0 \quad (8.2.9\text{-}1)$$

$$\beta_{hs} = (800/h_0)^{1/4} \quad (8.2.9\text{-}2)$$

式中：V_s——柱与基础交接处的剪力设计值（kN），图 8.2.9 中的阴影面积乘以基底平均净反力；

β_{hs}——受剪切承载力截面高度影响系数，当 $h_0 < 800mm$ 时，取 $h_0 = 800mm$；当 $h_0 > 2000mm$ 时，取 $h_0 = 2000mm$；

A_0——验算截面处基础的有效截面面积（m^2）。当验算截面为阶形或锥形时，可将其截面折算成矩形截面，截面的折算宽度和截面的有效高度按本规范附录U计算。

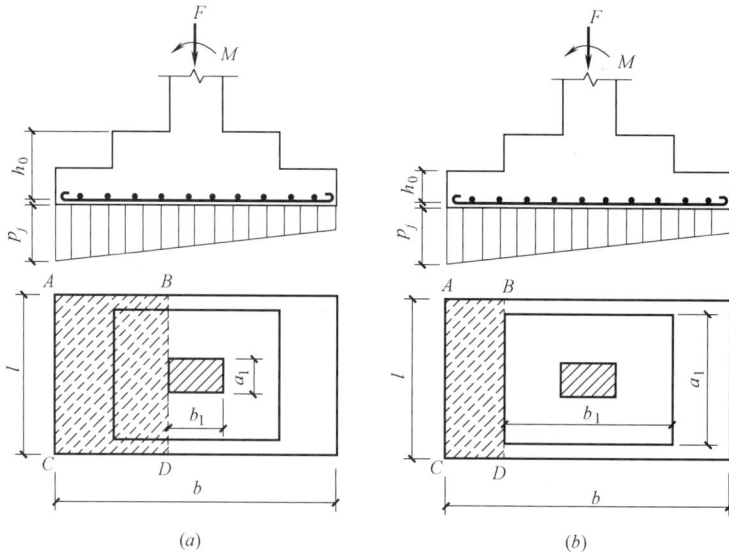

图 8.2.9　验算阶形基础受剪切承载力示意

（a）柱与基础交接处；（b）基础变阶处

11.1.4　确定基础的配筋

8.2.11　在轴心荷载或单向偏心荷载作用下，当台阶的宽高比小于或等于 2.5 且偏心距小于或等于 1/6 基础宽度时，柱下矩形独立基础任意截面的底板弯矩可按下列简化方法进行计算（图 8.2.11）：

$$M_{\mathrm{I}} = \frac{1}{12}a_1^2\left[(2l+a')\left(p_{\max}+p-\frac{2G}{A}\right)+(p_{\max}-p)l\right] \qquad (8.2.11\text{-}1)$$

$$M_{\mathrm{II}} = \frac{1}{48}(l-a')^2(2b+b')\left(p_{\max}+p_{\min}-\frac{2G}{A}\right) \qquad (8.2.11\text{-}2)$$

式中：M_{I}、M_{II}——任意截面 I-I、II-II 处相应于作用的基本组合时的弯矩设计值（kN·m）；

a_1——任意截面 I-I 至基底边缘最大反力处的距离（m）；

l、b——基础底面的边长（m）；

$p_{\max}$、$p_{\min}$——相应于作用的基本组合时的基础底面边缘最大和最小地基反力设计值（kPa）；

p——相应于作用的基本组合时在任意截面 I-I 处基础底面地基反力设计值（kPa）；

G——考虑作用分项系数的基础自重及其上的土自重（kN）；当组合值由永久作用控制时，作用分项系数可取 1.35。

8.2.12　基础底板配筋除满足计算和最小配筋率要求外，尚应符合本规范第 8.2.1 条

154

第 3 款的构造要求。计算最小配筋率时，对阶形或锥形基础截面，可将其截面折算成矩形截面，截面的折算宽度和截面的有效高度，按附录 U 计算。基础底板钢筋可按式（8.2.12）计算。

$$A_s = M/0.9 f_y h_0 \qquad (8.2.12)$$

11.1.5 独立基础的构造要求

8.2.1 扩展基础的构造，应符合下列规定：

1 锥形基础的边缘高度不宜小于 200mm，且两个方向的坡度不宜大于 1：3；阶梯形基础的每阶高度，宜为 300mm～500mm。

2 垫层的厚度不宜小于 70mm，垫层混凝土强度等级不宜低于 C10。

3 扩展基础受力钢筋最小配筋率不应小于 0.15%，底板受力钢筋的最小直径不应小于 10mm，间距不应大于 200mm，也不应小于 100mm。墙下钢筋混凝土条形基础纵向分布钢筋的直径不应小于

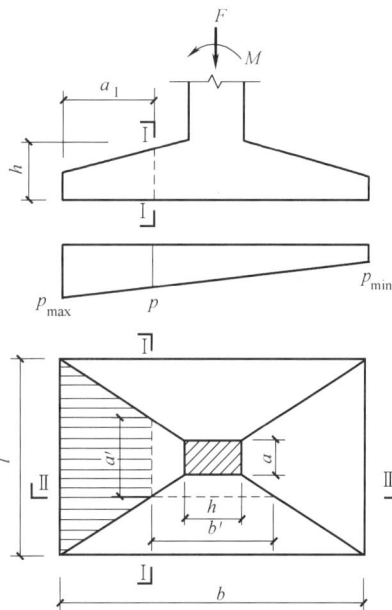

图 8.2.11 矩形基础底板的计算示意图

8mm；间距不应大于 300mm；每延米分布钢筋的面积不应小于受力钢筋面积的 15%。当有垫层时钢筋保护层的厚度不应小于 40mm；无垫层时不应小于 70mm。

4 混凝土强度等级不应低于 C20。

5 当柱下钢筋混凝土独立基础的边长和墙下钢筋混凝土条形基础的宽度大于或等于 2.5m 时，底板受力钢筋的长度可取边长或宽度的 0.9 倍，并宜交错布置（图 8.2.1-1）。

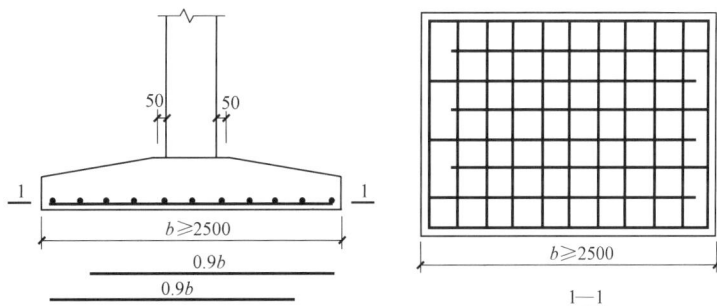

图 8.2.1-1 柱下独立基础底板受力钢筋布置

11.2 图集链接

《混凝土结构施工图平面整体表示方法制图规则和构造详图（独立基础、条形基础、线形基础、桩基础）》22G101-3（以下简称 22G101-3 图集）中独立基础的构造详图如图 11-1～图 11-3 所示。

间距≤500mm，且不少于两道矩形封闭箍筋(非复合箍)

伸至基础板底部，支承在底板钢筋网片上

基础顶面

基础底面

锚固区横向箍筋(非复合箍)

自柱纵向钢筋外皮算起≤5d

$6d$ 且 ≥150mm

(a) 保护层厚度>5d；基础高度满足直锚

伸至基础板底部，支承在底板钢筋网片上

基础顶面

基础底面

$6d$ 且 ≥150mm

(b) 保护层厚度≤5d；基础高度满足直锚

伸至基础板底部，支承在底板钢筋网片上

基础顶面

≥0.6l_{abE}

≥20d

基础底面

$15d$

①

间距≤500mm，且不少于两道矩形封闭箍筋(非复合箍)

锚固区横向箍筋(非复合箍)

基础顶面

基础底面

自柱纵向钢筋外皮算起≤5d

(c) 保护层厚度>5d；基础高度不满足直锚

锚固区横向箍筋(非复合箍)

基础顶面

基础底面

自柱纵向钢筋外皮算起≤5d

(d) 保护层厚度≤5d；基础高度不满足直锚

柱纵向钢筋在基础中构造

注：1. 图中h_j为基础底面至基础顶面的高度，柱下为基础梁时，h_j为梁底面至顶面的高度。当柱两侧基础梁标高不同时则取低标高。
2. 锚固区横向箍筋应满足直径≥$d/4$（d为纵筋最大直径），间距≤5d（d为纵筋最小直径）且≤100mm的要求。
3. 当柱纵筋在基础中保护层厚度不一致（如纵筋部分位于梁中，部分位于板内），保护层厚度≤5d的部分应设置锚固区横向钢筋。
4. 当符合下列条件之一时，可仅将柱四角纵筋伸至底板钢筋网片上或者筏形基础中间层钢筋网片上（伸至钢筋网片上的柱纵筋间距不应大于1000mm），其余纵筋锚固在基础顶面下l_{aE}即可。
1) 柱为轴心受压或小偏心受压，基础高度或基础顶面至中间层钢筋网片顶面距离不小于1200mm；
2) 柱为大偏心受压，基础高度或基础顶面至中间层钢筋网片顶面距离不小于1400mm。
5. 图中d为柱纵筋直径。

	柱纵向钢筋在基础中构造	图集号	22G101-3
审核 郁银泉	校对 高志强	设计 李增银	页
			2-10

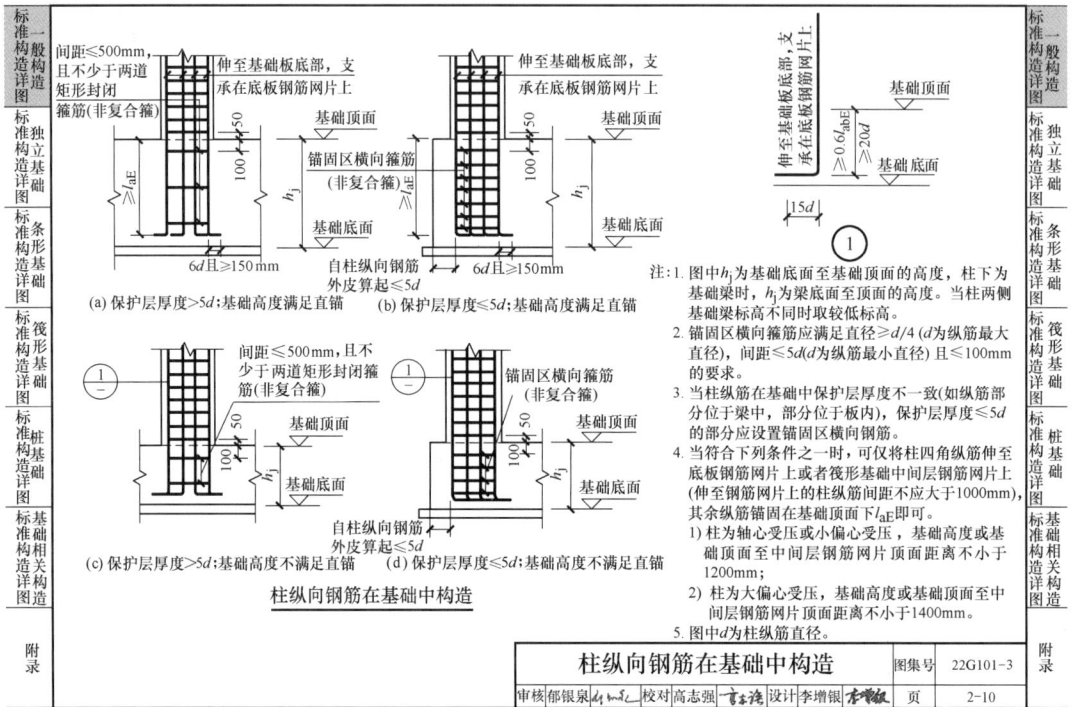

图 11-1　22G101-3 图集中独立基础的构造详图（一）

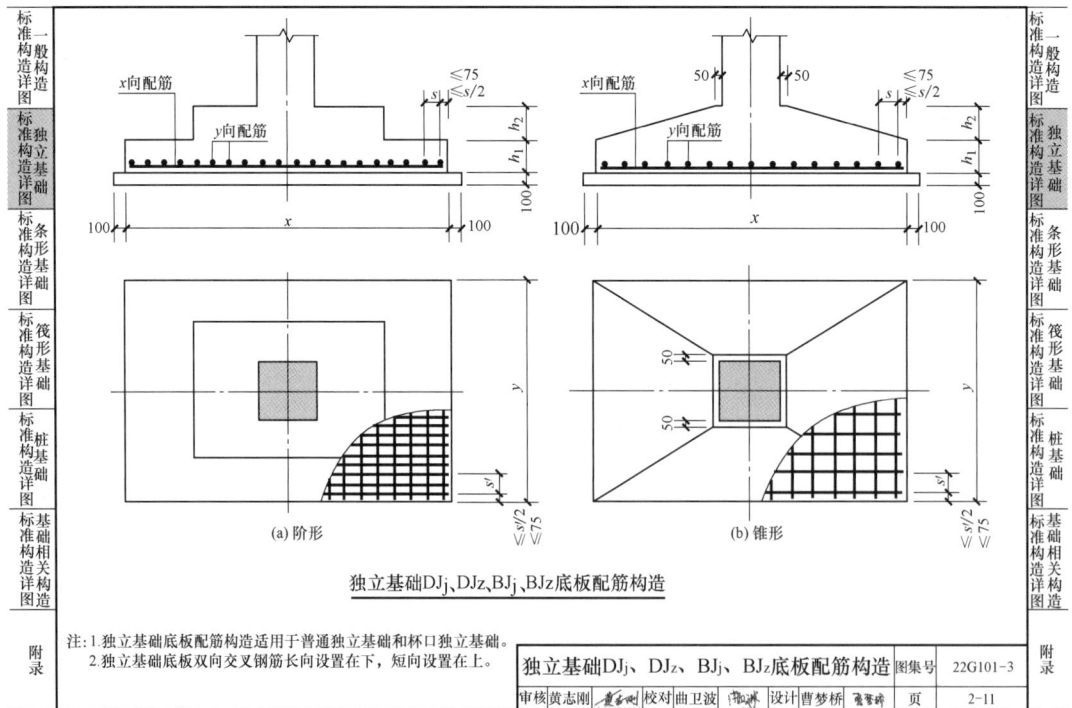

x向配筋

y向配筋

≤75

s ≤$s/2$

h_2

h_1

100

100

x

100

(a) 阶形

x向配筋

y向配筋

50　50

≤75

s ≤$s/2$

h_2

h_1

100

100

x

100

y

s'

≤$s'/2$ ≤75

(b) 锥形

独立基础DJ$_j$、DJ$_z$、BJ$_j$、BJ$_z$底板配筋构造

注：1. 独立基础底板配筋构造适用于普通独立基础和杯口独立基础。
2. 独立基础底板双向交叉钢筋长向设置在下，短向设置在上。

	独立基础DJ$_j$、DJ$_z$、BJ$_j$、BJ$_z$底板配筋构造	图集号	22G101-3
审核 黄志刚	校对 曲卫波	设计 曹梦桥	页
			2-11

图 11-2　22G101-3 图集中独立基础的构造详图（二）

156

≤75　≤s/2　s　h₂

x向配筋　　y向配筋

100　≥1250　≥1250　100

x≥2500

h₁

100

≤75　≤s/l　≤s/2

≥1250　≥1250

y≥2500

0.9y　0.9y

0.9x

0.9x

(a) 对称独立基础

≤75　≤s/2　s　h₂

x向配筋　　y向配筋

<1250　>1250

100

x≥2500

h₁

100

≤75　≤s/l　≤s/2

>1250

y≥2500

0.6y

0.9y　0.6y

0.9x

(b) 非对称独立基础

独立基础底板配筋长度减短10%构造

注：1. 当独立基础底板长度大于或等于2500mm时，除外侧钢筋外，底板配筋长度可取相应方向底板长度的0.9倍，交错放置，四边最外侧钢筋不缩短。

2. 当非对称独立基础底板长度大于或等于2500mm，但该基础某侧从柱中心至基础底板边缘的距离小于1250mm时，钢筋在该侧不应减短。

独立基础底板配筋长度减短10%构造		图集号	22G101-3
审核 黄志刚	校对 曲卫波	设计 曹梦娇	
		页	2-14

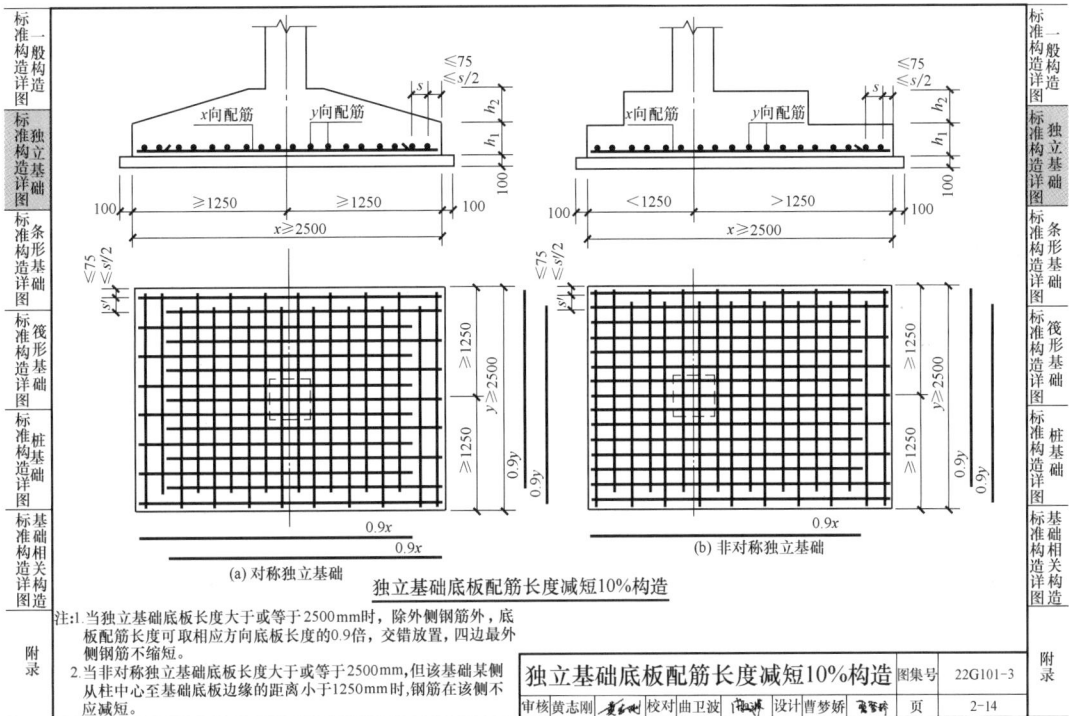

图 11-3　22G101-3 图集中独立基础的构造详图（三）

11.3　地勘资料

基础的设计离不开地勘资料，本案例的地勘资料简单描述如下：

场地主要土层分布情况：

第一层素填土，褐黄色，湿，松散状态，主要由粉质黏土组成，含少量建筑垃圾。堆积时间小于 10 年，全场地分布；厚度 0.5～1.0m。

第二层粉质黏土，褐色，稍湿，硬塑状，由黏粉粒构成。全场均有分布，埋深 0.5～1.0m，厚度 4.0～6.0m，本层地基承载力特征值 $f_{ak}=280$kPa，压缩模量 $E_s=$ 6MPa。

第三层粉细砂，灰褐色-灰黄色，饱和，中密，主要成分为石英，颗粒均匀。全场地分布，埋深 5.0～7.0m，厚度 1.0～2.0m，本层地基承载力特征值 $f_{ak}=320$kPa，压缩模量 $E_s=15.5$MPa。

第四层中砂，灰黄色，中密-密实，主要矿物成分为石英、长石碎粒，含 10%～15% 的砾石，局部砾石直径较大。全场地分布，埋深 7.0～9.0m，厚度未揭穿，本层地基承载力特征值 $f_{ak}=350$kPa，压缩模量 $E_s=22.5$MPa。

本次勘察对场地进行剪切波速及地面脉动测试。根据波速报告综合评定该场地属中硬场地土，按《建筑抗震设计标准》GB/T 50011—2010（2024 年版）评价，本场地属Ⅱ类场地，属可进行建筑的一般场地。

157

本案例为多层结构，基础选型建议为独立基础，持力层可选择第二层粉质黏土层，基础底标高定为－1.500m。

11.4 独立基础的设计

1）切换到"基础模型"选项卡，如图 11-4 所示。

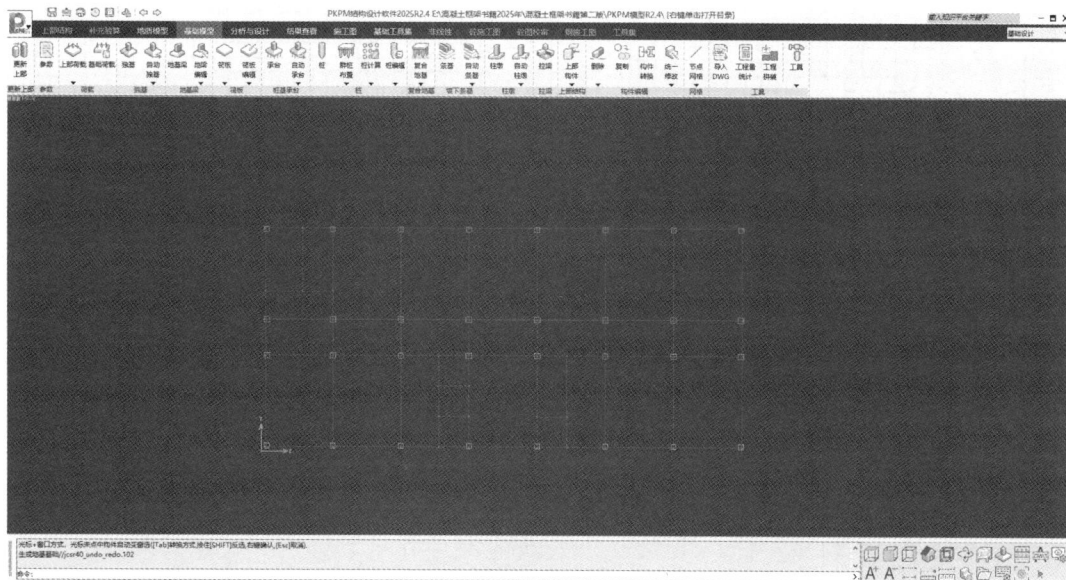

图 11-4 "基础模型"界面

2）点击"参数"按钮，弹出对话框，其中"总信息"页参数按图 11-5 设置。

"自动按楼层折减活荷载"与"活荷载按楼层折减系数"作用一致。不同的是，勾选该参数，程序会自动判断每个柱、墙上面上部楼层数，然后自动按《建筑结构荷载规范》GB 50009—2012 表 5.1.2 的内容折减活荷载。所以，对于上部结构楼层数相差较大的建筑，勾选该项考虑活荷载折减应该更为精确。这时查询活荷载的标准值时会发现活荷载的数值已经发生变化。

注意：SATWE 计算程序里的"传给基础活荷载"折减设置项对 JCCAD 不起作用，用 JCCAD 进行基础设计，活荷载折减设置需要在 JCCAD 里完成。

"独基、承台布置后直接进行验算"：选项打"√"后，人工布置独基或者承台的时候，软件会自动验算布置的基础底面积（对于承台是桩数）是否满足承载力要求，高度是否满足冲剪要求。可以在右下角常用工具栏的"绘图选项"里勾选显示"验算结果"显示软件的验算结果，见图 11-6，如果某项不满足软件会显示红色。

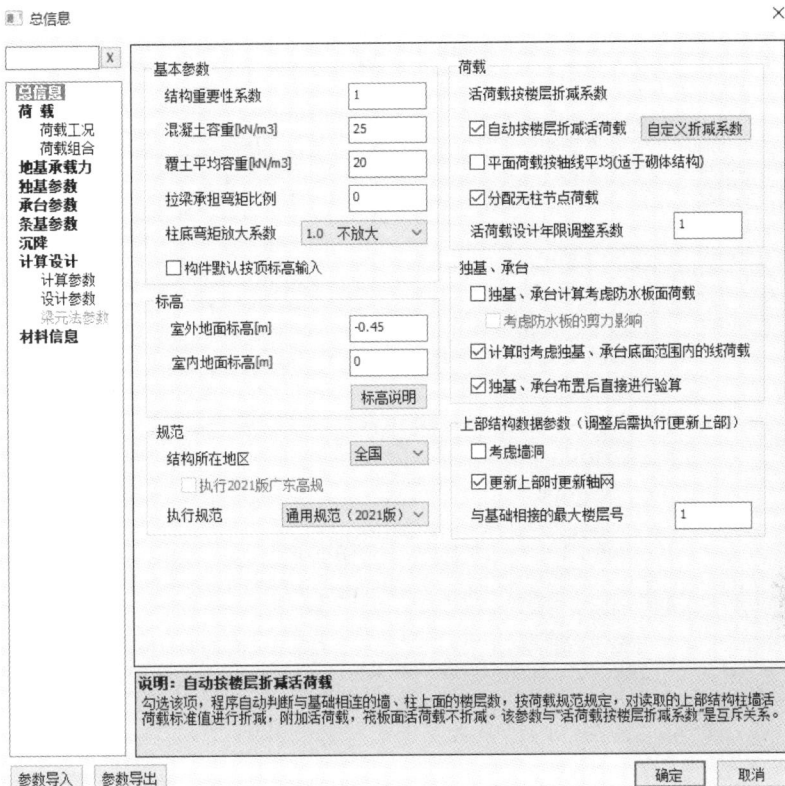

图 11-5 "总信息"页参数设置

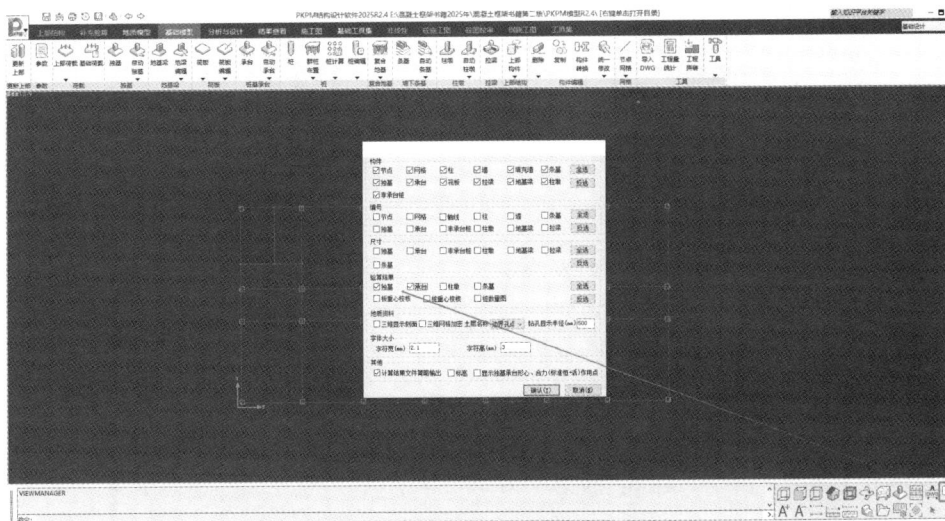

图 11-6 绘图选项设置验算结果显示

3）"荷载工况"页参数按图 11-7 所示进行修改。

特别提醒：地基主要受力层范围内不存在软弱黏性土层（从地勘可以看出符合要求）的多层结构可按照《抗规》4.2.1 条执行，基础及地基均无需考虑的抗震承载力验算，因此荷载工况中无需勾选地震作用！

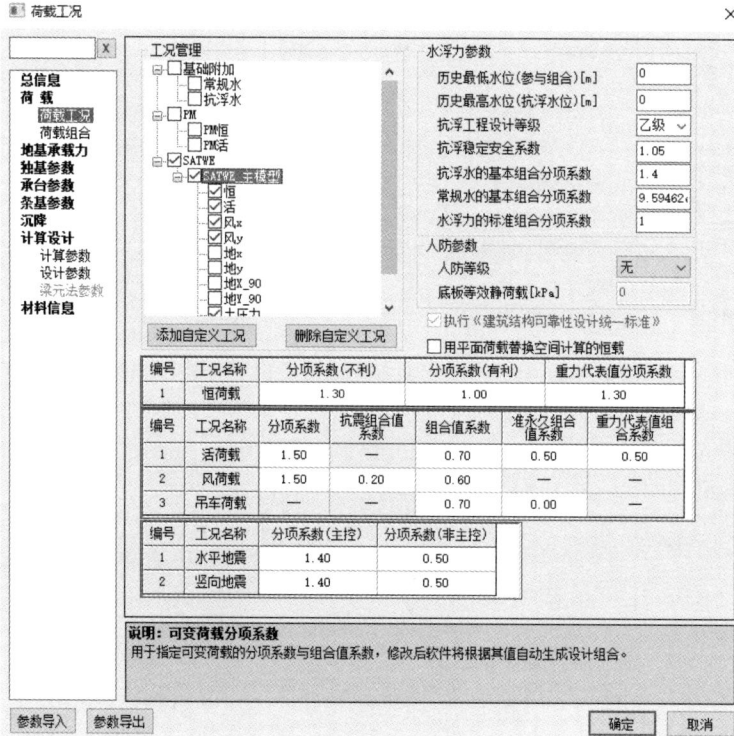

图 11-7 "荷载工况"页参数设置

4）"荷载组合"页参数按默认即可，如图 11-8 所示。

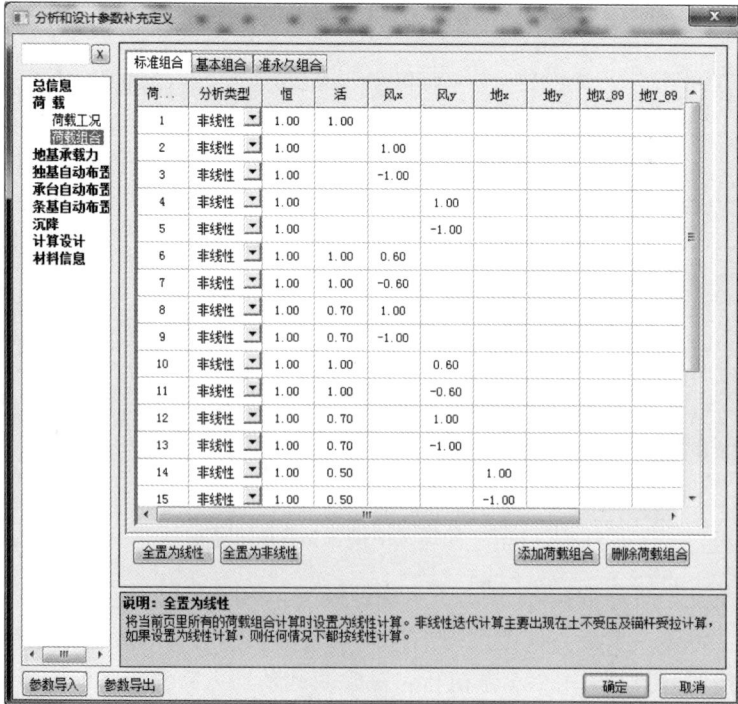

图 11-8 "荷载组合"页参数设置

5）"地基承载力"页参数按图 11-9 设置。

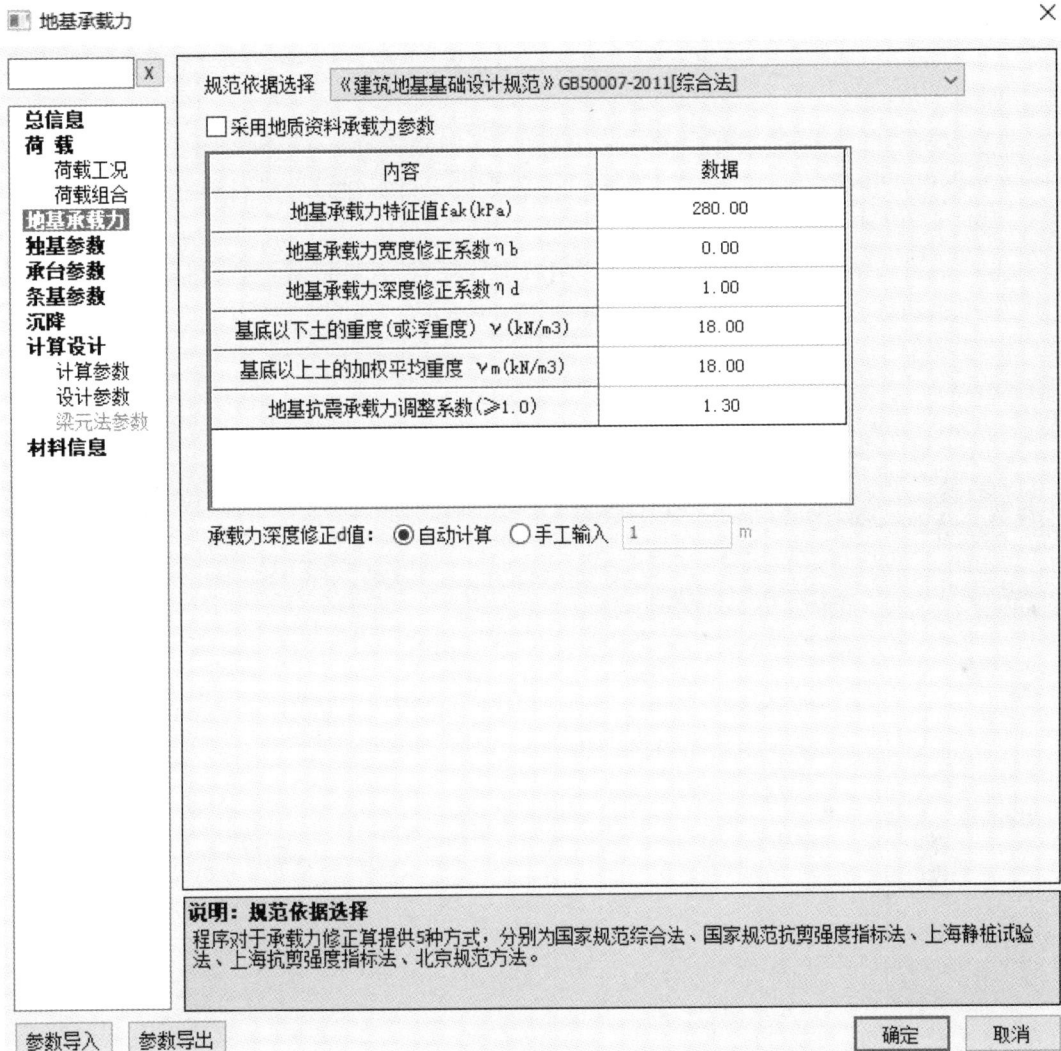

图 11-9 "地基承载力"页参数设置

地基承载力特征值：根据地勘资料，选择 2 层粉质黏土层为持力层，f_{ak}＝280.00kPa；

地基承载力宽度修正系数：不考虑宽度修正，把宽度修正作为富余，宽度修正系数取为 0.00；

地基承载力深度修正系数：根据土的类别查《地基规范》表 5.2.4，深度修正系数取为 1.00；

基底以下土的重度：用于宽度修正，土的重度可近似取为 18.00kN/m³；

基底以上土的加权平均重度：用于深度修正，土的重度可近似取为 18.00kN/m³；

确定地基承载力所用的基础埋置深度：用于深度修正，从室外地面算起的基础埋置深度，基底标高为－1.500m，室外地面标高为－0.450m，基础埋置深度为 1.050m；

161

地基抗震承载力调整系数：按软件默认值即可。

6）"独基参数"页参数按图 11-10 设置。

其余页参数对于独立基础设置暂用不上，不必设置。

7）点击"自动独基"按钮下的"独基自动布置"，框选框架柱自动生成柱下独立基础，如图 11-11 所示。

8）点击"自动生成"按钮下的"独基归并"，归并后的独立基础如图 11-12 所示。

9）点击"分析与设计"选项卡下的"生成数据＋计算设计"进行独立基础的计算设计，如图 11-13 所示。

10）点击"结果查看"选项卡下的"承载力校核"，查看地基承载力是否满足设计要求，如果不满足会显示红色，查看结果如图 11-14 所示。

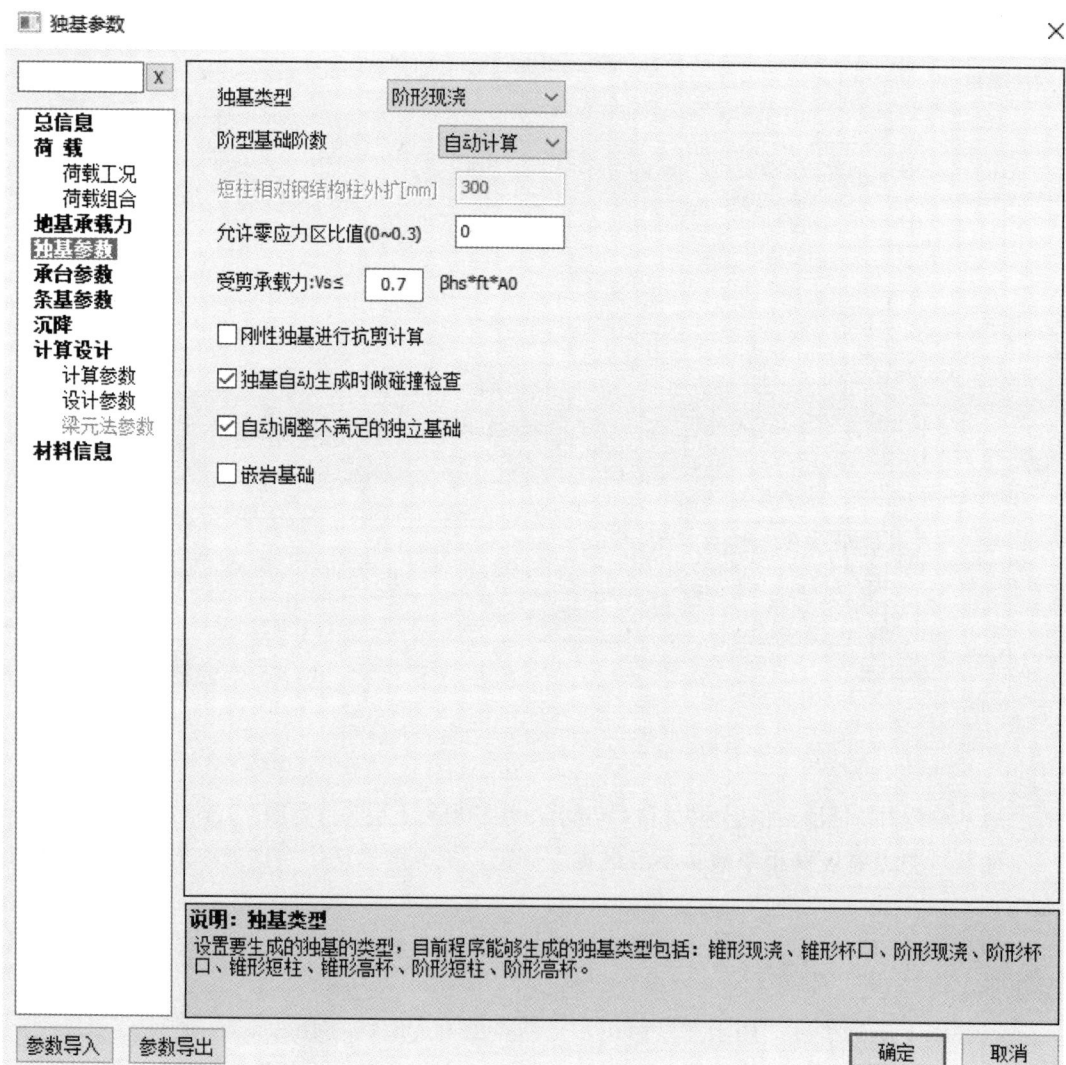

图 11-10 "独基参数"页参数设置

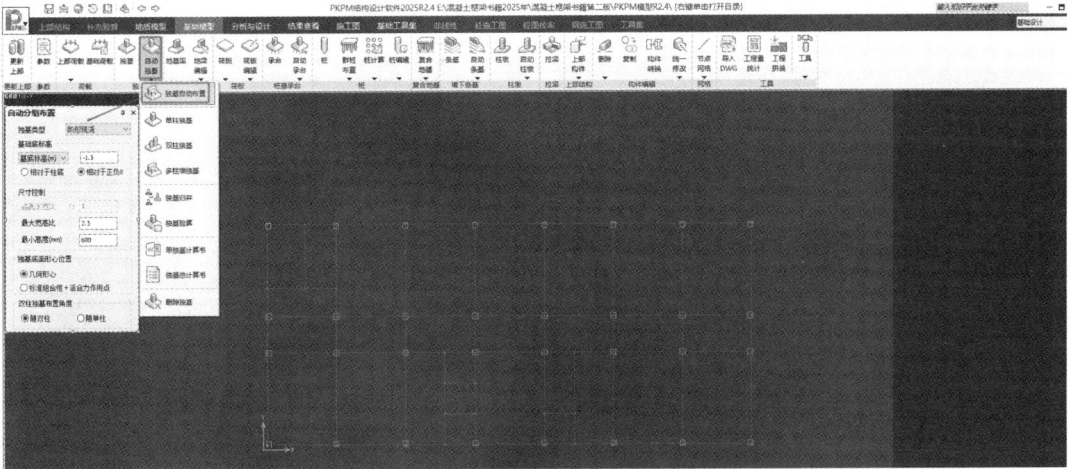

图 11-11　独基自动布置

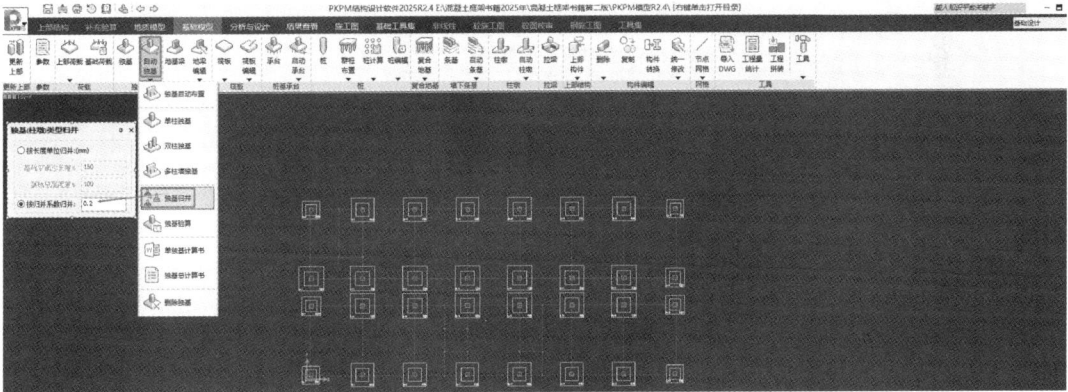

图 11-12　归并后的独立基础

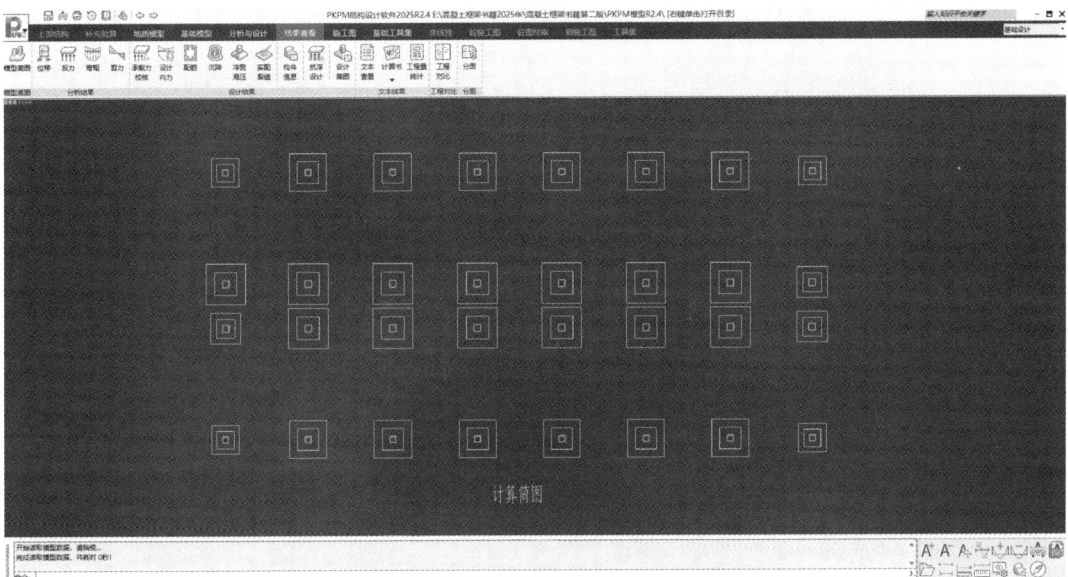

计算简图

图 11-13　独立基础的计算设计

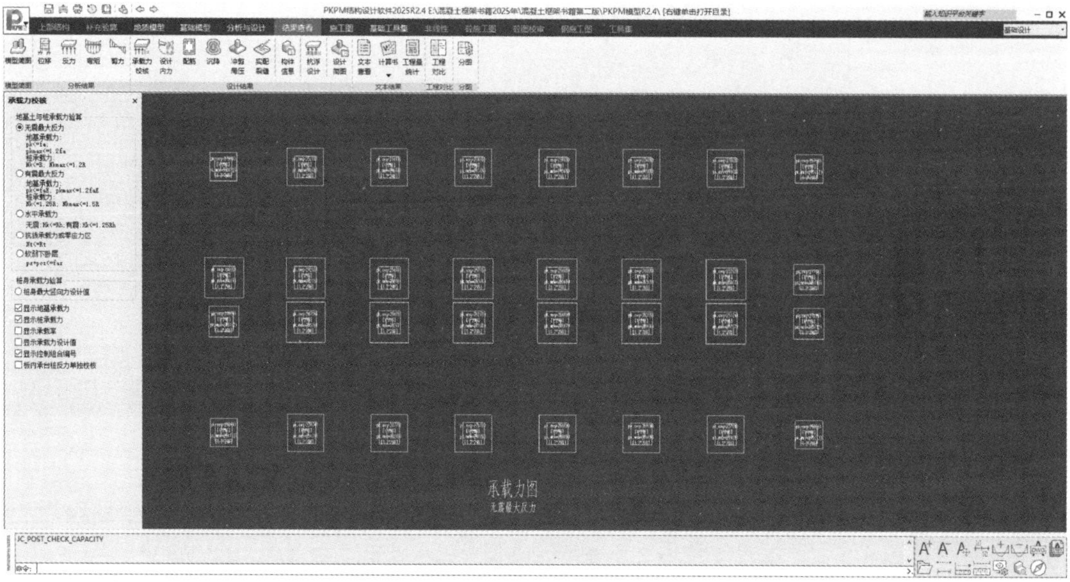

图 11-14　承载力校核

11）点击"结果查看"选项卡下的"配筋"，查看基础的配筋计算结果，如图 11-15 所示。

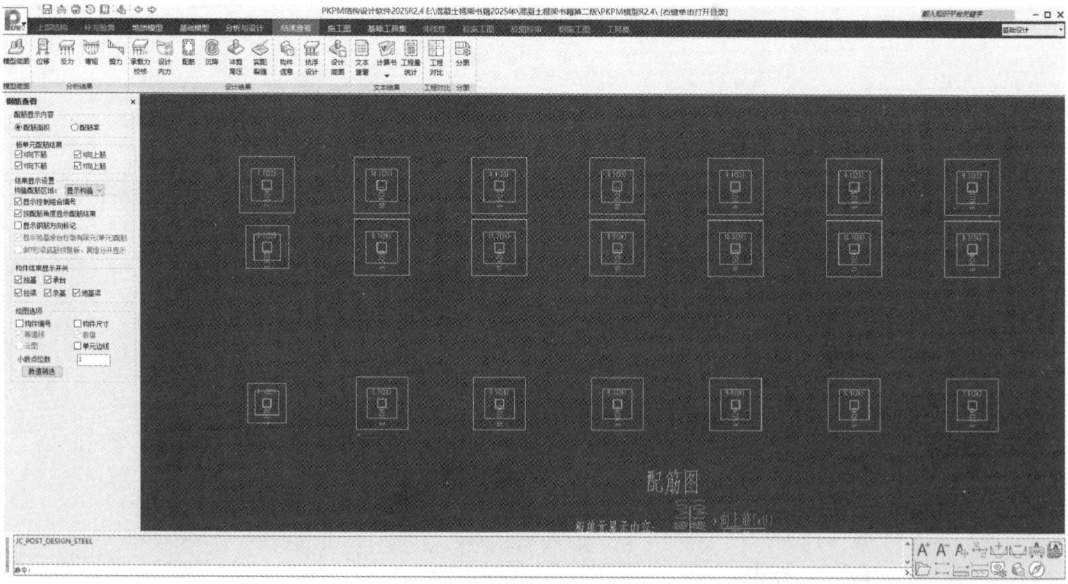

图 11-15　查看基础的配筋计算结果

12）点击"结果查看"选项卡下的"冲剪局压"，分别点击"冲切""受剪"查看冲切剪切验算是否满足设计要求，查看结果如图 11-16 所示。

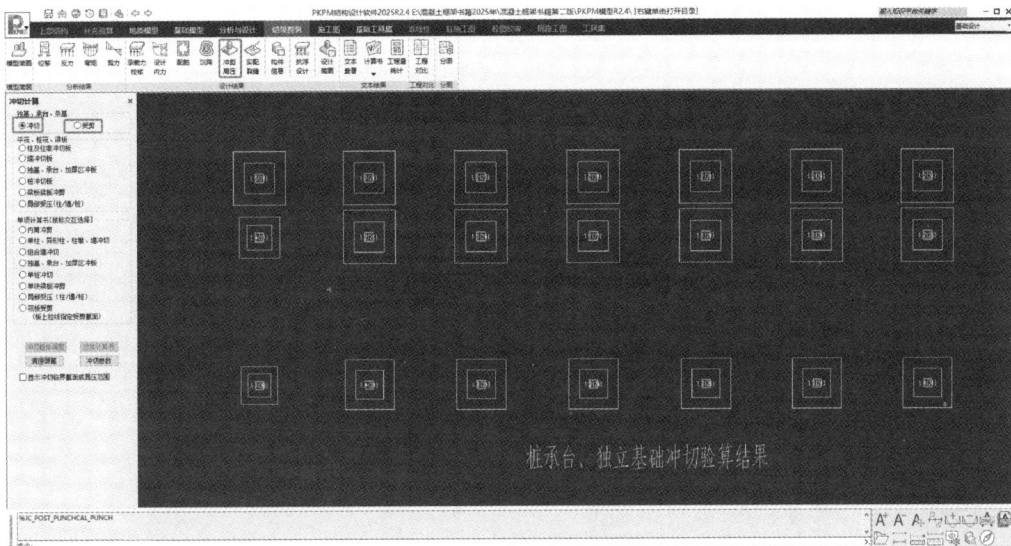

图 11-16　冲切剪切验算

当独立基础各项设计结果均满足要求后便可进行基础施工图的绘制。

11.5　基础施工图的绘制

切换到"施工图"选项卡，点击平法中的"独基"按钮，绘制平法表示法的独立基础施工图，如图 11-17 所示。

点击"列表注写"绘制独立基础表，如图 11-18 所示。

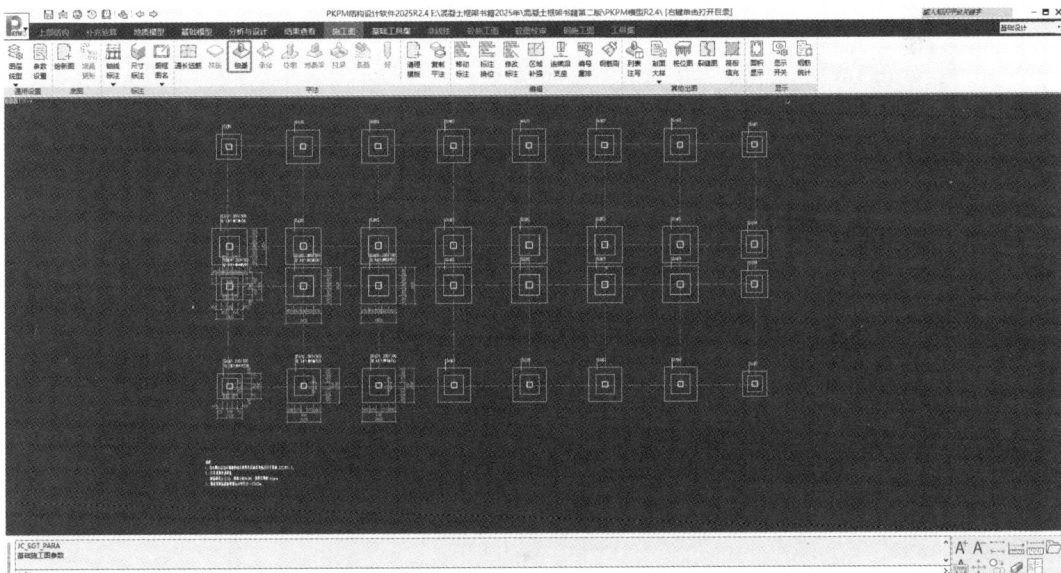

图 11-17　绘制平法表示法的独立基础施工图

将上面所绘制的独立基础平面图和列表图转成 dwg 格式经过后处理，便可成为最终

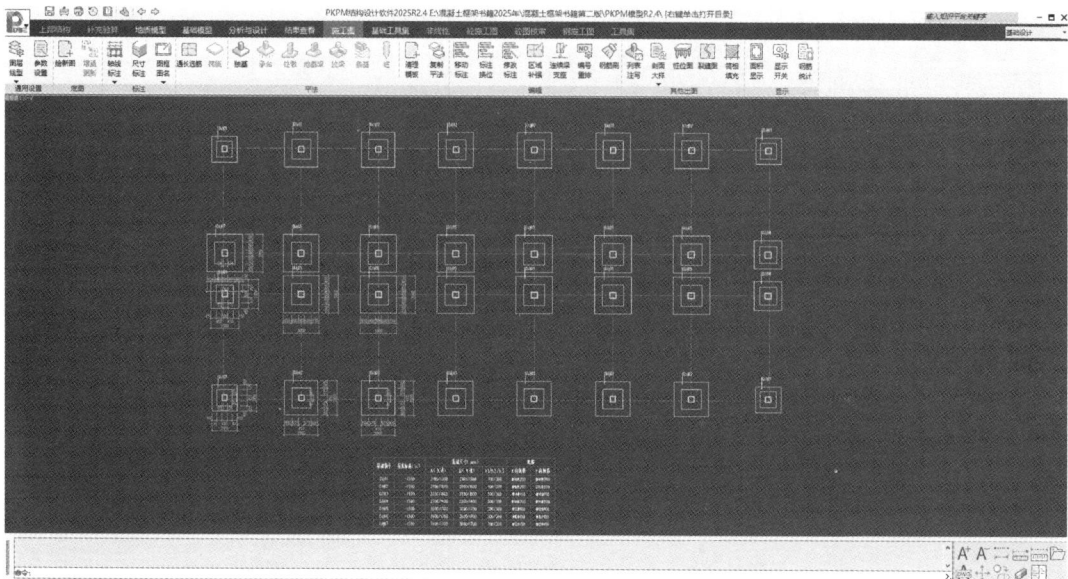

图 11-18 绘制独立基础表

的施工图。

　　若需要独立基础大样及配筋图，可点击"截面大样"在批量生成处点击"独基"自动
生成独基大样及配筋图，见图 11-19。

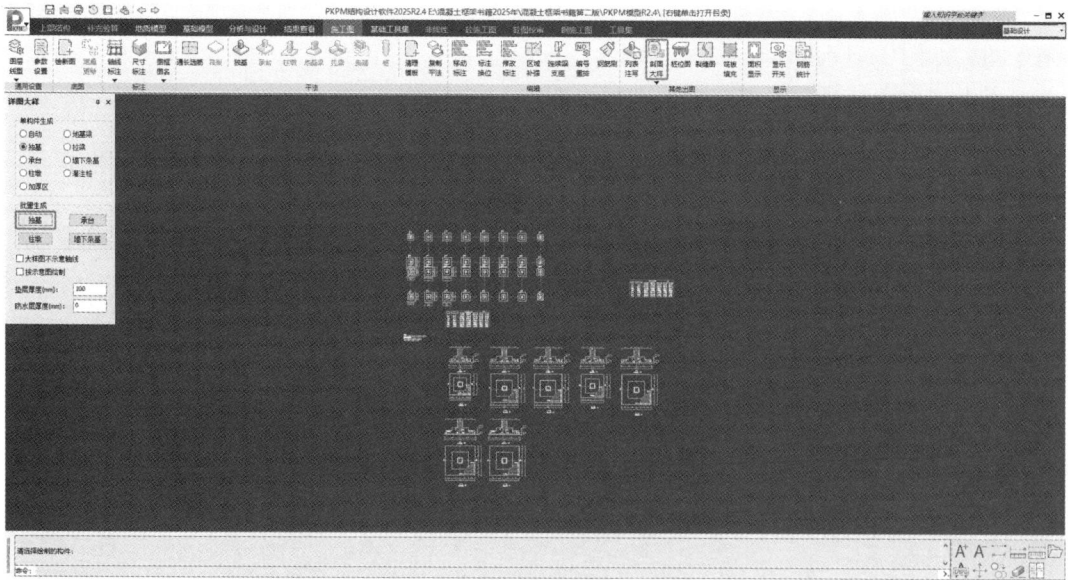

图 11-19 独立基础大样及配筋图

12 楼梯及雨篷详图

楼梯及雨篷详图往往是初到设计院的新人最开始画的东西，但要真正弄懂它，也并非一件容易的事情，本章将结合案例讲述楼梯及雨篷详图的设计过程。

12.1 楼梯的一般形式

常见的楼梯平面形式有：单跑楼梯（上下两层之间只有一个梯段）、双跑楼梯（上下两层之间有两个梯段、一个中间平台）、三跑楼梯（上下两层之间有三个梯段、两个中间平台）等。各种楼梯的平面如图 12-1 所示。

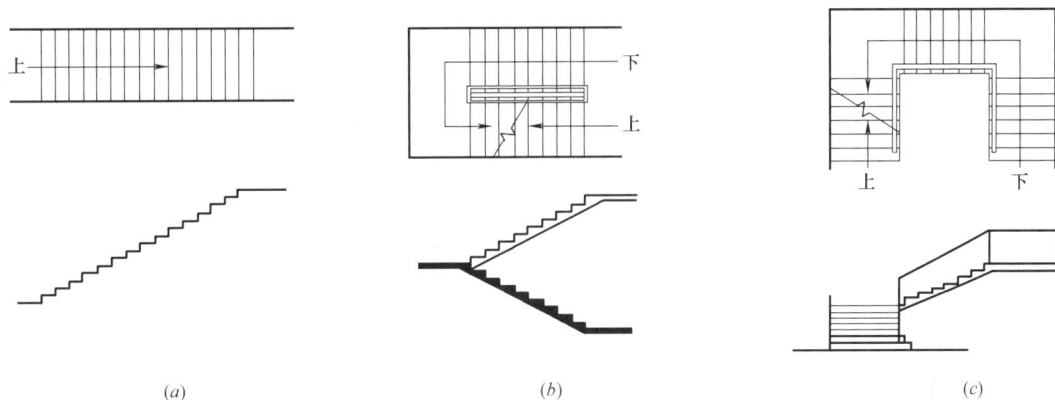

图 12-1 常见的楼梯平面形式
（a）单跑楼梯；（b）双跑楼梯；（c）三跑楼梯

对于结构专业而言，楼梯由两部分组成，即楼梯段和楼梯平台。

楼梯段也称为梯段或梯跑，是指设有若干踏步供层间上下行走的通道段落，是楼梯主要使用的承重部分。为减少人们上下楼梯时的疲劳，一跑楼梯的踏步数不超过 18 级，同时也不宜少于 3 级，因为步数太少不易被人察觉。

平台即两楼梯段间的水平板，起缓解行人疲劳并改变行进方向的作用。平台分为中间平台和楼层平台，中间平台让人们在连续上楼时可稍加休息，故也称为休息平台；楼层平台与楼层地面标高相同，具有缓冲、分配从楼梯到达各楼层的人流的功能。

12.2 建筑中楼梯的规定

12.2.1 楼梯跑的宽度

楼梯跑的宽度主要应满足通行和疏散的要求，可根据建筑的类型、耐火等级、疏散人数而定。按防火规范规定，以 100 人、125 人为 1m 宽的比例计算，超过 100 人、125 人则应按一定比例增宽，通常按人的平均宽度 500mm 加上人与人之间的适当空隙计算，500～600mm 通称为一股人流宽度，一般情况按一人通行设计应不小于 850mm；二人通行应为 1000～1100mm；三人通行应为 1500～1650mm。当楼梯宽度超过 1400mm 时应两边设扶手，防止人拥挤时发生意外，例如百货公司等公共建筑楼梯宽度较大，而人流上下又拥挤时，楼梯跑宽度中部尚需设扶手栏杆，以防止发生意外。

12.2.2 楼梯跑的坡度

楼梯跑的坡度与占地面积有关，坡度小占地面积多，坡度大则占地面积少，但并不是说坡度越小越舒服，最舒服的坡度是 30°左右，常用坡度是 20°～45°，设计时楼梯跑的坡度通常是以踏步的宽度与高度来设计的。

12.2.3 踏步尺寸

踏步的宽度与高度的设计基本上是根据人的步距和人腿的长度确定的，常用的计算公式是：

$$b+h=450\text{mm}$$

$$b+2h=600\sim620\text{mm}$$

式中　b——踏步的宽度（mm）；

　　　h——踏步的高度（mm）。

根据合适的坡度可得出合适的踏步宽度与高度。例如，踏步高度×踏步宽度：140mm×320mm；150mm×300mm；160mm×280mm；170mm×260mm。一般楼梯踏步的尺寸见表 12-1。

一般楼梯踏步尺寸 表 12-1

名称	住宅	学校、办公楼	剧院、会堂	医院	幼儿园
踏步高（mm）	150～175	140～160	120～150	150	120～150
踏步宽（mm）	250～300	280～340	300～350	300	250～280

12.2.4 平台宽度和深度（进深）

平台宽度为 2×楼梯跑的宽度＋扶手间的净宽。扶手的净空一般为 200mm，当楼梯间的尺度小时也可不留空。

平台深度应大于等于楼梯跑的最小净宽度，通常楼梯跑的最小净宽度：住宅为 1100mm，学校、剧院约为 2000mm。

12.2.5 平台的高度与楼梯顶的高度

平台高度是指平台下通行人、物时所需的竖向净空高度，一般应大于 2m，公共建筑应大于 2.20m，设计时应特别注意楼梯平台构件所需高度。楼梯顶的高度一般应满足人们的手伸直向上，手指不至于触到上层楼梯跑底部。

12.3 楼梯的设计原理

结构设计中选择板式楼梯还是梁式楼梯？

板式楼梯：将楼梯段作为一块倾斜楼板来考虑，板的两端搁在楼梯平台梁上。两平台梁之间的距离即为板式梯段的跨度。

特点：板式楼梯的结构简单，板底平整，施工方便，板式楼梯常用于荷载较小的中小型民用建筑。

梁式楼梯：踏步板支承在斜梁上，斜梁支承在上、下平台梁上。

特点：与板式楼梯相比，其优点是踏步板的跨度小，从而减小了板的厚度，节省用料，结构合理。其缺点是模板复杂，当楼梯斜梁截面尺寸较大时，造型显得比较笨重。

建议：一般都是选择板式楼梯，除非公建项目等跨度比较大的楼梯。

板式楼梯的计算简图见图 12-2。

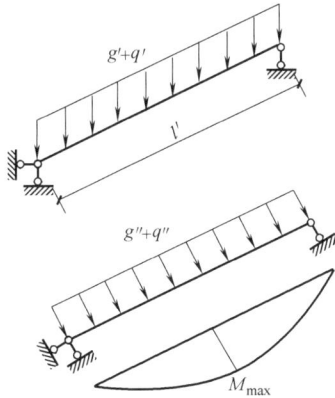

图 12-2　板式楼梯的计算简图

梯段板计算时，一般取 1m 宽的板带作为计算单元，并将板带简化为斜向简支板。其计算简图如图 12-2 所示，图中荷载 $g'+q'$ 分别为沿斜向板长每米的恒荷载（包括踏步和斜板的自重及抹灰荷载）和活荷载的设计值，$g'+q'=(g+q)\cos\alpha$。其中，g、q 为按竖向投影考虑的均布荷载值。为计算梯段板的内力，将 $g'+q'$ 分解为垂直于斜板和平行于斜板的两个分量，平行于斜板的均布荷载使其产生轴力，其值不大，可以忽略。

垂直于斜板的荷载分量使其产生弯矩和剪力，其荷载分量

$$g''+q''=(g'+q')\cos\alpha=(g+q)(\cos\alpha)^2$$

简支斜板截面内力可按下述方法计算。

1. 跨中截面最大弯矩

$$M_{\max}=\frac{1}{8}(g''+q'')l'^2=\frac{1}{8}(g'+q')\cos\alpha\left(\frac{l}{\cos\alpha}\right)^2=\frac{1}{8}\frac{g'+q'}{\cos\alpha}l^2=\frac{1}{8}(g+q)l^2$$

考虑到梯段板、平台梁和平台板的整体性，并非理想铰接，设计中跨中截面最大弯矩一般取为（图 12-3）：

$$M_{\max}=\frac{1}{10}(g+q)l^2$$

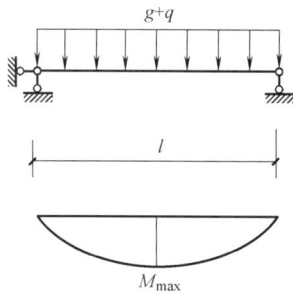

图 12-3 等效计算简图

2. 支座截面最大剪力

$$V_{max}=\frac{1}{2}(g''+q'')l_0'=\frac{1}{2}(g'+q')l_0'\cos\alpha=\frac{1}{2}(g+q)l_0\cos\alpha$$

12.4 图集中楼梯的常见类型

《混凝土结构施工图平面整体表示方法制图规则和构造详图（现浇混凝土框架剪力墙、梁板)》22G101-2 图集中将楼梯分为多种类型，常见的 AT、BT、CT、DT 如图 12-4、图 12-5 所示。

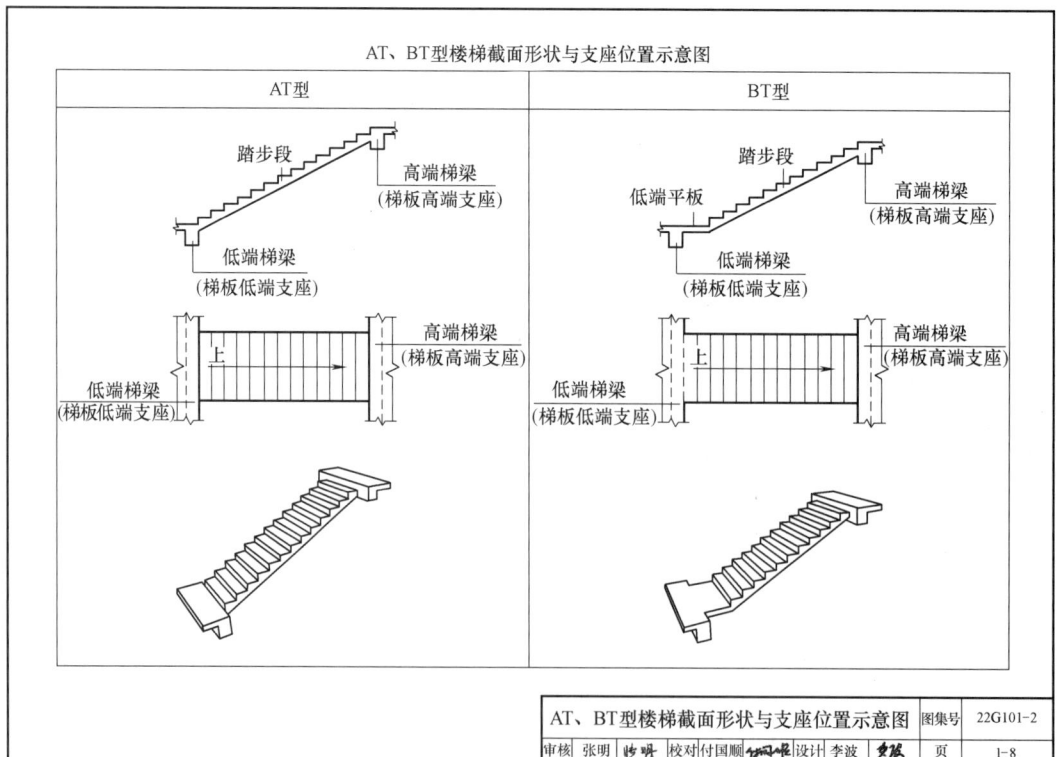

图 12-4 AT、BT 型楼梯截面形状与支座位置示意图

带有滑动支座的 ATa、ATb、ATc、CTa、CTb 如图 12-6、图 12-7 所示。

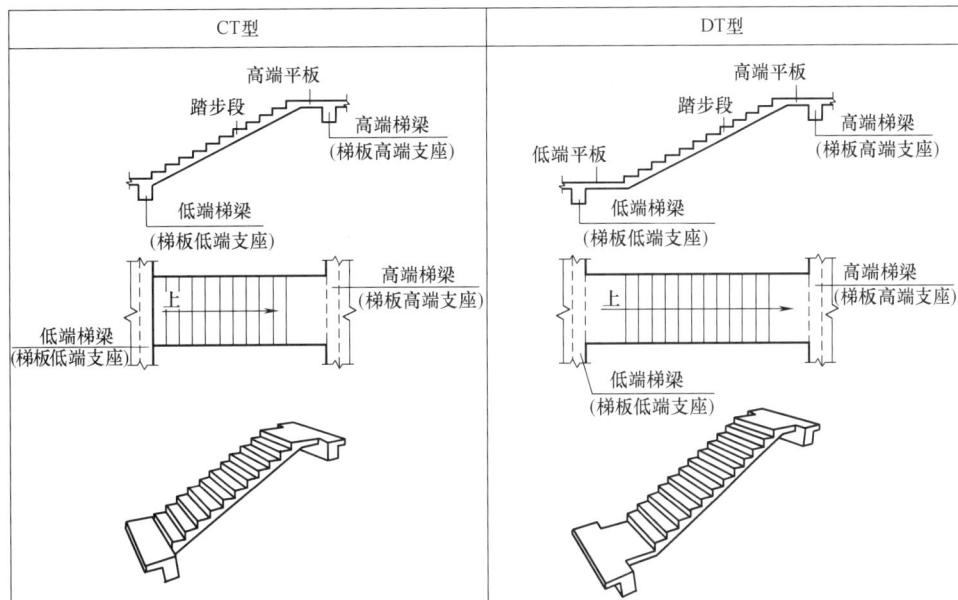

图 12-5　CT、DT 型楼梯截面形状与支座位置示意图

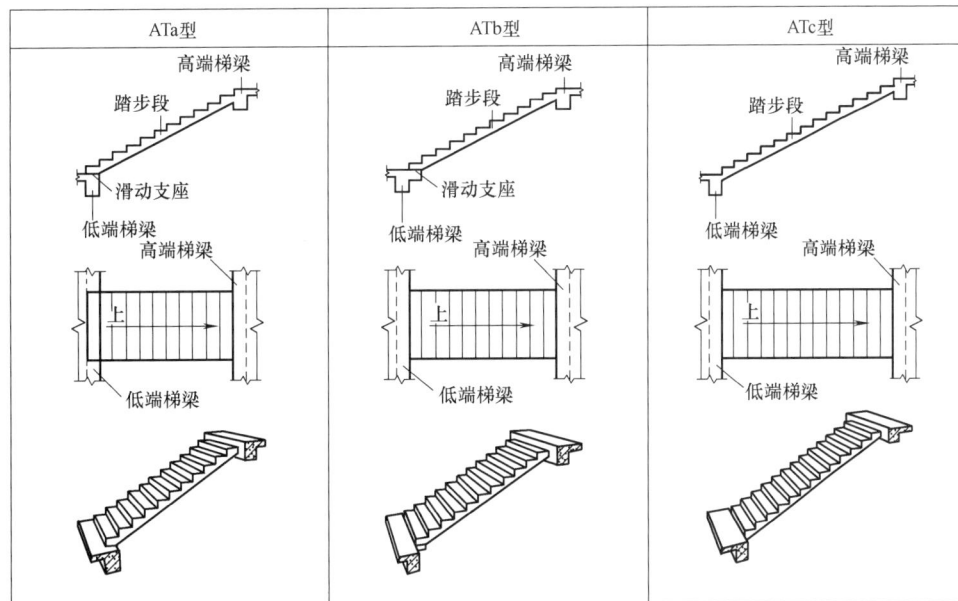

图 12-6　ATa、ATb、ATc 型楼梯截面形状与支座位置示意图

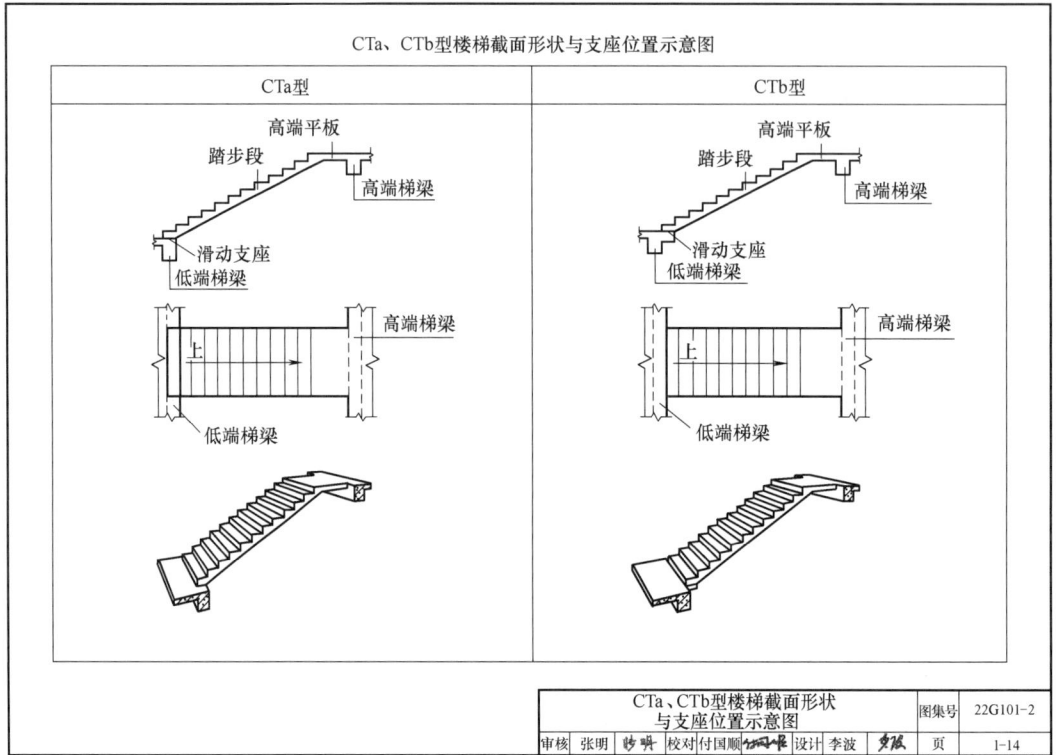

图 12-7 CTa、CTb 型楼梯截面形状与支座位置示意图

12.5 楼梯的计算及绘图

本案例的楼梯的低端支座采用滑动支座，高端采用整浇，对于采用滑动支座的楼梯，整体建模可以不用建入模型中，不考虑楼梯构件参与整体计算。计算楼梯时，实际的支座条件低端为简支支座，高端为弹性支座，在采用 TSSD 的计算工具计算时，两端的支座条件近似地均选择为简支支座。

选择 TSSD 的计算工具中的板式楼梯计算功能，弹出图 12-8 所示对话框，根据楼梯的实际建筑尺寸输入数据。

楼梯的计算书如下。

一、构件编号

LT-1。

二、示意图

三、基本资料

1. 依据规范

《建筑结构荷载规范》GB 50009—2012

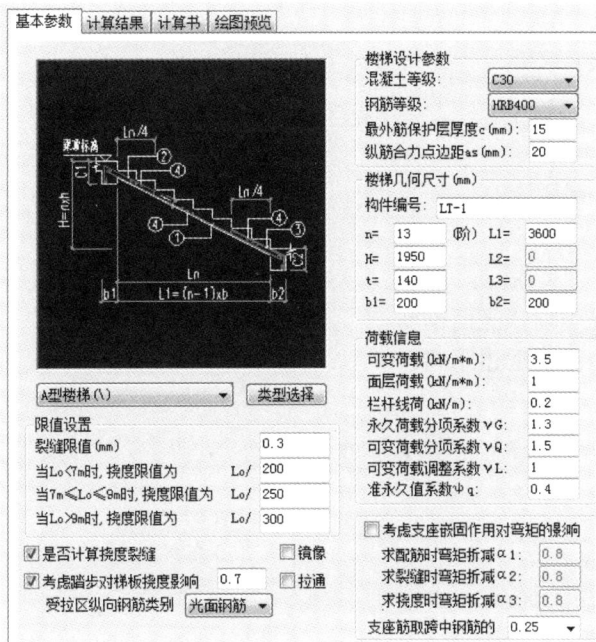

图 12-8 楼梯的基本参数设置

《混凝土结构设计标准》GB/T 50010—2010（2024 年版）

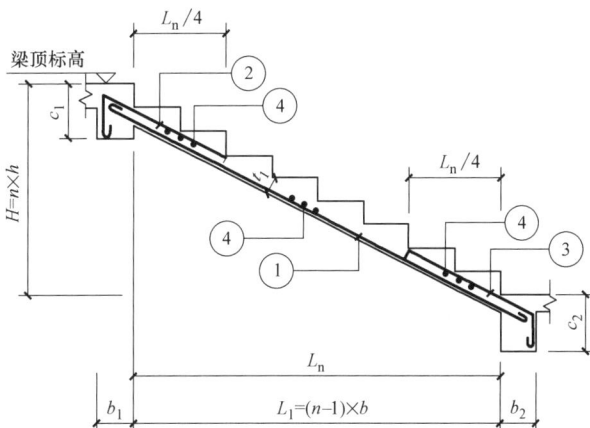

2. 几何参数

楼梯净跨：$L_1 = 3600\text{mm}$ 楼梯高度：$H = 1950\text{mm}$

梯板厚：$t = 140\text{mm}$ 踏步数：$n = 13$（阶）

上平台楼梯梁宽度：$b_1 = 200\text{mm}$

下平台楼梯梁宽度：$b_2 = 200\text{mm}$

3. 荷载标准值

可变荷载：$q = 3.50\text{kN/m}^2$ 面层荷载：$q_m = 1.00\text{kN/m}^2$

栏杆荷载：$q_f = 0.20\text{kN/m}$

永久荷载分项系数：$\gamma_G = 1.30$ 可变荷载分项系数：$\gamma_Q = 1.50$

可变荷载调整系数：$\gamma_L = 1.00$ 准永久值系数：$\psi_q = 0.40$

4. 材料信息

混凝土强度等级：C30 $f_c=14.30N/mm^2$

$f_t=1.43N/mm^2$ $R_c=25.0kN/m^3$

$f_{tk}=2.01N/mm^2$ $E_c=3.00\times10^4N/mm^2$

钢筋强度等级：HRB400 $f_y=360N/mm^2$

$E_s=2.00\times10^5N/mm^2$

保护层厚度：$c=15.0mm$ $R_s=20kN/m^3$

受拉区纵向钢筋类别：光面钢筋

梯段板纵筋合力点至近边距离：$a_s=20.00mm$

支座负筋系数：$\alpha=0.25$

考虑踏步系数：$\beta=0.7$

四、计算过程

1. 楼梯几何参数

踏步高度：$h=0.1500m$

踏步宽度：$b=0.3000m$

计算跨度：$L_0=L_1+(b_1+b_2)/2=3.60+(0.20+0.20)/2=3.80m$

梯段板与水平方向夹角余弦值：$\cos\alpha=0.894$

2. 荷载计算（取 $B=1m$ 宽板带）

梯段板：

面层：$g_{km}=(B+Bh/b)q_m=(1+1\times0.15/0.30)\times1.00=1.50kN/m$

自重：$g_{kt}=R_cB(t/\cos\alpha+h/2)=25\times1\times(0.14/0.894+0.15/2)=5.79kN/m$

抹灰：$g_{ks}=R_sBc/\cos\alpha=20\times1\times0.02/0.894=0.45kN/m$

恒荷标准值：$P_k=g_{km}+g_{kt}+g_{ks}+q_f=1.50+5.79+0.45+0.20=7.94kN/m$

荷载设计值：$P_n=\gamma_GP_k+\gamma_Q\gamma_LBq=1.30\times7.94+1.50\times1.00\times1\times3.50=15.57kN/m$

3. 正截面受弯承载力计算

左端支座反力：$R_l=29.58kN$

右端支座反力：$R_r=29.58kN$

最大弯矩截面距左支座的距离：$L_{max}=1.90m$

最大弯矩截面距左边弯折处的距离：$x=1.90m$

$$\begin{aligned}M_{max}&=R_lL_{max}-P_nx^2/2\\&=29.58\times1.90-15.57\times1.90^2/2\\&=28.10kN\cdot m\end{aligned}$$

相对受压区高度：$\zeta=0.147291$ 配筋率：$\rho=0.005851$

纵筋（1号）计算面积：$A_s=702.09mm^2$

支座负筋（2、3号）计算面积：$A'_s=\alpha A_s=0.25\times702.09=175.52mm^2$

五、计算结果（为每米宽板带的配筋）

1. 1号钢筋计算结果（跨中）

计算面积 A_s：$702.09mm^2$

采用方案：10@110

实配面积：714mm^2

2. 2/3 号钢筋计算结果（支座）

计算面积 A'_s：175.52mm^2

采用方案：10@200

实配面积：393mm^2

3. 4 号钢筋计算结果

采用方案：6@250

实配面积：113mm^2

六、跨中挠度计算

M_q——按荷载效应的准永久组合计算的弯矩值。

1. 计算永久组合弯矩值 M_q

$$M_q = M_{gk} + M_{qk}$$
$$= (q_{gk} + \psi_q q_{qk}) L_0^2 / 8$$
$$= (7.94 + 0.40 \times 3.500) \times 3.80^2 / 8$$
$$= 16.859 \text{kN} \cdot \text{m}$$

2. 计算受弯构件的短期刚度 B_{sk}

1）计算按荷载效应的两种组合作用下，构件纵向受拉钢筋应力

$$\sigma_{sq} = M_q / (0.87 h_0 A_s) \quad 混规 (7.1.4\text{-}3)$$
$$= 16.859 \times 10^6 / (0.87 \times 120 \times 714)$$
$$= 226.169 \text{N/mm}$$

2）计算按有效受拉混凝土截面面积计算的纵向受拉钢筋配筋率

矩形截面积：$A_{te} = 0.5bh = 0.5 \times 1000 \times 140 = 70000 \text{mm}^2$

$$\rho_{te} = A_s / A_{te} \quad 混规 (7.1.2\text{-}5)$$
$$= 714 / 70000$$
$$= 1.020\%$$

3）计算裂缝间纵向受拉钢筋应变不均匀系数 ψ_q

$$\psi_q = 1.1 - 0.65 f_{tk} / (\rho_{te} \sigma_{sq}) \quad 混规 (7.1.2\text{-}2)$$
$$= 1.1 - 0.65 \times 2.01 / (1.020\% \times 226.169)$$
$$= 0.534$$

4）计算钢筋弹性模量与混凝土模量的比值 α_E

$$\alpha_E = E_s / E_c$$
$$= 2.00 \times 10^5 / (3.00 \times 10^4)$$
$$= 6.667$$

5）计算受压翼缘面积与腹板有效面积的比值 γ_f

矩形截面：$\gamma_f = 0$

6）计算纵向受拉钢筋配筋率 ρ

175

$$\rho = A_s / (bh_0)$$
$$= 714 / (1000 \times 120)$$
$$= 0.595\%$$

7）计算受弯构件的短期刚度 B_s

$B_{sq} = E_s A_s h_0^2 / [1.15\psi_q + 0.2 + 6\alpha_E \rho / (1+3.5\gamma_f)]$ 混规(7.2.3-1)

$= 2.00 \times 10^5 \times 714 \times 120^2 / [1.15 \times 0.534 + 0.2 + 6 \times 6.667 \times 0.595\% / (1+3.5 \times 0.0)]$

$= 19.545 \times 10^2 \text{kN} \cdot \text{m}^2$

3. 计算受弯构件的长期刚度 B

1）确定考虑荷载长期效应组合对挠度影响增大影响系数 θ

当 $\rho = 0$ 时，$\theta = 2.0$ 混规（7.2.5）

2）计算受弯构件的长期刚度 B

$$B_q = B_{sq} / \theta \quad 混规(7.2.2-2)$$
$$= 19.545 / 2.000 \times 10^2$$
$$= 9.773 \times 10^2 \text{kN} \cdot \text{m}^2$$

4. 计算受弯构件挠度

$$f_{maxk} = 5\beta (q_{gk} + \psi_q q_{qk}) L_0^4 / (384B)$$
$$= 5 \times 0.70 \times (7.94 + 0.4 \times 3.500) \times 3.80^4 / (384 \times 9.773 \times 10^2)$$
$$= 18.163 \text{mm}$$

5. 验算挠度

挠度限值 $f_0 = L_0 / 200 = 3.80 / 200 = 19.000 \text{mm}$

$f_{max} = 18.163 \text{mm} \leqslant f_0 = 19.000 \text{mm}$，满足规范要求！

七、裂缝宽度验算

1. 计算准永久组合弯矩值 M_q

$$M_q = M_{gk} + \psi M_{qk}$$
$$= (q_{gk} + \psi q_{qk}) L_0^2 / 8$$
$$= (7.94 + 0.40 \times 3.500) \times 3.80^2 / 8$$
$$= 16.859 \text{kN} \cdot \text{m}$$

2. 光面钢筋，所以取值 $V_i = 0.7$

3. $C = 15$

4. 计算按荷载效应的准永久组合作用下，构件纵向受拉钢筋应力

$$\sigma_{sq} = M_q / (0.87 h_0 A_s) \quad 混规(7.1.4-3)$$
$$= 16.859 \times 10^6 / (0.87 \times 120.00 \times 714)$$
$$= 226.169 \text{N/mm}$$

5. 计算按有效受拉混凝土截面面积计算的纵向受拉钢筋配筋率

矩形截面面积：$A_{te} = 0.5bh = 0.5 \times 1000 \times 140 = 70000 \text{mm}^2$

$$\rho_{te} = A_s / A_{te} \quad 混规(7.1.2-5)$$
$$= 714 / 70000$$
$$= 1.020\%$$

6. 计算裂缝间纵向受拉钢筋应变不均匀系数 ψ

$$\psi = 1.1 - 0.65 f_{tk}/(\rho_{te}\sigma_{sq}) \quad 混规(7.1.2\text{-}2)$$
$$= 1.1 - 0.65 \times 2.01/(1.020\% \times 226.169)$$
$$= 0.534$$

7. 计算单位面积钢筋根数 n

$$n = 1000/s$$
$$= 1000/110$$
$$= 9 \text{ 根}$$

8. 计算受拉区纵向钢筋的等效直径 d_{eq}

$$d_{eq} = (\sum n_i d_i^2)/(\sum n_i V_i d_i)$$
$$= 9 \times 10^2/(9 \times 0.7 \times 10)$$
$$= 14.286 \text{mm}$$

9. 计算最大裂缝宽度

$$\omega_{max} = \alpha_{cr}\psi\sigma_{sq}/E_s(1.9C + 0.08d_{eq}/\rho_{te}) \quad 混规(7.1.2\text{-}1)$$
$$= 1.9 \times 0.534 \times 226.169/2.0 \times 10^5 \times (1.9 \times 15 + 0.08 \times 14.286/1.020\%)$$
$$= 0.1613 \text{mm}$$
$$\leqslant 0.30 \text{mm，满足规范要求。}$$

计算完成后，选择好合适的钢筋规格，点击绘图预览绘制楼梯施工图，修改低端支座为滑动支座后形成最终的施工图（图 12-9）。

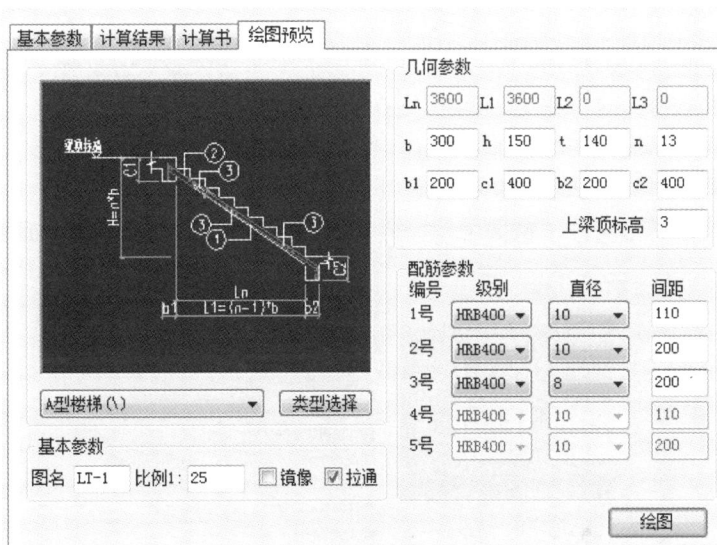

图 12-9　绘制楼梯施工图

注意，绘图时楼梯的面筋应拉通设置。

12.6　雨篷的计算及绘图

本案例中一层出入口的雨篷由建筑专业指定，根据建筑图集选用，但屋面出入口的雨篷需要结构专业设计，建筑图中的雨篷如图 12-10 所示。

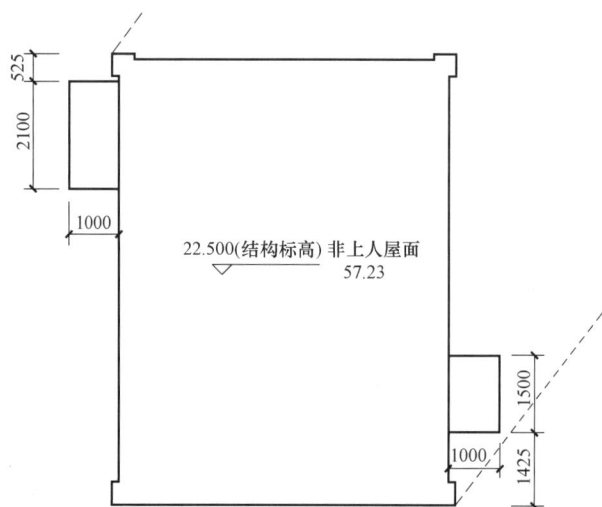

图 12-10　建筑图中的雨篷

从图 12-10 中可以看出，雨篷净挑 1m，取 1m 宽的雨篷计算，雨篷板厚同内部的屋面板厚，为 120mm，板底板面各抹灰 20mm。

雨篷的恒载为自重＋面层抹灰荷载：$g_k=0.12\times25+0.04\times20=3.8\text{kN/m}^2$

由恒载产生的弯矩标准值：$M_{gk}=0.5\times3.8\times1^2=1.9\text{kN}\cdot\text{m/m}$

雨篷的活载按非上人屋面活载取值：$q_{1k}=0.5\text{kN/m}^2$

由活载产生的弯矩标准值：$M_{q1k}=0.5\times0.5\times1^2=0.25\text{kN}\cdot\text{m/m}$

雨篷的施工检修荷载考虑为 1kN 作用在最不利位置处。

由检修荷载产生的弯矩标准值：$M_{q2k}=1\times1=1\text{kN}\cdot\text{m/m}$

最终取恒载和检修荷载的组合，弯矩设计值为：$M=1.3\times1.9+1.5\times1=3.97\text{kN}\cdot\text{m/m}$

采用 TSSD 的受弯构件正截面承载力计算工具，输入好计算数据，如图 12-11 所示。

图 12-11　雨篷的基本参数设置

雨篷的计算书如下。

一、构件编号

L-1。

二、设计依据

《混凝土结构设计标准》GB/T 50010—2010（2024 年版）。

三、计算信息

1. 几何参数

截面类型：矩形

截面宽度：$b = 1000$mm

截面高度：$h = 120$mm

2. 材料信息

混凝土等级：C30，$f_c = 14.3$N/mm^2，$f_t = 1.43$N/mm^2

钢筋种类：HRB400　$f_y = 360$N/mm^2

最小配筋率：$\rho_{min} = 0.200\%$

纵筋合力点至近边距离：$a_s = 20$mm

3. 受力信息

$M = 3.970$kN·m

4. 设计参数

结构重要性系数：$\gamma_o = 1.0$

四、计算过程

1. 计算截面有效高度

$h_o = h - a_s = 120 - 20 = 100$mm

2. 计算相对界限受压区高度

$\xi_b = \beta_1 / (1 + f_y / E_s \varepsilon_{cu}) = 0.80 / (1 + 360 / 2.0 \times 10^5 \times 0.0033) = 0.518$

3. 确定计算系数

$\alpha_s = \gamma_o M / (\alpha_1 f_c b h_o h_o) = 1.0 \times 3.970 \times 10^6 / (1.0 \times 14.3 \times 1000 \times 100 \times 100) = 0.028$

4. 计算相对受压区高度

$\xi = 1 - \sqrt{(1 - 2\alpha_s)} = 1 - \sqrt{(1 - 2 \times 0.028)} = 0.028 \leqslant \xi_b = 0.518$，满足要求。

5. 计算纵向受拉筋面积

$A_s = \alpha_1 f_c b h_o \xi / f_y = 1.0 \times 14.3 \times 1000 \times 100 \times 0.028 / 360 = 111$mm^2

6. 验算最小配筋率

$\rho = A_s / bh = 111 / 1000 \times 120 = 0.093\%$

$\rho = 0.093\% < \rho_{min} = 0.200\%$，不满足最小配筋率要求，

取 $A_s = \rho_{min} bh = 0.200\% \times 1000 \times 120 = 240\text{mm}^2$

计算结果显示为构造配筋，雨篷板的面筋可以由屋面板的面筋伸出即可，手动绘制的施工图如图 12-12 所示。

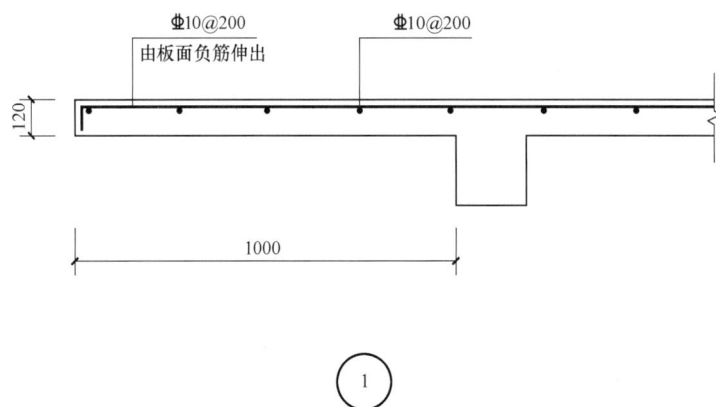

图 12-12　手动绘制的施工图

13 施工图审查及设计交底

13.1 施工图审查

施工图审查是施工图设计文件审查的简称，是指建设主管部门认定的施工图审查机构按照有关法律、法规，对施工图涉及公共利益、公众安全和工程建设强制性标准的内容进行的审查。国务院建设行政主管部门负责全国的施工图审查管理工作。省、自治区、直辖市人民政府建设行政主管部门负责组织本行政区域内的施工图审查工作的具体实施和监督管理工作。

13.1.1 计算模型及计算书中常见问题

（1）模型荷载输入是否正确合理，活荷载取值是否符合《荷载规范》的要求。

（2）模型参数设置是否正确合理。

（3）模型构件截面是否与图纸对应，计算配筋是否与最后的施工图纸对应。

（4）模型计算结果是否合理；刚度比，受剪承载力之比，剪重比，刚重比，周期比，位移角，位移比，有效质量参与系数，单位面积质量，配筋率等是否合理。

（5）大跨度梁、板构件挠度及裂缝最大宽度是否验算通过。

（6）当最不利地震作用角度较大时，是否按最不利地震作用方向计算地震作用（角度较大时，例如大于 15° 时，应将该方向的地震作用计算一次，并以此较大的计算结果设计、编制施工图）。

（7）计算单向地震作用时，是否考虑了偶然偏心的影响。

（8）对于质量和刚度分布明显不均匀、不对称的结构，是否按照双向水平地震作用进行计算。

（9）角柱是否定义。

（10）地面以上结构的单位面积重度（kN/m^2）是否在正常数值范围内。数值太小则可能是漏了荷载或荷载取值偏小，数值太大则可能是荷载取值过大，或活载该折减的没折减，计算时建筑面积务必准确。

（11）隔墙自重和二次装修荷载另计，按恒荷载考虑，当隔墙位置可灵活布置时，非固定隔墙的自重可取每延米墙重的 1/3 作为楼面活荷载的附加值计入，不应小于 $1.0kN/m^2$。

13.1.2 模板图及板施工图常见问题

（1）板厚取值是否有误（板的跨厚比：钢筋混凝土单向板不大于 30，双向板不大于 40）。一般 ≥80mm，预埋暗管时 ≥100mm，顶层 ≥120mm。

（2）板中受力筋间距：板厚 $h \leqslant 150mm$ 时，$S \leqslant 200mm$；板厚 $h > 150mm$ 时，$S \leqslant$

$\min\{1.5h，250\text{mm}\}$。

（3）板面构造筋：简支边支座负筋 $d\geq8\text{mm}$，$S\leq200\text{mm}$，且不少于跨中相应方向板底筋的 $1/3$，伸入板内的长度为 $L_0/4$，L_0 为受力方向或短边计算跨度。

（4）结构外轮廓与建筑是否一致（一定把模板图拷贝到建筑图上核对）。

（5）结构平面各部分的标高是否标明，是否与建筑相应位置符合（注意各层卫生间、室外露台、屋顶花园、台阶位置、公共厨房等需降标高的场所）。

（6）结构变标高位置、开洞位置及反梁是否为实线。

（7）建筑、设备在板上开的洞有没有遗漏，是否与建筑图位置完全一致。

（8）柱填充是否有误，是否填充了不继续往上的柱，是否画了梁上柱（一定把模板图拷贝到建筑图上核对）。

（9）柱是否与建筑一致，在位置和尺寸上是否有影响建筑使用（一定把模板图拷贝到建筑图上核对）。

（10）楼梯有没有注上编号。

（11）洞的定位、大小与洞边加强处理。

（12）楼层层高表是否正确（特别注意檐口结构标高，出大屋面标高建筑标高同结构标高）。

（13）板面标高、板厚有无缺漏（注意与层高表不同的楼板标高）。

（14）逐条检查模板及板配筋说明是否正确，是否适合本工程，是否有与平面图矛盾的地方。

（15）楼板钢筋平法表达是否正确，是否所有板都有编号。

（16）楼、电梯间之间或其余大开洞区域，其周边楼板是否有加强。

（17）屋面板厚 $\geq120\text{mm}$ 时，是否设置通长面筋或温度筋。

13.1.3　梁施工图常见问题

（1）框架梁截面是否合理。梁高度可取 $1/18\sim1/10$ 跨度。

（2）跨度较大的梁挠度是否验算通过。

（3）梁纵筋净距是否满足规范要求。

（4）梁端受压区高度是否满足要求。

（5）梁侧面腰筋是否满足要求。

（6）框架梁梁端截面的底部和顶部纵向受力钢筋截面面积的比值，除按计算确定外，一级抗震等级不应小于 0.5；二、三级抗震等级不应小于 0.3。

（7）沿梁全长顶面和底面至少应各配置两根通长的纵向钢筋，对一、二级抗震等级，钢筋直径不应小于 14mm，且分别不应少于梁两端顶面和底面纵向受力钢筋中较大截面面积的 $1/4$；对三、四级抗震等级，钢筋直径不应小于 12mm。

（8）梁端箍筋的加密区长度、箍筋最大间距和箍筋最小直径，应按《混规》表 11.3.6-2 采用；当梁端纵向受拉钢筋配筋率大于 2% 时，表中箍筋最小直径应增大 2mm。

（9）梁端纵向受拉钢筋的配筋率不宜大于 2.5%。

（10）梁箍筋加密区长度内的箍筋肢距：一级抗震等级，不宜大于 200mm 和 20 倍箍筋直径的较大值；二、三级抗震等级，不宜大于 250mm 和 20 倍箍筋直径的较大值；各抗震等级下，均不宜大于 300mm。

（11）梁端设置的第一个箍筋距框架节点边缘不应大于 50mm。非加密区的箍筋间距不宜大于加密区箍筋间距的 2 倍。

（12）有没有梁位置不妥，如跨过厅房等，梁布置是否影响了建筑美观、楼层梁是否影响楼梯的使用（尤其是疏散宽度）。

（13）梁平齐的优先顺序：厅、主房、客房、楼梯通道、厨厕、储物间等。

（14）通长面筋与支座面筋是否有矛盾。

（15）变标高处面筋不能连通的梁、折梁、变截面梁等，是否需要大样表示。

（16）有降板的部位，梁高是否能兜住板底、次梁底。

（17）梁悬挑段箍筋是否全长加密。

（18）通长筋＋架立筋根数与箍筋肢数是否匹配。

（19）非框架梁箍筋是否用了梁端加密，而框架梁梁端未加密。

13.1.4 柱施工图常见问题

（1）柱截面尺寸要求，抗震等级为四级或层数不超过 2 层时，其最小截面尺寸不宜小于 300mm，一、二、三级抗震等级且层数超过 2 层时不宜小于 400mm。

（2）柱轴压比是否满足《混规》11.4.16 条。

（3）柱纵筋是否满足最小配筋率要求（《混规》11.4.12 条）。

（4）柱纵筋最大间距要求，截面尺寸大于 400mm 的柱，纵向钢筋的间距不宜大于 200mm。

（5）柱箍筋是否满足最小直径、最大间距要求（《混规》11.4.12 条）。

（6）柱箍筋加密区内的箍筋肢距：一级抗震等级不宜大于 200mm；二、三级抗震等级不宜大于 250mm 和 20 倍箍筋直径中的较大值；四级抗震等级不宜大于 300mm，是否满足《混规》11.4.15 条。

（7）逐个检查柱是否有编号，编号是否重复。

（8）逐个检查柱是否有定位尺寸。

（9）柱是否有漏、多余，是否与建筑平面、结构平面符合。

（10）楼梯间等部位形成的短柱是否按《混规》11.4.12 条要求配筋，箍筋全高加密。

（11）配筋是否有遗漏，纵筋、箍筋是否满足规范构造要求。

（12）截面高度较大，形成的短柱箍筋是否全高加密。

13.1.5 基础施工图常见问题

（1）逐个检查独立基础定位、编号是否正确。

（2）建筑台阶、坡道等处对基础标高是否有影响。场地高差较大，或建筑地下室标高相差较大时，确保基础埋深满足要求。

（3）对照勘察报告，注意天然基础底能否落在持力层上。

（4）基础详图中长、宽、高等尺寸是否与平面图一致。

（5）柱子形心是否落在基础形心上。

（6）多柱联合基础是否设置面筋。

（7）地基基础设计等级是否满足《地基规范》3.0.1条。

13.1.6　楼梯详图常见问题

（1）楼梯轴线位置与建筑平面是否相符。

（2）楼梯平、剖面不应留非结构构件，剖面与剖视位置是否对应。

（3）注意梯板宽度包含扶手。

（4）检查楼梯标高是否有误，有没有碰头现象（梯段处净高≥2200mm，平台处净高≥2000mm）。

（5）梯板、梯梁有没有梁、柱等支承（检查平面梁、柱定位图）。

（6）梯板、梯梁编号、跨度是否与平面一致，梯柱顶标高有无表示。

（7）梯板厚度一般取 $L/27$ 且不小于100mm。

（8）设置梯柱、梯梁的部位是否有门窗或影响美观，建筑专业是否认可。

（9）梯梁、梯柱是否有抗震措施。

（10）梯柱箍筋是否采用全高加密。

13.2　设计交底

设计交底，即由建设单位组织施工总承包单位、监理单位参加，由勘察、设计单位对施工图纸内容进行交底的一项技术活动，或由施工总承包单位组织分包单位、劳务班组，由总承包单位对施工图纸、施工内容进行交底的一项技术活动。目的是使参与工程建设的各方了解工程设计的主导思想、建筑构思和要求、采用的设计规范、确定的抗震设防烈度、防火等级、基础、结构、内外装修及机电设备设计，熟悉主要建筑材料、构配件和设备的要求、采用的新技术、新工艺、新材料、新设备的要求以及施工中应特别注意的事项，掌握工程关键部分的技术要求，保证工程质量。设计单位必须依据国家设计技术管理的有关规定，对提交的施工图纸，进行系统的设计技术交底，同时，也为了减少图纸中的差错、遗漏、矛盾，将图纸中的质量隐患与问题消灭在施工之前，使施工图纸更符合施工现场的具体要求，避免返工浪费。在施工图设计技术交底的同时，监理部、设计单位、建设单位、施工单位及其他有关单位需对设计图纸在自审的基础上进行会审。施工图纸是施工单位和监理单位开展工作最直接的依据。现阶段大多数是对施工过程进行监理，设计过程监理很少，图纸中差错难免存在，故设计交底与图纸会审更显必要。设计交底与图纸会审是保证工程质量的重要环节，保证工程质量的前提，也是保证工程顺利施工的主要步骤。监理和各有关单位应当充分重视。

设计交底应该遵循以下原则：

（1）设计单位应提交完整的施工图纸；各专业相互关联的图纸必须提供齐全、完整；对施工单位急需的重要分部分项专业图纸也可提前交底与会审，但在所有成套图纸到齐后需再统一交底与会审。一个普遍情况是，很多工程已开工而施工图纸还不全，以致后到的图纸拿来就施工，这些现象是不正常的。图纸会审不可遗漏，即使施工过程中另补的新图也应进行交底和会审。

（2）在设计交底与图纸会审之前，建设单位、监理单位及施工单位和其他有关单位必须事先指定主管该项目的有关技术人员看图自审，初步审查本专业的图纸，进行必要的审核和计算工作。各专业图纸之间必须核对。

（3）设计交底与图纸会审时，设计单位必须派负责该项目的主要设计人员出席。进行设计交底与图纸会审的工程图纸，必须经建设单位确认，未经确认不得交付施工。

（4）凡直接涉及设备制造厂家的工程项目及施工图，应由订货单位邀请制造厂家代表到会，并请建设单位、监理单位与设计单位的代表一起进行技术交底与图纸会审。

设计交底应重点注意的事项：

（1）设计图纸与说明书是否齐全、明确，坐标、标高、尺寸、管线、道路等交叉连接是否相符，图纸内容、表达深度是否满足施工需要，施工中所列各种标准图册是否已经具备。

（2）施工图与设备、特殊材料的技术要求是否一致，主要材料来源有无保证，能否代换，新技术、新材料的应用是否落实。

（3）设备说明书是否详细，与规范、规程是否一致。

（4）土建结构布置与设计是否合理，是否与工程地质条件紧密结合，是否符合抗震设计要求。

（5）设计的图纸之间有无相互矛盾：各专业之间、平立剖面之间、总图与分图之间有无矛盾；建筑图与结构图的平面尺寸及标高是否一致，表示方法是否清楚。

（6）建筑与结构是否存在不能施工或不便施工的技术问题，或导致质量、安全及工程费用增加等问题。

（7）防火、消防设计是否满足有关规程要求。

纪要与实施：

（1）项目监理单位应将施工图会审记录整理汇总并负责形成会议纪要。经与会各方签字同意后，该纪要即被视为设计文件的组成部分（施工过程中应严格执行），发送建设单位和施工单位，抄送有关单位，并予以存档。

（2）如有不同意见，通过协商仍不能取得统一时，应报请建设单位定夺。

（3）对会审会议上决定必须进行设计修改的，由原设计单位按设计变更管理程序提出修改设计，一般性问题经监理工程师和建设单位审定后，交施工单位执行，重大问题报建设单位及上级主管部门与设计单位共同研究解决。施工单位拟施工的一切工程项目设计图纸，必须经过设计交底与图纸会审，否则不得开工。已经交底和会审的施工图以下达会审纪要的形式作为确认。

附录

附录 A　22G101-1 图集中的标准构造详图

混凝土结构的环境类别

环境类别	条件
一	室内干燥环境； 无侵蚀性静水浸没环境
二a	室内潮湿环境； 非严寒和非寒冷地区的露天环境； 非严寒和非寒冷地区与无侵蚀性的水或土壤直接接触的环境； 严寒和寒冷地区的冰冻线以下与无侵蚀性的水或土壤直接接触的环境
二b	干湿交替环境； 水位频繁变动环境； 严寒和寒冷地区的露天环境； 严寒和寒冷地区冰冻线以上与无侵蚀性的水或土壤直接接触的环境
三a	严寒和寒冷地区冬季水位变动区环境； 受除冰盐影响环境； 海风环境
三b	盐渍土环境； 受除冰盐作用环境； 海岸环境
四	海水环境
五	受人为或自然的侵蚀性物质影响的环境

注：1.室内潮湿环境是指构件表面经常处于结露或湿润状态的环境。
2.严寒和寒冷地区的划分应符合现行国家标准《民用建筑热工设计规范》GB 50176的有关规定。
3.海岸环境和海风环境宜根据当地情况，考虑主导风向及结构所处迎风、背风部位等因素的影响，由调查研究和工程经验确定。
4.受除冰盐影响环境是指受到除冰盐盐雾影响的环境；受除冰盐作用环境是指被除冰盐溶液溅射的环境及使用除冰盐地区的洗车库、停车楼等建筑。
5.混凝土结构的环境类别是指混凝土暴露表面所处的环境条件。

混凝土保护层的最小厚度 (mm)

环境类别	板、墙	梁、柱
一	15	20
二a	20	25
二b	25	35
三a	30	40
三b	40	50

注：1.表中混凝土保护层厚度指最外层钢筋外边缘至混凝土表面的距离，适用于设计工作年限为50年的混凝土结构。
2.构件中受力钢筋的保护层厚度不应小于钢筋的公称直径。
3.一类环境中，设计工作年限为100年的结构最外层钢筋的保护层厚度不应小于表中数值的1.4倍；二、三类环境中，设计工作年限为100年的结构应采取专门的有效措施。四类和五类环境类别的混凝土结构，其耐久性要求应符合国家现行有关标准的规定。
4.混凝土强度等级为C25时，表中保护层厚度数值应增加5mm。
5.基础底面钢筋的保护层厚度，有混凝土垫层时应从垫层顶面算起，且不应小于40mm。

混凝土结构的环境类别 混凝土保护层的最小厚度	图集号	22G101-1
审核 郁银泉　校对 高志强　设计 李增银	页	2-1

受拉钢筋基本锚固长度 l_{ab}

钢筋种类	混凝土强度等级							
	C25	C30	C35	C40	C45	C50	C55	≥C60
HPB300	$34d$	$30d$	$28d$	$25d$	$24d$	$23d$	$22d$	$21d$
HRB400、HRBF400 RRB400	$40d$	$35d$	$32d$	$29d$	$28d$	$27d$	$26d$	$25d$
HRB500、HRBF500	$48d$	$43d$	$39d$	$36d$	$34d$	$32d$	$31d$	$30d$

抗震设计时受拉钢筋基本锚固长度 l_{abE}

钢筋种类		混凝土强度等级							
		C25	C30	C35	C40	C45	C50	C55	≥C60
HPB300	一、二级	$39d$	$35d$	$32d$	$29d$	$28d$	$26d$	$25d$	$24d$
	三级	$36d$	$32d$	$29d$	$26d$	$25d$	$24d$	$23d$	$22d$
HRB400 HRBF400	一、二级	$46d$	$40d$	$37d$	$33d$	$32d$	$31d$	$30d$	$29d$
	三级	$42d$	$37d$	$34d$	$30d$	$29d$	$28d$	$27d$	$26d$
HRB500 HRBF500	一、二级	$55d$	$49d$	$45d$	$41d$	$39d$	$37d$	$36d$	$35d$
	三级	$50d$	$45d$	$41d$	$38d$	$36d$	$34d$	$33d$	$32d$

注：1.四级抗震时，$l_{abE}=l_{ab}$。
2.混凝土强度等级应取锚固区的混凝土强度等级。
3.当锚固钢筋的保护层厚度不大于5d时，锚固钢筋长度范围内应设置横向构造钢筋，其直径不应小于d/4（d为锚固钢筋的最大直径）；对梁、柱等构件间距不应大于5d，对板、墙等构件间距不应大于10d，且均不应大于100mm（d为锚固钢筋的最小直径）。

(a) 光圆钢筋末端180°弯钩

(b) 末端90°弯折

钢筋弯折的弯弧内直径 D

注：钢筋弯折的弯弧内直径D应符合下列规定：
1.光圆钢筋不应小于钢筋直径的2.5倍。
2.400MPa级带肋钢筋不应小于钢筋直径的4倍。
3.500MPa级带肋钢筋，当直径d≤25mm时，不应小于钢筋直径的6倍；当直径d>25mm时，不应小于钢筋直径的7倍。
4.位于框架结构顶层端节点处的梁上部纵向钢筋和柱外侧纵向钢筋，在节点角部弯折处，当钢筋直径d≤25mm时，不宜小于钢筋直径的12倍；当直径d>25mm时，不宜小于钢筋直径的16倍。
5.箍筋弯折处尚不应小于纵向受力钢筋直径；箍筋弯折处纵向钢筋为搭接或并筋时，应按钢筋实际排布情况确定箍筋弯弧内直径。

受拉钢筋基本锚固长度 l_{ab}　抗震设计时受拉钢筋 基本锚固长度 l_{abE}　钢筋弯折的弯弧内直径 D	图集号	22G101-1
审核 郁银泉　校对 高志强　设计 李增银	页	2-2

受拉钢筋锚固长度 l_a

钢筋种类	混凝土强度等级															
	C25		C30		C35		C40		C45		C50		C55		≥C60	
	$d{\le}25$	$d{>}25$	$d{\le}25$	$d{>}25$	$d{\le}25$	$d{>}25$	$d{\le}25$	$d{>}25$	$d{\le}25$	$d{>}25$	$d{\le}25$	$d{>}25$	$d{\le}25$	$d{>}25$	$d{\le}25$	$d{>}25$
HPB300	34d	—	30d	—	28d	—	25d	—	24d	—	23d	—	22d	—	21d	—
HRB400、HRBF400 RRB400	40d	44d	35d	39d	32d	35d	29d	32d	28d	31d	27d	30d	26d	29d	25d	28d
HRB500、HRBF500	48d	53d	43d	47d	39d	43d	36d	40d	34d	37d	32d	35d	31d	34d	30d	33d

受拉钢筋抗震锚固长度 l_{aE}

钢筋种类及抗震等级		混凝土强度等级															
		C25		C30		C35		C40		C45		C50		C55		≥C60	
		$d{\le}25$	$d{>}25$	$d{\le}25$	$d{>}25$	$d{\le}25$	$d{>}25$	$d{\le}25$	$d{>}25$	$d{\le}25$	$d{>}25$	$d{\le}25$	$d{>}25$	$d{\le}25$	$d{>}25$	$d{\le}25$	$d{>}25$
HPB300	一、二级	39d	—	35d	—	35d	—	29d	—	28d	—	26d	—	25d	—	24d	—
HPB300	三级	36d	—	32d	—	29d	—	26d	—	25d	—	24d	—	23d	—	22d	—
HRB400 HRBF400	一、二级	46d	51d	40d	45d	37d	40d	33d	37d	32d	36d	31d	35d	30d	33d	29d	32d
HRB400 HRBF400	三级	42d	46d	37d	41d	34d	37d	30d	34d	29d	33d	28d	32d	27d	30d	26d	29d
HRB500 HRBF500	一、二级	55d	61d	49d	54d	45d	49d	41d	46d	39d	43d	37d	40d	36d	39d	35d	38d
HRB500 HRBF500	三级	50d	56d	45d	49d	41d	45d	38d	42d	36d	39d	34d	37d	33d	36d	35d	38d

注:1.当为环氧树脂涂层带肋钢筋时,表中数据尚应乘以1.25。
2.当纵向受拉钢筋在施工过程中易受扰动时,表中数据尚应乘以1.1。
3.当锚固长度范围内纵向受力钢筋周边保护层厚度为3d(d为锚固钢筋的直径)时,表中数据可乘以0.8;保护层厚度不小于5d时,表中数据可乘以0.7,中间时按内插值。
4.当纵向受拉普通钢筋锚固长度修正系数(注1~注3)多于一项时,可按连乘计算。
5.受拉钢筋的锚固长度 l_a、l_{aE} 计算值不应小于200mm。
6.四级抗震时,$l_{aE}=l_a$。
7.当锚固钢筋的保护层厚度不大于5d时,锚固钢筋长度范围内应设置横向构造钢筋,其直径不应小于d/4(d为锚固钢筋的最大直径);对梁、柱等构件间距不应大于5d,对板、墙等构件间距不应大于10d,且均不应大于100mm(d为锚固钢筋的最小直径)。
8.HPB300钢筋末端应做180°弯钩,做法详见本图集第2-2页。
9.混凝土强度等级应取锚固区的混凝土强度等级。

受拉钢筋锚固长度 l_a 受拉钢筋抗震锚固长度 l_{aE}	图集号 22G101-1
审核 郁银泉 校对 高志强 设计 李增银	页 2-3

(a) 末端带90°弯钩
(b) 末端带135°弯钩
(c) 末端与钢板穿孔塞焊
(d) 末端带螺栓锚头

纵向钢筋弯钩与机械锚固形式

注:1.当纵向受拉普通钢筋末端采用弯钩或机械锚固措施时,包括弯钩或锚固端头在内的锚固长度(投影长度)可取为基本锚固长度的60%。
2.焊缝和螺纹长度应满足承载力的要求;钢筋锚固板的规格和性能应符合现行行业标准《钢筋锚固板应用技术规程》JGJ 256的有关规定。
3.螺栓锚头或焊端锚板的承压净面积不应小于锚固钢筋截面积的4倍;钢筋净间距不宜小于4d,否则应考虑群锚效应的不利影响。
4.受压钢筋不应采用末端弯钩的锚固形式。
5.500MPa级带肋钢筋末端采用弯钩锚固措施时,当直径d≤25mm时,钢筋弯折的弯弧内直径不应小于钢筋直径的6倍;当直径d>25mm时,不应小于钢筋直径的7倍。
6.本图集标准构造详图中标注的钢筋端部弯折段长度15d为400MPa级钢筋的弯折段长度。当采用500MPa级带肋钢筋时,应保证钢筋弯折后直段长度和弯弧内直径的要求。

梁、柱类构件纵向受力钢筋搭接接头区箍筋构造

注:1.纵向受力钢筋搭接长度范围内箍筋直径不小于d/4(d为搭接钢筋最大直径),且不小于构件所配箍筋直径;箍筋间距不应大于100mm及5d(d为搭接钢筋最小直径)。
2.当受压钢筋直径大于25mm时,尚应在搭接接头两个端面外100mm的范围内各设置两道箍筋。

同一连接区段内纵向受拉钢筋绑扎搭接接头

连接区段长度:
绑扎搭接为1.3l_l或1.3l_{lE}
(同一连接区段)

连接区段长度:机械连接为35d;
焊接为35d且≥500
(同一连接区段)

同一连接区段内纵向受拉钢筋机械连接、焊接接头

注:1.d为相互连接两根钢筋中较小直径;当同一构件内不同连接钢筋计算连接区段长度不同时取大值。
2.凡接头中点位于连接区段长度内,连接接头均属于同一连接区段。
3.同一连接区段内纵向受拉钢筋搭接接头面积百分率,为该区段内有连接接头的纵向受力钢筋截面面积与全部纵向受力钢筋截面面积的比值(当直径相同时,图示搭接接头面积百分率为50%)。
4.当受拉钢筋直径大于25mm及受压钢筋直径大于28mm时,不宜采用绑扎搭接。
5.轴心受拉及小偏心受拉杆件中纵向受力钢筋不应采用绑扎搭接。
6.纵向受力钢筋连接位置宜避开梁端、柱端箍筋加密区。如必须在此连接时,应采用机械连接或焊接。
7.机械连接和焊接接头的类型及质量应符合国家现行有关标准的规定。

纵向钢筋弯钩与机械锚固形式 纵向受力钢筋搭接区箍筋构造 纵向钢筋的连接	图集号 22G101-1
审核 郁银泉 校对 高志强 设计 李增银	页 2-4

纵向受拉钢筋搭接长度 l_l

钢筋种类及同一区段内搭接钢筋面积百分率		混凝土强度等级														
		C25		C30		C35		C40		C45		C50		C55		C60
		$d\leq25$	$d>25$	$d\leq25$	$d>25$	$d\leq25$	$d>25$	$d\leq25$	$d>25$	$d\leq25$	$d>25$	$d\leq25$	$d>25$	$d\leq25$	$d>25$	$d\leq25$ $\quad d>25$
HPB300	≤25%	41d	—	36d	—	34d	—	30d	—	29d	—	28d	—	26d	—	25d —
	50%	48d	—	42d	—	39d	—	35d	—	34d	—	32d	—	31d	—	29d —
	100%	54d	—	48d	—	45d	—	40d	—	38d	—	37d	—	35d	—	34d —
HRB400 HRBF400 RRB400	≤25%	48d	53d	42d	47d	38d	42d	35d	38d	34d	37d	32d	36d	31d	35d	30d 34d
	50%	56d	62d	49d	55d	45d	49d	41d	45d	39d	43d	38d	42d	36d	41d	35d 39d
	100%	64d	70d	56d	62d	51d	56d	46d	51d	45d	50d	43d	48d	42d	46d	40d 45d
HRB500 HRBF500	≤25%	58d	64d	52d	56d	47d	52d	43d	48d	41d	44d	38d	42d	37d	41d	36d 40d
	50%	67d	74d	60d	66d	55d	60d	50d	56d	48d	51d	45d	49d	43d	48d	42d 46d
	100%	77d	85d	69d	75d	62d	69d	58d	64d	55d	59d	51d	56d	50d	54d	48d 53d

注：1.表中数值为纵向受拉钢筋绑扎搭接接头的搭接长度。
2.两根不同直径钢筋搭接时，表中d取钢筋较小直径。
3.当为环氧树脂涂层带肋钢筋时，表中数据尚应乘以1.25。
4.当纵向受拉钢筋在施工过程中易受扰动时，表中数据尚应乘以1.1。
5.当搭接长度范围内纵向受力钢筋周边保护层厚度为3d（d为锚固钢筋的直径）时，表中数据可乘以0.8；保护层厚度不小于5d时，表中数据可乘以0.7；中间时按内插值。

6.当上述修正系数（注3～注5）多于一项时，可按连乘计算。
7.当位于同一连接区段内的钢筋搭接接头面积百分率为表中数据中间值时，搭接长度可按内插取值。
8.任何情况下，搭接长度不应小于300mm。
9.HPB300级钢筋末端应做180°弯钩，做法详见本图集第2-2页。

纵向受拉钢筋搭接长度 l_l		图集号	22G101-1
审核 郁银泉	校对 冯海悦	设计 李增银	页 2-5

附录B 《建筑结构设计常用数据（钢筋混凝土结构、砌体结构、地基基础）》12G112-1图集中的结构设计常用数据

结构设计基本数据

1. 安全等级、设计使用年限、重要性系数

1.1 工程结构设计时，应根据结构破坏可能产生的后果（危及人的生命、造成经济损失、对社会或环境产生影响等）的严重性，采用不同的安全等级。

表1.1 工程结构的安全等级

安全等级	破坏后果	示例
一级	很严重：对人的生命、经济、社会或环境影响很大	大型的公共建筑等
二级	严重：对人的生命、经济、社会或环境影响较大	普通的住宅和办公楼等
三级	不严重：对人的生命、经济、社会或环境影响较小	小型的或临时性贮存建筑

注：1 对重要的结构，其安全等级应取为一级；对一般的结构，其安全等级宜取为二级；对次要的结构，其安全等级可取为三级。
2 房屋建筑结构抗震设计中的甲类建筑和乙类建筑，其安全等级宜规定为一级；丙类建筑，其安全等级宜规定为二级；丁类建筑，其安全等级宜规定为三级。

1.2 房屋建筑结构的设计基准期为50年。

1.3 房屋建筑结构的设计使用年限

表1.3 房屋建筑结构的设计使用年限

类别	设计使用年限（年）	示例
1	5	临时性建筑结构
2	25	易于替换的结构构件
3	50	普通房屋和构筑物
4	100	标志性建筑和特别重要的建筑结构

1.4 房屋建筑的结构重要性系数 γ_0

表1.4 房屋建筑的结构重要性系数 γ_0

结构重要性系数	对持久设计状况和短暂设计状况			对偶然设计状况和地震设计状况
	安全等级			
	一级	二级	三级	
γ_0	1.1	1.0	0.9	1.0

注：基础的结构重要性系数 γ_0 不应小于1.0。

2. 材料

2.1 混凝土性能指标

2.1.1 混凝土强度标准值、设计值

表2.1.1 混凝土轴心抗压、轴心抗拉强度标准值 f_{ck}、f_{tk} 及混凝土轴心抗压、轴心抗拉强度标准值 f_c、f_t (N/mm²)

强度种类	混凝土强度等级													
	C15	C20	C25	C30	C35	C40	C45	C50	C55	C60	C65	C70	C75	C80
f_{ck}	10.0	13.4	16.7	20.1	23.4	26.8	29.6	32.4	35.5	38.5	41.5	44.5	47.4	50.2
f_{tk}	1.27	1.54	1.78	2.01	2.20	2.39	2.51	2.64	2.74	2.85	2.93	2.99	3.05	3.11
f_c	7.2	9.6	11.9	14.3	16.7	19.1	21.1	23.1	25.3	27.5	29.7	31.8	33.8	35.9
f_t	0.91	1.10	1.27	1.43	1.57	1.71	1.80	1.89	1.96	2.04	2.09	2.14	2.18	2.22

2.1.2 混凝土弹性模量、剪变模量

表2.1.2 混凝土弹性模量 E_c、剪变模量 G_c (×10⁴ N/mm²)

混凝土强度等级	C15	C20	C25	C30	C35	C40	C45	C50	C55	C60	C65	C70	C75	C80
E_c	2.20	2.55	2.80	3.00	3.15	3.25	3.35	3.45	3.55	3.60	3.65	3.70	3.75	3.80
G_c	0.88	1.02	1.12	1.20	1.26	1.30	1.34	1.38	1.42	1.44	1.46	1.48	1.50	1.52

注：1 当有可靠试验依据时，弹性模量可根据实测数据确定；
2 当混凝土中掺有大量矿物掺合料时，弹性模量可按规定龄期根据实测数据确定。

2.1.3 混凝土热工参数，混凝土泊松比

当温度在0～100℃范围内时，混凝土热工参数可按下列取值：线膨胀系数：α_c：1×10^{-5}/℃；导热系数 λ：10.6kJ/(m·h·℃)；
比热容 C：0.96kJ/(kg·℃)。混凝土泊松比 ν_c 可采用0.2。

结构设计基本数据	安全等级 设计使用年限 重要性系数 混凝土材料性能指标		图集号	12G112-1
审核 陈雪光	校对 李国胜	设计 张玉梅	页	A1

2.1.4 混凝土结构材料强度限值

1) 素混凝土的混凝土强度等级不应低于C15；钢筋混凝土结构的混凝土强度等级不应低于C20；采用强度等级400MPa及以上的钢筋时，混凝土强度等级不应低于C25。

   预应力混凝土结构的混凝土强度等级不宜低于C40，且不应低于C30。

   承受重复荷载的钢筋混凝土构件，混凝土强度等级不应低于C30。

2) 混凝土的强度等级，框支梁、框支柱及抗震等级为一级的框架梁、柱、节点核芯区，不应低于C30；构造柱、芯柱、圈梁及其他各类构件不应低于C20。

3) 高层建筑各类结构用混凝土的强度等级均不应低于C20，并应符合下列规定：抗震设计时，筒体结构的混凝土强度等级不宜低于C30；作为上部结构嵌固部位的地下室楼盖的混凝土强度等级不宜低于C30；转换层楼板、转换梁、转换柱、箱形转换结构以及转换厚板的混凝土强度等级均不应低于C30；型钢混凝土梁、柱的混凝土强度等级不宜低于C30；现浇非预应力混凝土楼盖结构的混凝土强度等级不宜高于C40；抗震设计时，框架柱的混凝土强度等级，9度时不宜高于C60，8度时不宜高于C70；剪力墙的混凝土强度等级不宜高于C60。

2.2 钢筋

抗震等级为一、二、三级的框架和斜撑构件(含梯段)，其纵向受力钢筋采用普通钢筋时，钢筋的抗拉强度实测值与屈服强度实测值的比值不应小于1.25；钢筋的屈服强度实测值与屈服强度标准值的比值不应大于1.3，且钢筋在最大拉力下的总伸长率实测值不应小于9%。

钢筋的强度标准值应具有不小于95%的保证率。

2.2.1 普通钢筋强度标准值、设计值

表2.2.1 普通钢筋强度标准值、设计值 (N/mm²)

牌号	符号	公称直径d(mm)	屈服强度标准值fyk	极限强度标准值fstk	抗拉强度设计值fy	抗压强度设计值fy'
HPB300	Φ	6～22	300	420	270	270
HPB335 HPBF335	Φ ΦF	6～50	335	455	300	300
HRB400 HRBF400 RRB400	Φ ΦF ΦR	6～50	400	540	360	360
HRB500 HRBF500	Φ ΦF	6～50	500	630	435	410

注：当构件中配有不同种类的钢筋时，每种钢筋应采用各自的强度设计值。

当作受剪、受扭、受冲切承载力计算时，其值大于360N/mm²时，应取360N/mm²。

极限强度标准值用于抗倒塌设计。

2.2.2 预应力筋强度标准值、设计值

表2.2.2 预应力筋强度标准值、设计值(N/mm²)

种类		符号	公称直径d(mm)	屈服强度标准值fpyk	极限强度标准值fptk	抗拉强度设计值fpy	抗压强度设计值fpy'
中强度预应力钢丝	光面	ΦPM	5、7、9	620	800	510	410
	螺旋肋	ΦHM		780	970	650	
				980	1270	810	
预应力螺纹钢筋	螺纹	ΦT	18、25、32、40、50	785	980	650	410
				930	1080	770	
				1080	1230	900	
消除应力钢丝	光面	ΦP	5	—	1570	1110	410
				—	1860	1320	
	螺旋肋	ΦR	7	—	1570	1110	
				—	1470	1040	
			9	—	1570	1110	

续表2.2.2 预应力筋强度标准值、设计值(N/mm²)

种类		符号	公称直径d(mm)	屈服强度标准值fpyk	极限强度标准值fptk	抗拉强度设计值fpy	抗压强度设计值fpy'
钢绞线	1×3(三股)	Φs	8.6、10.8、12.9	—	1570	1110	390
				—	1860	1320	
				—	1960	1390	
	1×7(七股)		9.5、12.7、15.2、17.8	—	1720	1220	
				—	1860	1320	
				—	1960	1390	
			21.6	—	1860	1320	

注：1 极限强度标准值为1960N/mm²的钢绞线作后张预应力配筋时，应有可靠的工程经验。
2 当预应力钢筋的强度标准不符合上表的规定时，其强度设计值应进行相应的比例换算。

2.2.3 普通钢筋及预应力筋在最大力下的总伸长率限值

普通钢筋及预应力筋在最大力下的总伸长率δgt不应小于下表规定的数值。

表2.2.3 普通钢筋及预应力筋在最大力下的总伸长率限值

钢筋品种	普通钢筋			预应力筋
	HPB300	HRB335、HRBF335、HRB400 HRBF400、HRB500、HRBF500	RRB400	
δgt(%)	10.0	7.5	5.0	3.5

2.2.4 普通钢筋和预应力筋的弹性模量

表2.2.4 钢筋弹性模量Es(×10⁵N/mm²)

牌号或种类	Ea
HPB300钢筋	2.10
HRB335、HRB400、HRB500钢筋 HRBF335、HRBF400、HRBF500钢筋 RRB400钢筋 预应力螺纹钢筋	2.00
消除应力钢丝、中强度预应力钢丝	2.05
钢绞线	1.95

注：由于钢筋的基圆面积可能受到较大削弱，必要时可采用实测的弹性模量。

2.3 砌体

2.3.1 龄期为28d的以毛截面计算的各类砌体抗压强度设计值(施工质量控制等级为B级)

1) 烧结普通砖和烧结多孔砖砌体的抗压强度设计值

表2.3.1-1 烧结普通砖和烧结多孔砖砌体的抗压强度设计值 f(MPa)

砖强度等级	砂浆强度等级					砂浆强度
	M15	M10	M7.5	M5	M2.5	0
MU30	3.94	3.27	2.93	2.59	2.26	1.15
MU25	3.60	2.98	2.68	2.37	2.06	1.05
MU20	3.22	2.67	2.39	2.12	1.84	0.94
MU15	2.79	2.31	2.07	1.83	1.60	0.82
MU10	—	1.89	1.69	1.50	1.30	0.87

注：当烧结多孔砖的孔洞率大于30%时，表中数值应乘以0.9。

2) 混凝土普通砖和混凝土多孔砖砌体的抗压强度设计值

结构设计基本数据	普通钢筋及预应力筋在最大力下的总伸长率限值、弹性模量 烧结普通砖和多孔砖的抗压强度设计值	图集号	12G112-1
审核 陈雪光 校对 李国胜 设计 张玉梅		页	A3

189

3.7 梁

3.7.1 梁中箍筋的最大间距、最小直径

表3.7.1 梁中箍筋的最大间距、最小直径

梁高h (mm)	最大间距(mm)		最小直径 (mm)	配有计算需要的纵向受压钢筋时
	$V>0.7f_t bh_0$ $+0.05N_{p0}$	$V\leq0.7f_t bh_0$ $+0.05N_{p0}$		
$h<150$	可不设置箍筋			箍筋应做成封闭式;箍筋的间距应大于15d（d为纵向受压钢筋的最小直径），同时不应大于40mm;当一层内的纵向受压钢筋多于5根且直径大于18mm时，箍筋间距不应大于10d。
$150<h\leq300$	150	200	6	
$300<h\leq500$	200	300		
$500<h\leq800$	250	350		
$h>800$	300	400	8	

注：1 当$V>0.7f_t bh_0+0.05N_{p0}$时，箍筋的配筋率ρ_{sv}尚不应小于$0.24f_t/f_{yv}$。
2 按承载力计算不需要箍筋的梁，当截面高度大于300mm时，应沿梁全长设置构造箍筋；当截面高度$h=150$mm～300mm时，可仅在构件端部$l_0/4$范围内设置构造箍筋，l_0为跨度。
3 梁中配有计算需要的纵向受压钢筋时，箍筋直径尚不应小于$d/4$，d为受压钢筋最大直径。
4 在弯剪扭构件中，箍筋的配筋率ρ_{sv}不应小于$0.28f_t/f_{yv}$，箍筋间距应符合本表规定。

3.7.2 附加吊筋的承载力值F

表3.7.2 单根附加吊筋的承载力值F(kN)

钢筋直径 (mm)	HPB300级钢筋		HRB400级钢筋		HRB500级钢筋	
	$\alpha=45°$	$\alpha=60°$	$\alpha=45°$	$\alpha=60°$	$\alpha=45°$	$\alpha=60°$
10	29.98	36.73	39.97	48.95	48.28	59.14
12	43.18	52.89	57.58	70.52	69.57	85.21

续表3.7.2 单根附加吊筋的承载力值F(kN)

钢筋直径 (mm)	HPB300级钢筋		HRB400级钢筋		HRB500级钢筋	
	$\alpha=45°$	$\alpha=60°$	$\alpha=45°$	$\alpha=60°$	$\alpha=45°$	$\alpha=60°$
14	58.76	71.97	78.35	95.96	94.66	115.95
16	76.78	94.04	102.38	125.39	123.69	151.51
18	97.17	119.01	129.57	158.69	156.54	191.75
20	119.96	146.92	159.96	195.92	193.26	236.72
22	145.12	177.73	193.52	237.01	233.80	286.37
25	187.43	229.56	249.93	306.09	301.95	369.85
28	235.11	287.96	313.51	383.97	378.77	463.95
32	307.05	376.05	409.43	501.45	494.66	605.90

注：1 表中单根附加吊筋的承载力值计算公式：$F\leq A_{sv}f_{yv}\sin\alpha$，其中$F$为作用在梁的下部或梁截面高度范围内的集中荷载设计值；A_{sv}为左、右弯起段截面面积之和；f_{yv}为钢筋抗拉强度设计值；α为吊筋与梁轴线间的夹角。
2 梁高小于800mm时，α取45°；梁高大于等于800mm时，α取60°。

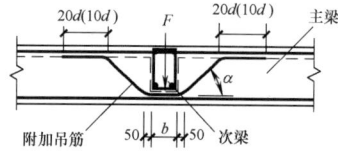

图3.7.4 附加吊筋
（注：20d用于受拉区，10d用于受压区）

混凝土结构	梁中箍筋的最大间距、最小直径 附加吊筋的承载力值	图集号	12G112-1
审核 陈雪光 校对 李国胜 设计 张玉梅		页	B21

3.7.3 附加箍筋的承载力值F

表3.7.3 附加箍筋的承载力值F(kN)

钢筋种类	箍筋直径 (mm)	每侧双肢箍筋个数					每侧四肢箍筋个数				
		2	3	4	5	6	2	3	4	5	6
HPB300	6	61.13	91.69	122.26	152.82	183.38	122.26	183.38	244.51	305.64	366.77
	8	108.65	162.97	217.30	271.62	325.94	217.30	325.94	434.59	543.24	651.88
	10	169.56	254.34	339.12	423.90	508.68	339.12	508.68	678.24	847.80	1017.36
	12	244.29	366.44	488.59	610.74	732.88	488.59	732.88	977.18	1221.48	1465.78
	14	332.42	498.64	664.85	831.60	997.27	664.85	997.27	1329.70	1662.12	1994.54
	16	434.38	651.56	868.75	1085.94	1303.13	868.75	1303.13	1737.50	2171.88	2606.26
HRB400	6	81.50	122.26	163.08	203.76	244.51	163.01	244.51	326.02	407.52	489.02
	8	144.86	217.30	289.73	362.16	434.59	289.73	434.60	579.46	724.32	869.18
	10	226.08	339.12	452.16	565.20	678.24	452.16	678.42	904.32	1130.40	1356.48
	12	325.73	488.59	651.46	814.32	977.18	651.46	977.18	1302.91	1628.64	1954.37
	14	443.23	664.85	886.46	1108.08	1329.70	886.46	1329.70	1772.93	2216.16	2659.39
	16	579.17	868.75	1158.34	1447.92	1737.50	1158.34	1737.50	2316.67	2895.84	3475.01
HRB500	6	98.48	147.73	196.97	246.21	295.45	172.35	295.45	393.94	492.42	590.90
	8	175.04	262.57	350.09	437.61	525.13	525.13	525.13	700.18	875.22	1050.26
	10	273.18	409.77	546.36	682.95	819.54	819.54	819.54	1092.72	1365.90	1639.08
	12	393.59	590.38	787.18	983.97	1180.76	1180.76	1180.76	1574.35	1967.94	2361.53
	14	535.57	803.36	1071.14	1338.93	1606.72	1606.72	1606.72	2142.29	2677.86	3213.43
	16	699.83	1049.74	1399.66	1749.57	2099.48	2099.48	2099.48	2799.31	3499.14	4198.97

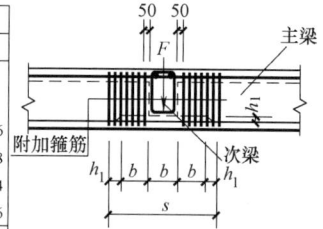

图3.7.5 附加箍筋

注：1 表中附加箍筋的承载力值计算公式：$F\leq A_{sv}f_{yv}$，其中F为作用在梁的下部或梁截面高度范围内的集中荷载设计值；A_{sv}为附加箍筋总截面面积；f_{yv}为附加箍筋抗拉强度设计值。
2 附加箍筋应布置在$2h_1+3b$范围内；此范围内附加箍筋不包括梁中按设计配置的箍筋。

混凝土结构	附加箍筋的承载力值	图集号	12G112-1
审核 陈雪光 校对 李国胜 设计 张玉梅		页	B22

3.7.4 梁的单侧纵向构造钢筋面积及参考配筋

表3.7.4　梁的单侧纵向构造钢筋面积(mm²)及参考配筋

梁宽 b (mm)	腹板高度(取有效高度减去翼缘高度)hₓ											
	450	500	550	600	650	700	750	800	850	900	950	1000
200	90(2Φ8)	100(2Φ8)	110(2Φ10)	120(2Φ10)	130(3Φ8)	140(3Φ8)	150(3Φ8)	160(3Φ10)	170(4Φ8)	180(4Φ8)	190(4Φ8)	200(4Φ8)
240	108(2Φ10)	120(2Φ10)	132(2Φ10)	144(2Φ10)	156(3Φ10)	168(3Φ10)	180(3Φ10)	192(3Φ10)	204(4Φ10)	216(4Φ10)	228(4Φ10)	240(4Φ10)
250	113(2Φ10)	125(2Φ10)	138(2Φ10)	150(2Φ10)	163(3Φ10)	175(3Φ10)	188(3Φ10)	200(3Φ10)	213(4Φ10)	225(4Φ10)	238(4Φ10)	250(4Φ10)
300	135(2Φ10)	150(2Φ10)	165(2Φ12)	180(2Φ12)	195(3Φ10)	210(3Φ10)	225(3Φ10)	240(3Φ10)	255(4Φ10)	270(4Φ10)	285(4Φ10)	300(4Φ10)
350	158(2Φ10)	175(2Φ10)	193(2Φ12)	210(2Φ12)	228(3Φ10)	245(3Φ12)	263(3Φ12)	280(3Φ12)	298(4Φ12)	315(4Φ12)	333(4Φ12)	350(4Φ12)
400	180(2Φ12)	200(2Φ12)	220(2Φ12)	240(2Φ14)	260(3Φ12)	280(3Φ12)	300(3Φ12)	320(3Φ12)	340(4Φ12)	360(4Φ12)	380(4Φ12)	400(4Φ12)
450	203(2Φ12)	225(2Φ12)	248(2Φ14)	270(2Φ14)	293(3Φ12)	315(3Φ12)	338(3Φ12)	360(3Φ14)	383(4Φ12)	405(4Φ12)	428(4Φ12)	450(4Φ12)
500	225(2Φ12)	250(2Φ14)	275(2Φ14)	300(2Φ14)	325(3Φ12)	350(3Φ14)	375(3Φ14)	400(3Φ14)	425(4Φ12)	450(4Φ14)	475(4Φ12)	500(4Φ14)
550	248(2Φ14)	275(2Φ14)	303(2Φ14)	330(2Φ16)	358(3Φ14)	385(3Φ14)	413(3Φ14)	440(3Φ14)	468(4Φ14)	495(4Φ14)	523(4Φ14)	550(4Φ14)
600	270(2Φ14)	300(2Φ14)	330(2Φ16)	360(2Φ16)	390(3Φ14)	420(3Φ14)	450(3Φ14)	480(3Φ16)	510(4Φ14)	540(4Φ14)	570(4Φ14)	600(4Φ14)
650	293(2Φ14)	325(2Φ16)	358(2Φ16)	390(2Φ16)	423(3Φ14)	455(3Φ14)	488(3Φ16)	520(3Φ16)	553(4Φ14)	585(4Φ16)	618(4Φ14)	650(4Φ16)
700	315(2Φ16)	350(2Φ16)	385(2Φ16)	420(2Φ18)	455(3Φ14)	490(3Φ16)	525(3Φ16)	560(3Φ16)	595(4Φ16)	630(4Φ16)	665(4Φ16)	700(4Φ16)
750	338(2Φ16)	375(2Φ16)	413(2Φ18)	450(2Φ18)	488(3Φ16)	525(3Φ16)	563(3Φ16)	600(3Φ16)	638(4Φ16)	675(4Φ16)	713(4Φ16)	750(4Φ16)
800	360(2Φ16)	400(2Φ16)	440(2Φ18)	480(2Φ18)	520(3Φ16)	560(3Φ16)	600(3Φ16)	640(3Φ18)	680(4Φ16)	720(4Φ16)	760(4Φ16)	800(4Φ16)

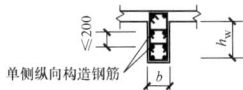

注：1 表中为单侧纵向构造钢筋(不包括梁上、下部受力钢筋及架立钢筋)的截面面积，且其间距不宜大于200mm；
　　2 单侧纵向构造钢筋截面面积：$bh_w \times 0.1\%$(梁宽较大时可适当减小)。

图3.7.6　梁纵向构造钢筋示意图

3.8 框架梁

3.8.1 框架梁纵向受拉钢筋最小配筋率

表3.8.1　框架梁纵向受拉钢筋的最小配筋率(%)

钢筋种类	截面位置	抗震等级	C25	C30	C35	C40	C45	C50
HRB400	支座	特一、一级	—	0.40	0.40	0.40	0.40	0.42
		二级	0.30	0.30	0.30	0.31	0.33	0.34
		三、四级	0.25	0.25	0.25	0.26	0.28	0.29
		非抗震	0.20	0.20	0.20	0.21	0.24	0.24
	跨中	特一、一级	—	0.30	0.30	0.31	0.33	0.34
		二级	—	0.25	0.25	0.26	0.28	0.29
		三、四级	0.20	0.20	0.20	0.21	0.24	0.24
		非抗震	0.20	0.20	0.20	0.21	0.24	0.24
HRB500	支座	特一、一级	—	0.40	0.40	0.40	0.40	0.40
		二级	0.30	0.30	0.30	0.30	0.30	0.30
		三、四级	0.25	0.25	0.25	0.25	0.25	0.25
		非抗震	0.20	0.20	0.20	0.20	0.20	0.20
	跨中	特一、一级	—	0.30	0.30	0.30	0.30	0.30
		二级	0.25	0.25	0.25	0.25	0.25	0.25
		三、四级	0.20	0.20	0.20	0.20	0.20	0.20
		非抗震	0.20	0.20	0.20	0.20	0.20	0.20

注：转换梁上、下部纵向钢筋的最小配筋率，非抗震设计时均不应小于0.3%；
抗震设计时，特一、一和二级分别不应小于0.6%、0.50%和0.40%。

3.8.2 框架梁沿全长箍筋、框支梁加密区箍筋的最小面积配筋率

表3.8.2　框架梁沿全长箍筋、框支梁加密区箍筋的最小面积配筋率 ρ_w (%)

抗震等级	钢筋种类	C25	C30	C35	C40	C45	C50
框架梁沿全长箍筋 特一级(非加密区)、一级	HPB300	—	0.159	0.174	0.189	0.200	0.210
	HRB400	—	0.120	0.132	0.143	0.150	0.158
	HRB500	—	0.096	0.108	0.118	0.124	0.130
二级	HPB300	0.132	0.148	0.163	0.177	0.188	0.196
	HRB400	0.099	0.112	0.123	0.133	0.140	0.147
	HRB500	0.082	0.092	0.101	0.110	0.116	0.122
三、四级	HPB300	0.122	0.138	0.151	0.166	0.173	0.182
	HRB400	0.092	0.104	0.114	0.124	0.130	0.137
	HRB500	0.076	0.086	0.094	0.102	0.107	0.113
非抗震设计	HPB300	0.113	0.127	0.139	0.152	0.160	0.168
	HRB400	0.085	0.096	0.106	0.114	0.120	0.126
	HRB500	0.070	0.079	0.087	0.094	0.099	0.104
框支梁加密区箍筋 特一级	HPB300	—	0.689	0.755	0.823	0.867	0.910
	HRB400	—	0.520	0.572	0.618	0.650	0.683
	HRB500	—	0.427	0.469	0.511	0.537	0.564
一级	HPB300		0.636	0.697	0.760	0.800	0.840
	HRB400		0.480	0.528	0.570	0.600	0.630
	HRB500		0.395	0.433	0.472	0.496	0.521
二级	HPB300		0.583	0.639	0.696	0.734	0.770
	HRB400		0.440	0.484	0.523	0.550	0.578
	HRB500		0.362	0.397	0.432	0.454	0.477
非抗震设计	HPB300		0.477	0.523	0.570	0.600	0.630
	HRB400		0.360	0.396	0.428	0.450	0.473
	HRB500		0.296	0.323	0.354	0.372	0.391

注：1 表中非抗震设计箍筋的最小配筋率适用于梁的剪力设计值 $V > 0.7 f_t b h_0$；

2 梁同一截面内各肢竖向箍筋的全部截面面积 $A_{sw} = \rho_{sw}bs$，其中b为梁截面宽度或腹板宽度，s为箍筋间距。

3.8.3 梁端箍筋加密区的构造要求

1 框架梁梁端箍筋加密区的构造要求

表3.8.3 框架梁梁端箍筋加密区的构造要求

抗震等级	加密区长度（采用较大值）(mm)	箍筋最大间距（采用最小值）(mm)	最小直径(mm)
特一、一级	$2h_b$，500	$h_b/4$，$6d$，100	10
二级	1.5h_b，500	$h_b/4$，$8d$，100	8
三级		$h_b/4$，$8d$，150	8
四级		$h_b/4$，$8d$，150	6

注：1 d为纵向钢筋直径，h_b为梁截面高度；

2 箍筋直径大于12mm，数量不少于4肢且肢距不大于150mm时，一、二级的最大间距应允许适当放宽，但不得大于150mm；

3 当梁端纵向受拉钢筋配筋率大于2%时，表中箍筋最小直径应增大2mm。

2 框支梁梁端箍筋加密区的构造要求

离柱边1.5倍梁截面高度范围内的梁箍筋应加密，加密区箍筋直径不应小于10mm，间距不应大于100mm。

3.8.4 梁箍筋加密区长度内的箍筋肢距

一级抗震等级，不宜大于200mm和20倍箍筋直径的较大值；二、三级抗震等级，不宜大于250mm和20倍箍筋直径的较大值；各抗震等级下，均不宜大于300mm。

3.9 框架柱及框支柱

3.9.1 柱总配筋率不应大于5%。复杂高层建筑结构的转换柱，抗震设计时，柱内全部纵向钢筋配筋率不宜大于4%。剪跨比不大于2的一级框架的柱，每侧纵向钢筋配筋率不宜大于1.2%。

3.9.2 柱全部纵向受力钢筋最小配筋率

表3.9.2 柱全部纵向受力钢筋最小配筋率(%)

柱类型	抗震等级					非抗震
	特一级	一级	二级	三级	四级	
中柱、边柱	1.4	0.9(1.0)	0.7(0.8)	0.6(0.7)	0.5(0.6)	0.5
角柱	1.6	1.1	0.9	0.8	0.7	0.5
框支柱	1.6	1.1	0.9			0.7

注：1 表中括号内的数值用于框架结构的柱；

2 柱中全部纵向受力钢筋的配筋百分率不应小于表中的规定值，且每一侧的配筋百分率不应小于0.2%；

3 对Ⅳ类场地上较高的高层建筑，表中数值应按表中数值增加0.1；

4 当混凝土强度等级为C60及以上时，应按表中数值增加0.1；

5 采用335MPa级、400MPa级纵向受力钢筋时，应分别按表中数值增加0.1和0.05采用。

3.9.3 柱端箍筋加密区的构造要求

表3.9.3 柱端箍筋加密区的构造要求

抗震等级	箍筋最大间距(mm)	箍筋最小直径(mm)
特一级一级	纵向钢筋直径的6倍和100中的较小值	10
二级	纵向钢筋直径的8倍和100中的较小值	8
三级	纵向钢筋直径的8倍和150(柱根100)中的较小值	8
四级	纵向钢筋直径的8倍和150(柱根100)中的较小值	6(柱根8)

注：1 框架柱和框支柱上、上两端箍筋加密；框系指低层柱下端的箍筋加密区范围，框支柱和剪跨比不大于2的框架柱应在柱全高范围内加密箍筋，且箍筋间距应符合一级抗震等级的要求。

2 当柱中全部纵向受力钢筋的配筋率超过3%时，箍筋直径不小于8mm。

混凝土结构	框架梁、框架柱箍筋构造要求	图集号	12G112-1
审核 陈雪光	校对 李国胜 设计 张玉梅	页	B25

3.9.4 框架柱轴压比限值

表3.9.4 框架柱轴压比限值

结构体系	混凝土强度等级	抗震等级			
		特一、一级	二级	三级	四级
框架结构	≤C60	0.65	0.75	0.85	0.90
	C65~C70	0.60	0.70	0.80	0.85
	C75~C80	0.55	0.65	0.75	0.80
板柱-剪力墙、框架-剪力墙、框架-核心筒、筒中筒	≤C60	0.75	0.85	0.90	0.95
	C65~C70	0.70	0.80	0.85	0.90
	C75~C80	0.65	0.75	0.80	0.85
部分框支剪力墙结构	≤C60	0.60	0.70	—	—
	C65~C70	0.55	0.65	—	—
	C75~C80	0.50	0.60	—	—

注：1 轴压比$N/(f_cA)$指柱组合的轴向压力设计值N与柱的全截面面积A和混凝土轴心抗压强度设计值f_c乘积之比值；《建筑抗震设计规范》GB50011规定不进行地震作用计算的结构，可取无地震作用组合的轴力设计值计算；

2 剪跨比$\lambda \leq 2$的柱，其轴压比限值应按表中数值减小0.05；剪跨比$\lambda < 1.5$的柱，轴压比限值应专门研究并采取特殊构造措施；

3 沿柱全高采用井字复合箍，且箍筋间距不大于100mm、肢距不大于200mm、直径不小于12mm，或沿柱全高采用复合螺旋箍，螺旋间距不大于100mm、箍筋肢距不大于200mm、直径不小于12mm，或沿柱全高采用连续复合矩形螺旋箍，螺旋净距不大于80mm、箍筋肢距不大于200mm、直径不小于100mm，轴压比限值均可增加0.10；上述三种箍筋的最小配箍特征值λ_v应按增大的轴压比由表3.9.5确定；

4 在柱截面中部附加芯柱，其中另加的纵向钢筋的总面积不少于柱截面面积的0.8%，轴压比限值可增加0.05此项措施与注3的措施共同采用时，轴压比限值可增加0.15，但箍筋的体积配箍率仍应按轴压比增加0.10的要求确定。

5 柱轴压比不应大于1.05。

3.9.5 柱端箍筋加密区最小配箍特征值λ_v

表3.9.5 柱端箍筋加密区最小配箍特征值λ_v

抗震等级	箍筋形式	柱轴压比								
		≤0.30	0.40	0.50	0.60	0.70	0.80	0.90	1.00	1.05
特一级框支柱	普通箍、复合箍	0.13	0.14	0.16	0.18	0.20	0.23	0.26	—	—
	螺旋箍、复合或连续复合矩形螺旋箍	0.11	0.12	0.14	0.16	0.18	0.21	0.24	—	—
特一级框架柱	普通箍、复合箍	0.12	0.13	0.15	0.17	0.19	0.22	0.24	—	—
	螺旋箍、复合或连续复合矩形螺旋箍	0.10	0.11	0.13	0.15	0.17	0.20	0.23	—	—
一	普通箍、复合箍	0.10	0.11	0.13	0.15	0.17	0.20	0.23	—	—
	螺旋箍、复合或连续复合矩形螺旋箍	0.08	0.09	0.11	0.13	0.15	0.18	0.21	—	—
二	普通箍、复合箍	0.08	0.09	0.11	0.13	0.15	0.17	0.19	0.22	0.24
	螺旋箍、复合或连续复合矩形螺旋箍	0.06	0.07	0.09	0.11	0.13	0.15	0.17	0.20	0.22
三	普通箍、复合箍	0.06	0.07	0.09	0.11	0.13	0.15	0.17	0.20	0.22
	螺旋箍、复合或连续复合矩形螺旋箍	0.05	0.06	0.07	0.09	0.11	0.13	0.15	0.18	0.20

注：1 普通箍指单个矩形箍或单个圆形箍；螺旋箍指单根连续螺旋箍；复合箍指由矩形、多边形、圆形箍或拉筋组成的箍筋；复合螺旋箍指由螺旋箍与矩形、多边形、圆形箍或拉筋组成的箍筋；连续复合矩形螺旋箍指全部螺旋箍为同一根钢筋加工而成的箍筋。

2 在计算复合螺旋箍的体积配箍率时，其非螺旋箍箍筋的体积应乘以换算系数0.8。

3 混凝土强度等级高于C60时，箍筋宜采用复合箍、复合螺旋箍或连续复合矩形螺旋箍；当轴压比不大于0.6时，其加密区的最小配箍特征值宜按表中数值增加0.02，当轴压比大于0.6时，宜按表中数值增加0.03。

混凝土结构	框架柱轴压比限值 柱端箍筋加密区最小配箍特征值	图集号	12G112-1
审核 陈雪光	校对 李国胜 设计 张玉梅	页	B26

参 考 文 献

［1］ 中华人民共和国住房和城乡建设部. 建筑结构可靠性设计统一标准 GB 50068—2018 ［S］. 北京：中国建筑工业出版社，2018.

［2］ 中华人民共和国住房和城乡建设部，中华人民共和国国家质量监督检验检疫总局. 建筑结构荷载规范 GB 50009—2012 ［S］. 北京：中国建筑工业出版社，2012.

［3］ 中华人民共和国住房和城乡建设部. 建筑抗震设计标准 GB/T 50011—2010（2024 年版）［S］. 北京：中国建筑工业出版社，2024.

［4］ 中华人民共和国住房和城乡建设部. 混凝土结构设计标准 GB/T 50010—2010（2024 年版）［S］. 北京：中国建筑工业出版社，2024.

［5］ 中华人民共和国住房和城乡建设部. 高层建筑混凝土结构技术规程 JGJ 3—2010 ［S］. 北京：中国建筑工业出版社，2011.

［6］ 中华人民共和国住房和城乡建设部，中华人民共和国国家质量监督检验检疫总局. 建筑地基基础设计规范 GB 50007—2011 ［S］. 北京：中国建筑工业出版社，2012.

［7］ 中国建筑标准设计研究院. 建筑结构设计常用数据（钢筋混凝土结构、砌体结构、地基基础）12G112-1 ［S］. 北京：中国计划出版社，2013.

［8］ 中国建筑标准设计研究院. 混凝土结构施工图平面整体表示方法制图规则和构造详图（现浇混凝土框架、剪力墙、梁、板）22G101-1 ［S］. 北京：中国计划出版社，2022.

［9］ 中国建筑标准设计研究院. 混凝土结构施工图平面整体表示方法制图规则和构造详图（现浇混凝土板式楼梯）22G101-2 ［S］. 北京：中国计划出版社，2022.

［10］ 中国建筑标准设计研究院. 混凝土结构施工图平面整体表示方法制图规则和构造详图（独立基础、条形基础、筏形基础、桩基础）22G101-3 ［S］. 北京：中国计划出版社，2022.